日経BP

ひと目でわかる

# Active Directory

## Windows Server 2022版

Yokota Lab, Inc. [著]

JN026542

# はじめに

　本書は"知りたい機能がすばやく探せるビジュアルリファレンス"というコンセプトのもとに、Windows Server 2022版Active Directoryの優れた機能を体系的にまとめあげ、設定および操作の方法をわかりやすく解説します。

## 本書の表記

　本書では、次のように表記しています。

■リボン、ウィンドウ、アイコン、メニュー、コマンド、ツールバー、ダイアログボックスの名称やボタン上の表示、各種ボックス内の選択項目の表示を、原則として［ ］で囲んで表記しています。

■画面上の ∨、∧、▼、▲ のボタンは、すべて▲、▼と表記しています。

■本書でのボタン名の表記は、画面上にボタン名が表示される場合はそのボタン名を、表示されない場合はポップアップヒントに表示される名前を使用しています。

■手順説明の中で、「［○○］メニューの［××］をクリックする」とある場合は、［○○］をクリックしてコマンド一覧を表示し、［××］をクリックしてコマンドを実行します。

■手順説明の中で、「［○○］タブの［△△］の［××］をクリックする」とある場合は、［○○］をクリックしてタブを表示し、［△△］グループの［××］をクリックしてコマンドを実行します。

　トピック内の要素とその内容については、次の表を参照してください。

| 要素 | 内容 |
| --- | --- |
| **ヒント** | 他の操作方法や知っておくと便利な情報など、さらに使いこなすための関連情報を紹介します。 |
| **注　意** | 操作上の注意点を説明します。 |
| **参　照** | 関連する機能や情報の参照先を示します。<br>※その他、特定の手順に関連し、ヒントの参照を促す「ヒント参照」もあります。 |

# 本書編集時の環境

## 使用したソフトウェアと表記

本書の編集にあたり、次のソフトウェアを使用しました。

Windows Server 2022 Datacenter Evaluation ..... **Windows Server 2022**
Windows 11 Enterprise Evaluation ......................... **Windows 11**
Microsoft Edge.............................................................. **Edge**
Internet Information Services 10.0.......................... **IIS 10.0、IIS**
Windows Admin Center ............................................ **WAC**
Azure Active Directory Connect .............................. **Azure AD Connect**

　本書に掲載した画面は、デスクトップ領域を1366×768ピクセルに設定しています。ご使用のコンピューターやソフトウェアのパッケージの種類、セットアップの方法、ディスプレイの解像度などの状態によっては、画面の表示が本書と異なる場合があります。あらかじめご了承ください。

# Webサイトによる情報提供

## 本書に掲載されている**Web**サイトについて

　本書に掲載されているWebサイトに関する情報は、本書の編集時点で確認済みのものです。Webサイトは、内容やアドレスの変更が頻繁に行われるため、本書の発行後、内容の変更、追加、削除やアドレスの移動、閉鎖などが行われる場合があります。あらかじめご了承ください。

## 訂正情報の掲載について

　本書の内容については細心の注意を払っておりますが、発行後に判明した訂正情報については本書のWebページに掲載いたします。URLは次のとおりです。

https://nkbp.jp/S80170

第3章

# Active Directoryドメインサービスの構成　97

第4章 | **オブジェクトの管理** | **143**

第5章

# グループポリシーの構成     245

第6章

# サイトとレプリケーション、RODCの構成　277

# ディレクトリサービスの基礎知識

第 **1** 章

この章では、ディレクトリサービスの概念やActive Directoryドメインサービスの構成要素について解説します。

# 1 ディレクトリとは

Active Directoryドメインサービス（AD DS）が提供するディレクトリサービスの基礎である、ディレクトリの概念について説明します。

## ディレクトリについて

「ディレクトリ」は、電話帳などを例にして説明されることがよくあります。これは、電話帳の呼び方に由来しているためです。電話帳は英語で、「White Page」や「Yellow Page」と呼ぶのが一般的ですが、もともと「phone directory」と呼ばれていました。ここでは、ディレクトリの意味をもう少し掘り下げて考えてみましょう。

ディレクトリという用語を理解するためには、まず類似する言葉で「ディレクション」を考えるとわかりやすくなります。ディレクションには、「方向」、「指揮」、「指示」という意味があります。たとえば、人に道をたずねたときには、「こっちの道を～」などのように方角を示してくれます。また、会社では、上司から部下に「今日は～をしてくれ」などと行動が指示されます。道や行動の違いはありますが、ディレクションとは方向性を示すことです。しかし、ディレクションを受ける側から考えると、この方向性は方角や行動に対する情報になります。

ディレクトリとは、これらの情報を示すための入れ物です。入れ物といってもコップやダンプカーの荷台のように「物の入れ物」ではなく、ディレクトリは情報を示すための「情報の入れ物」です。主なディレクトリには、デパートの案内板や電話帳があります。たとえば、デパートの案内板は、2階に婦人服売場があり、3階に紳士服売場があるといった、階数と売り場の情報を関連付け、「板」という媒体に記録したディレクトリです。もちろん、電話帳も、人の名前と電話番号を関連付け、「紙」という媒体に記録したディレクトリです。

また、コンピューターの世界では、見つけやすいように分類整理された情報をデータベースと呼びます。データベースは、年賀状の住所録や会社の人事情報などさまざまな情報を格納するファイルです。データベースも「ファイル」という媒体に記録されたディレクトリと言えます。そのため、データベースを例にしてディレクトリを説明されることもよくあります。

このように、ディレクトリを「情報の入れ物」として考えると、ディレクトリサービスも簡単に理解できるようになります。

**ディレクトリ**

# 2 ディレクトリサービスとは

Active Directoryドメインサービス（AD DS）が提供するディレクトリサービスの概念について説明します。

## ディレクトリサービスについて

　ディレクトリサービスとは、ディレクトリの情報を見つけやすくするためのサービスです。

　ディレクトリの情報は、ただそこにあるだけでは、見つけづらいものです。また、使い方がわからなければ、単に「板」や「紙」になってしまいます。たとえば、多数の会社が入っている60階建てのオフィスビルに営業に行くことを考えてみてください。ビルの案内板は、階数ごとに並んでおり、壁一面に多くのテナント情報があるとします。この場合、目的の会社の階数や部屋番号を見つけることは困難になり、多くの時間がかかります。このオフィスビルの案内板のように多くのテナントが存在する場合、たとえ五十音順やアルファベット順に並んでいたとしても、すぐに見つけることはできないでしょう。これでは、ディレクトリ（案内板）の意味が薄れてしまいます。

　そこで情報を見つけやすくするのが、ディレクトリサービスです。たとえば、デパートで「紳士服売場はどこですか」とたずねたときに、案内板を確認して「紳士服売場は3階です」と答えてくれる受付係を置くサービスこそがディレクトリサービスです。また、電話会社の番号案内に電話をかけ、オペレーターが電話番号を教えてくれるサービスもディレクトリサービスです。

**ディレクトリサービス**

コンピューターの世界には、単純なものから複雑なものまで、さまざまなディレクトリサービスがあります。

単純なディレクトリサービスには、IPアドレスとホスト名を関連付けているドメインネームシステム（Domain Name System：DNS）があります。DNSでは、インターネット上に散在している多くのサーバーのホスト名とそのIPアドレスを関連付けています。コンピューターからWebサーバーのDNSホスト名でアクセスを要求したときには、DNSサーバーがそのホストのIPアドレスをコンピューターに教えます。これにより、コンピューターから目的のWebサーバーにアクセスできるようになります。たとえば、IPアドレスが192.168.114.114で、名前がwww.yokotalab.localというWebサーバーにアクセスする場合、クライアントコンピューターはDNSサーバーにwww.yokotalab.localのIPアドレスを要求します。DNSサーバーは名前に対応するIPアドレスを見つけ、クライアントコンピューターに通知します。

複雑なディレクトリサービスでは、ファイル、ユーザー、プリンター、コンピューターなどのネットワークリソースを関連付けています。たとえば、インターネットのポータルサイトは、ユーザーに関連付けられた電子メール、スケジュール、ニュース、株価情報など、異なるサーバーやデータベースを関連付けて情報を見つけやすくしているディレクトリサービスと言えます。

現在では、単純なディレクトリサービスではなく複雑なディレクトリサービスを「ディレクトリサービス」と呼ぶのが一般的です。しかし、どちらのディレクトリサービスも、ユーザーにとって便利なツールであることに変わりはありません。

## ネットワーク用語としてのディレクトリおよびディレクトリサービスの概念

ネットワーク用語としての「ディレクトリ」は、ネットワークオブジェクトの情報を格納する「入れ物」のことです。ネットワークオブジェクトには、ユーザーアカウント、コンピューターアカウント、サーバー、共有フォルダー、プリンターなどがあります。また、ドメインやサービスもネットワークオブジェクトです。ディレクトリには、各オブジェクトに関連した情報が格納されています。たとえば、ユーザーアカウントの場合、ユーザー名、パスワード、電子メールアドレス、電話番号などが格納されています。

「ディレクトリサービス」は、ディレクトリ情報をユーザー、管理者、ネットワークサービスなどが利用できるようにするサービスです。ディレクトリサービスを使うと、ネットワークオブジェクトを検索したり、オブジェクトにアクセスしたり、一元管理したりできます。ディレクトリサービスの機能は、どのディレクトリサービスを使うかによって変わります。たとえば、オペレーティングシステムと統合されているAD DSなどのディレクトリサービスでは、ユーザー、コンピューター、ネットワークリソースなどの検索機能や管理機能があります。また、独自のディレクトリサービスを使う電子メールサーバーでは、登録されている電子メールアドレスの検索機能があります。

# 3 Active Directoryとは

Active Directoryの概要について説明します。

## Active Directoryについて

Active Directoryは、MicrosoftがWindows 2000から提供しているディレクトリサービスの名称でしたが、Windows Server 2008以降では、ディレクトリサービスを含むサービス群の名称になりました。Windows Server 2003までActive Directoryと呼ばれていたディレクトリサービスは、Windows Server 2008以降では「Active Directoryドメインサービス（AD DS）」と呼ばれます。

Windows Server 2008以降のActive Directoryは、次の5つのサービスから構成されています。

- Active Directoryドメインサービス（AD DS）
- Active Directoryライトウェイトディレクトリサービス（AD LDS）
- Active Directory証明書サービス（AD CS）
- Active Directory Rights Managementサービス（AD RMS）
- Active Directoryフェデレーションサービス（AD FS）

### Active Directoryドメインサービス（AD DS）

ディレクトリサービスとして、ネットワークのユーザー、コンピューター、プリンター、共有フォルダー、その他のデバイスなどに関する情報を格納します。このサービスでは、ユーザーやコンピューターを認証したり、管理者が情報を安全に管理したり、ユーザーが簡単にリソースを検索したりできます。AD DSは、Windows Server 2003では「Active Directory」と呼ばれていました。

### Active Directoryライトウェイトディレクトリサービス（AD LDS）

ディレクトリ対応アプリケーションに対して、アプリケーション固有の情報を格納する場所を構築できます。このサービスでは、ディレクトリサービスのみを提供するため、AD DSのようにActive Directoryドメインを構築する必要がありません。Active Directoryライトウェイトディレクトリサービス（AD LDS）は、Windows Server 2003 R2では「Active Directory Application Mode（ADAM）」と呼ばれていました。

## Active Directory証明書サービス（AD CS）

　公開キー基盤（PKI）を構築するために、証明書の作成と管理を行う証明機関を作成するためのサービスです。このサービスでは、多くのアプリケーションで使用できる証明書を発行したり管理したりできます。Active Directory証明書サービス（AD CS）は、Windows Server 2003では「証明書サービス」と呼ばれていました。

## Active Directory Rights Managementサービス（AD RMS）

　不正な使用から情報を保護するためのしくみを作成できます。このサービスでは、ユーザーの身元を確認し、使用が許可されたユーザーだけが適切な操作（コピーや印刷など）を行えます。使用の許可に関する情報はデータに付随するため、顧客データや財務情報などの機密データを移動した場合でも、不正なユーザーが情報を入手できなくなります。Active Directory Rights Managementサービス（AD RMS）は、Windows Server 2003 R2では「Microsoft Windows Rights Management Services（RMS）」と呼ばれていました。

## Active Directoryフェデレーションサービス（AD FS）

　Webシングルサインオン（SSO）とセキュリティ保護されたIDアクセスソリューションを構築できます。このサービスでは、複数のWebアプリケーションに対してユーザーを認証するWebシングルサインオンを実現したり、異なる組織間での安全かつ効率的なオンライントランザクションを実現したりできます。Active Directoryフェデレーションサービス（AD FS）は、Windows Server 2003 R2でも「Active Directoryフェデレーションサービス（AD FS）」と呼ばれていました。

# 4 Active Directoryドメインサービスとは

Active Directoryドメインサービス（AD DS）の概要と、ワークグループとの違いについて説明します。

## Active Directoryドメインサービスについて

Active Directoryドメインサービス（AD DS）は、ディレクトリサービスとして、ネットワーク上の各種リソース（ドメイン、コンピューター、ユーザー、プリンターなど）の管理および提供を行うことを目的としています。現在のネットワークでは、小規模なネットワークでも複数台のサーバーがあり、共有フォルダーやプリンターなど、LAN（Local Area Network：ローカルエリアネットワーク）上にさまざまなネットワークリソースがあります。また、ネットワークリソースの数は増える傾向にあります。ネットワークリソースが増えると、ネットワーク管理者にとっては管理が複雑かつ困難になり、ユーザーにとっては情報を見つけるのが困難になります。これらの問題を解決するのがWindows Serverオペレーティングシステムと統合されているAD DSです。

## Active Directoryドメインサービスの利点

ここでは、AD DSの利点について、ワークグループ環境とActive Directoryドメイン環境を例に、管理者やユーザーの操作性の違いを説明します。

### ユーザーから見たAD DSの利点

管理者も含め、5人のユーザーがいるネットワークを考えてみてください。機能の異なるプリンターを各ユーザーのコンピューターに接続して共有しているワークグループ環境の場合、ユーザーがどのコンピューターにどの共有プリンターが接続されているかを覚えておくことは困難です。たとえば、1台のプリンターではA3の用紙に対応しており、別の1台のプリンターではカラー印刷をサポートしているとします。この場合にカラープリンターを探すには、各共有プリンターのプロパティでその機能を確認しなければなりません。そのため、目的のプリンターを探すまでに多くの時間がかかってしまいます。5台程度であればそれほど問題ありませんが、10台、20台と増えるにつれ、目的のプリンターを探すのが困難になります。

**ワークグループ環境**

カラープリンター
A3対応白黒プリンター
白黒プリンター
カラープリンターはどれかな???
白黒プリンター
白黒プリンター

**用語**

**ワークグループ**

ワークグループは、同じネットワークの名前を使用しているクライアントコンピューターとサーバーコンピューターの集まりです。ワークグループには共有フォルダーや共有プリンターなどのネットワークリソースがありますが、集中管理システムがないため、セキュリティは各コンピューターごとに管理する必要があります。

　AD DSを使うと、プリンターの名前や機能で検索できます。AD DSでは、プリンターはネットワークリソースの1つとして扱われ、ディレクトリサービスに「公開」できます。また、AD DSの検索機能を使うと、ユーザーは簡単にプリンターを見つけられるようになります。たとえば、前記と同じく5人のユーザーがいて、各ユーザーのコン

ピューターでプリンターを共有している場合、Active Directoryドメイン環境では、Active Directoryドメインに公開されているプリンターの中からカラー印刷機能のあるプリンターを検索することができるので、目的のプリンターを簡単に探し出せます。また、プリンターの場所も属性として公開できるため、オフィスが複数の場所に存在していたりフロアが広かったりする場合でも、より近い場所にあるプリンターを探すことができます。

**Active Directory環境**

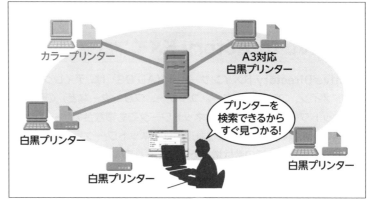

## 管理者から見たActive Directoryドメインサービスの利点

　ここでは、ユーザーアカウントの管理を例に考えてみます。5台のワークグループ環境で、各ユーザーが各コンピューターのネットワークリソースにアクセスするには、各コンピューターにユーザーアカウントを作成する必要があります（これらのユーザーアカウントは、すべて同じユーザー名とパスワードを使用する必要があります）。そのため、各コンピューターで5ユーザー分、計25個のユーザーアカウントを作成しなければなりません。もし、コンピューターが10台でユーザーが10人の環境だとすると、計100個のユーザーアカウントを作成することになります。そのため、ユーザーアカウントの管理負荷が高くなってしまいます。

　また、ユーザーがパスワードを変更したい場合でも、すべてのコンピューターで対応するユーザーアカウントのパスワードを変更する必要があります。5台の環境では5個のユーザーアカウント、10台の環境では10個のユーザーアカウントのパスワードを変更する必要があります。なお、各コンピューターで対応するユーザーアカウントのパスワードを変更しない場合は、パスワードが異なるためネットワークリソースにアクセスできなくなります。このように、1人のユーザーのパスワードを変更するだけでも大変な作業になってしまいます。

**ワークグループ環境での管理**

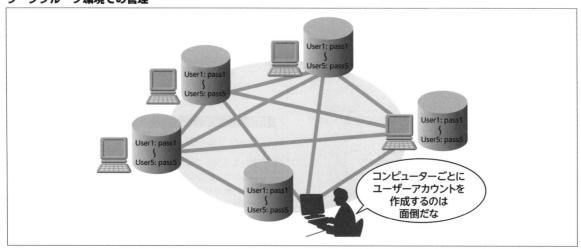

　Active Directoryドメイン環境では、簡単にユーザーアカウントを管理できます。前記と同じく5人のユーザーがいる場合でも、AD DSにユーザーアカウントを5個、10人の場合は10個作成するだけです。また、ユーザーのパスワードの変更も、AD DSで1回変更するだけで済みます。そのため、ワークグループ環境と比較すると、簡単にユーザーアカウントを管理できるようになります。

**Active Directory環境での管理**

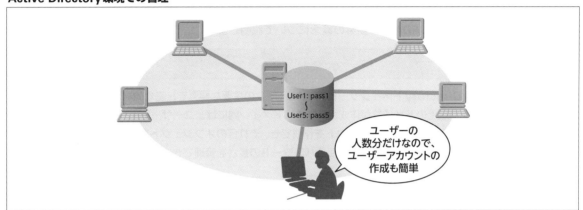

## Active Directoryオブジェクトの基本概念

　AD DSは、ネットワークリソースを「オブジェクト」として扱い、オブジェクトを一元管理できます。オブジェクトとは、ディレクトリサービス内の情報のことです。たとえば、ユーザーがログオンするときに使う「ユーザーアカウント」、ユーザーが使うコンピューターの「コンピューターアカウント」、コンピューター上にあるファイルを共有する「共有フォルダー」、ユーザーがネットワーク経由で印刷する「プリンター」などはすべて、AD DSではオブジェクトになります。

　Active Directoryオブジェクトは、Active Directoryドメインに参加しているコンピューターから利用できます。ユーザーがコンピューターにログオンするときには、コンピューターに入力されたユーザー名とパスワードがAD DSのユーザーオブジェクトと一致するかどうかが確認されます。ユーザー名とパスワードが一致するときに、ユーザーがログオンできるというしくみです。また、共有フォルダーや共有プリンターにアクセスするときには、ユーザーにアクセスする権利があるかどうかをAD DSのユーザーオブジェクトを使って確認します。このようにユーザーアカウントはActive Directoryドメイン内で共通して使用できるオブジェクトとして扱われるため、ワークグループ環境のように各コンピューターでユーザーアカウントを作成しておく必要がなくなります。

　AD DSには、管理要件が似ているオブジェクトを1つのグループにまとめる「組織単位（OU）」という機能があります。この機能を使うと、管理者の異なる部門ごとにユーザーオブジェクトやコンピューターオブジェクトをまとめて、その部門のユーザーだけがコンピューターを使えるようにできます。また、場所ごとにプリンターオブジェクトをまとめると、特定の場所にあるプリンターをすばやく見つけることも可能です。

　このほかにも、地域をまとめるサイトオブジェクトや、ユーザーとコンピューターの動作を制御するグループポリシーオブジェクトなどがあります。また、アプリケーションやサービスなどもオブジェクトとして扱います。

# 5 Active Directory ドメインサービスの設計要素

Active Directoryドメインサービス（AD DS）には、ディレクトリサービスとしてのさまざまな機能があります。Active Directoryドメイン環境を構築するには、AD DSを構成するための要素を理解し、AD DSを設計する必要があります。ここでは、AD DSの要素の概念について説明します。

## ドメイン

ドメインは、Active Directoryドメインサービス（AD DS）の主要な要素で、基本的な管理単位です。AD DSを構築する場合、必ず1つ以上のドメインが作成されます。ドメイン内には、ユーザーアカウントやコンピューターアカウントなどのActive Directoryオブジェクトを作成でき、それらのオブジェクトを一元管理できます。たとえば、ドメイン内のすべてのユーザーアカウントで使うパスワードの長さを管理できます。

### ドメインコントローラー

ドメインには、「ドメインコントローラー」と呼ばれるサーバーが1台以上あります。ドメインコントローラーとは、ドメインを管理しているサーバーで、目に見える範囲ではドメインコントローラーがドメインの実態になります。ドメインコントローラーは、AD DSのディレクトリ情報を格納しており、ユーザーのログオン認証やディレクトリ検索などの要求を処理します。

ドメインコントローラーは、Active Directoryドメインにおいて非常に重要な役割を果たすサーバーです。ドメインコントローラーが1台あればドメインやAD DSを構築できますが、通常、2台以上のドメインコントローラーを配置します。これは、1台のドメインコントローラーが壊れた場合でも、もう1台のドメインコントローラーで引き続きサービスを提供できるようにするためです。なお、ドメインコントローラーが1台しかない場合は、ドメインコントローラーが壊れると、すべてのユーザー認証が行えなくなり、ユーザーがネットワークリソースにアクセスできなくなります。

### Windows NT ドメインと Active Directory ドメインの違い

Active Directoryドメインは、Windows NTドメインを拡張したものです。ディレクトリサービスという意味ではどちらのドメインも同じです。しかし、基本的な機能や仕様が異なります。Windows NTドメインとActive Directoryドメインにはさまざまな違いがありますが、ここでは、主な違いとして複製方法とオブジェクト数の違いを説明します。

Windows NTドメインは、ユーザーアカウントの情報をPDC（Primary Domain Controller：プライマリドメインコントローラー）に登録し、BDC（Backup Domain Controller：バックアップドメインコントローラー）がPDCの情報のコピーを持っていました。PDCおよびBDCの両方でユーザーを認証できますが、ユーザーアカウントを作成できるのはPDCだけです。そのため、大規模な環境では、地域ごとにドメインを分割し、地域ごとに管理者が必要になるという状況がよくありました。

また、Windows NTドメインでは、ユーザーアカウントやコンピューターアカウントを格納するSAM（Security Account Manager：セキュリティアカウントマネージャー）データベースのサイズに40MBという上限（推奨値）がありました。Windows NTドメインでは、オブジェクトに格納されている情報に依存しますが、オブジェクトごとに1KB〜8KB使うため、1KBの場合でも最大で40,000個までのオブジェクトしか作成できませんでした。ユーザーアカウントだけならば40,000個のオブジェクトを作成できますが、コンピューターアカウント（512バイト）や

グループオブジェクト（グローバルグループに約4KB、ローカルグループに512バイト）などもあるため、実質的には、20,000人以下のユーザーしかサポートできませんでした。これらのように、Windows NTドメインは、巨大なネットワークを構築するときには問題がありました。

**Windows NTのドメインコントローラー**

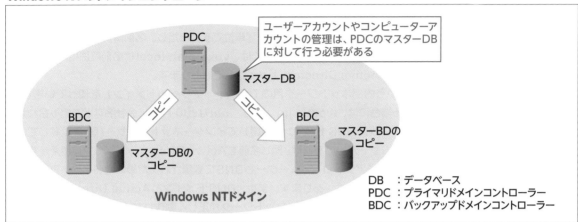

Windows 2000 Server以降で実装されたActive Directoryドメインでは、マルチマスター複製モデルを採用しているため、各ドメインコントローラー上のディレクトリ情報を複製（レプリケート）できます。そのため、どのドメインコントローラーでもオブジェクトを作成したり変更したりできます。また、1台のドメインコントローラーが壊れた場合でも、継続してドメインを利用できます。また、「サイト」（この章の「8　サイトとは」を参照）という物理的なネットワークを表す機能があるため、地域ごとにドメインを分ける必要もありません。

Windows NTドメインと同様に、Active Directoryドメインにも作成できるオブジェクトの上限はあります。しかし、ディレクトリデータベースのサイズは、物理的なハードディスク容量の制限はありますが、約40万倍の16TBをサポートします。また、ユーザーアカウントごとのサイズも4倍の4KB以上（設定する項目に依存）になりますが、実質的には、数百万個のオブジェクトを作成できます。そのため、Active Directoryドメインでは、小規模なネットワークから巨大なネットワークまでサポートできるようになりました。

**Active Directoryのドメインコントローラー**

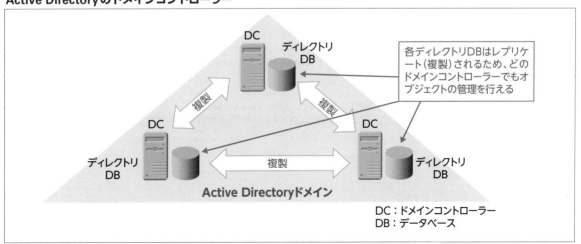

# DNSドメインとActive Directoryドメインの違い

　AD DSは、DNSと統合されており、両方とも同じ名前（ドメイン）を使っているので、混乱することがよくあります。しかし、これらの概念は異なります。DNSは、インターネットで使われている名前解決システムであり、www.yokotalab.localのようなDNSホスト名をIPアドレスに変換する処理を行います。DNSドメインとは、DNSで領域を分けるために使っている名前のことで、この例で言えばyokotalab.localがドメインになります。

　Active Directoryドメインは、コンピューターグループの管理単位です。ただし、名前解決システムにDNSを使っているため、DNSと同じ形式の名前になります。上記の例では、yokotalab.localは名前解決用のDNSドメイン名であると共に、管理単位としてのActive Directoryドメイン名でもあります。

　本書では、説明のために.localという内部ネットワーク用のTLD（トップレベルドメイン）を使っていますが、サーバーをインターネットに公開する場合には、.com、.jp、.edu、.netなどのTLDに会社名などを組み合わせたドメイン名を登録する必要があります。既にDNSドメインを取得してインターネット上にサーバーを公開している場合、AD DSをサポートしているDNSサーバーであれば、同じ名前をActive Directoryドメインに使えます。しかし、Windowsの既定の設定ではクライアントコンピューターもDNSに登録されるため、内部ネットワークの構造がインターネット上に公開されてしまう可能性があります。また、DNSドメインとActive DirectoryドメインでDNSサーバーが異なる場合には、名前の競合が発生し、ネットワークが正しく動作しなくなる可能性もあります。そのため、内部ネットワークには、.localというTLDを使用したり、corp.＜会社名＞.comなどのDNSサブドメインを使用したりするのが一般的です。

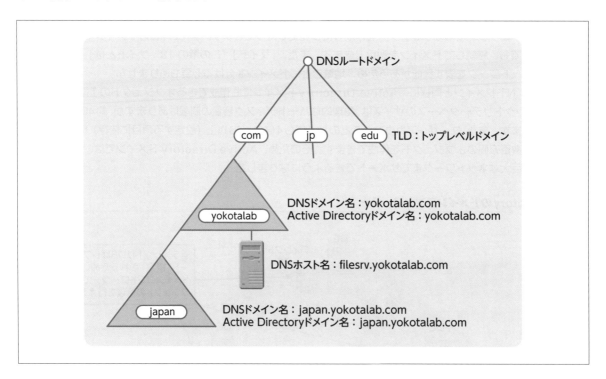

# 6 フォレストとは

　最初のActive Directoryドメインを構築したときには、フォレストも作成されます。フォレストとは、一言で説明するとActive Directoryドメインの集まりです。ドメインが1つしかない場合でも、1つのフォレストが必ず作成されます。必要に応じて複数のフォレストを使用することもできます。フォレスト内のドメインは、「ドメインツリー」と「名前の異なるドメインツリー」に大別できます。

## ドメインツリーについて

　「ドメインツリー」とは、連続した名前空間を持つ、つまりActive Directoryドメイン名の一部が共通しているドメインの階層構造です。たとえば、Windows Serverをドメインコントローラーにして Active Directory ドメインサービス（AD DS）を構築するときにyokotalab.localというドメイン名を指定すると、yokotalab.localというActive Directory ドメインとフォレストが作成されます。最初に作成したドメインは、フォレストの最上位にあることから「フォレストルートドメイン」とも呼ばれます。その後、フォレストにjapan.yokotalab.localやaccounting.yokotalab.localのような子ドメインを追加して、フォレストルートドメインに関連付けることができます。このように連続した名前空間を持つドメイン階層構造のことをドメインツリーと呼びます。

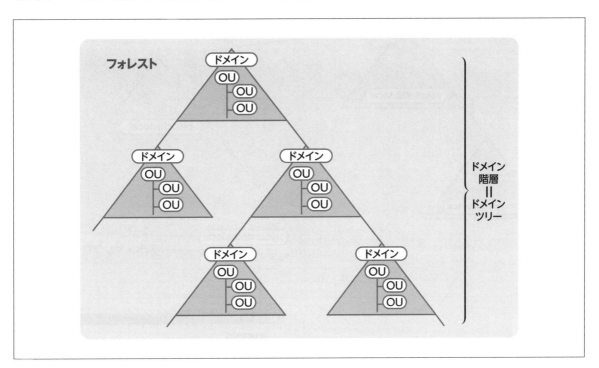

　ドメインツリーを作成すると、管理要件またはセキュリティ要件に応じてドメインを分けることができます。たとえば、日本に本社があり、フランスとスペインに支社のある企業の場合、言語の違いなどにより、すべてのユーザーアカウントを日本で管理するのは現実的ではありません。このような場合は、言語（国）ごとにドメインを分けて、各国の管理者が個別にドメインを管理する方が言語に依存せずに管理できるようになります。

## 名前の異なるドメインツリーについて

　フォレストには、名前空間が連続していない、つまりドメイン名の一部が共通していないドメインも追加できます。ある会社が新製品を発売し、製品名をドメイン名として使用する場合に、製品名のドメインをフォレストに追加できます。たとえば、yokotalab.localというドメインを使用している会社が、新製品の玩具を発売して、その玩具用にomocha.localというドメインを取得したとします。この場合、omocha.localドメインをyokotalab.localフォレストに追加できます。なお、omocha.localドメインでもjapan.omocha.localドメインなどの子ドメインを作成して、ドメインツリーを作成できます。多くの場合、名前の異なるドメインツリーのことを「ドメインツリー」と表記しています。また、Windows Server 2012以降のAD DSでは、ドメインツリーを作成するときにドメインを作成する必要があることから、「ツリードメイン」と表記しています。

　同じフォレスト内のドメインでは、自動的にドメイン間の「信頼関係」が双方向に作成されます。そのため、フォレスト内で異なるドメイン名を使っている場合でも、管理が簡単になります。

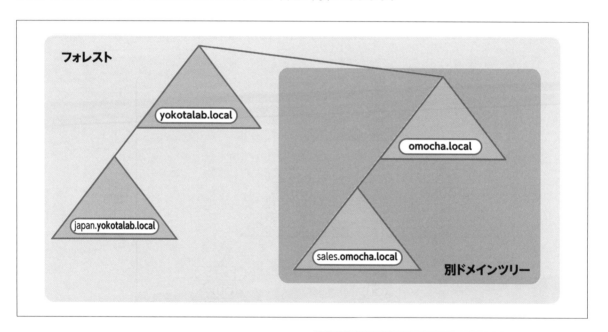

**用語**

**信頼関係**

信頼関係とは、ドメインのユーザーが別のドメインのリソースにアクセスできるように、ドメイン間で信頼しあう機能のことです。たとえば、a.localというドメインがb.localというドメインを信頼した場合、b.localのユーザーはa.localのリソースを使えるようになります。信頼関係については、第3章のコラム「信頼関係とは」を参照してください。

# 7 組織単位（OU）とは

　複数のオブジェクトをまとめて管理できるコンテナーオブジェクトである、組織単位（OU）の概要について説明します。

## 組織単位（OU）について

　組織単位（OU）は、Active Directoryドメイン内で管理の境界を作成します。組織単位を使うと、ドメイン内でも柔軟に管理責任を分けたり、特定の管理権限だけを別の管理者に委任したりできます。Windows NTドメインでは、ユーザーアカウントやコンピューターアカウントを管理できるのは、ドメインの管理者（Domain Adminsグループのメンバー）だけでした。しかし、Active Directoryドメインでは、アカウントの管理権限だけを委任できます。たとえば、部門ごとに管理者がいて、その管理者が所属する部門のユーザーアカウントやグループアカウントを管理する場合は、部門ごとに組織単位を作成して、アカウントの管理権限を部門の管理者に委任できます。

　組織単位では、ユーザーの操作性や管理規則を個別に分けることもできます。たとえば、営業部のユーザーにコントロールパネルにアクセスさせたくないときは、営業部用の組織単位（下の図ではSales OU）にグループポリシーオブジェクト（GPO）をリンクしてユーザーの操作を制限できます。また、組織単位とGPOを使うと、経理部（下の図ではACC OU）のみに会計アプリケーションを配布することもできます。

**組織単位（OU）**

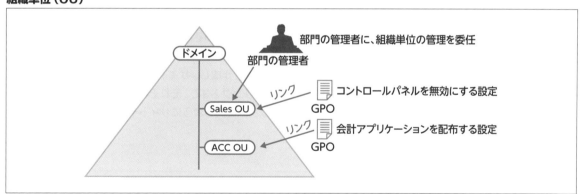

# 8 サイトとは

本社と支社など、物理的に離れている場所の管理に使用する、サイトの概要について説明します。

## サイトについて

　Active Directoryドメインサービス（AD DS）のサイトは、地域またはIPサブネットなど物理的な境界を表します。サイトを作成する最大の理由は、ドメインコントローラー間での複製の設定です。Active Directoryドメインではドメインコントローラー間でディレクトリ情報を複製（レプリケート）します。サイト内の場合、Windows Server 2003以降のAD DSの既定では、ディレクトリ複製は15秒に1回行われます。地域間の接続には通常、WAN回線を使いますが、既定のディレクトリ複製間隔ではWAN回線を圧迫する可能性があります。ドメインコントローラーのある地域ごとにサイトを作成すると、WAN回線の使用量の少ない夜間などにサイト間のディレクトリ複製を行うように設定できるようになります。なお、サイト間では、既定で180分（3時間）に1回ディレクトリ複製が行われます。

　また、サイト内でディレクトリを複製するときには、ディレクトリ情報が圧縮されません。一方、サイト間の場合は、ディレクトリ情報が圧縮された状態で複製されます。これにより、WAN回線の帯域幅を保護できるようになります。

## サイトリンクについて

　サイトリンクとは、論理的なサイト間の回線のことです。ディレクトリ複製を設定するには、サイト以外にサイトリンクを作成する必要があります。これは、サイトは単に場所を定義しているだけのオブジェクトであり、複製を行うにはサイト間をサイトリンクで接続する必要があるためです。たとえば、サイト1、サイト2、サイト3という3つのサイトがある場合は、サイト1とサイト2の間にサイトリンク1-2を作成し、サイト2とサイト3の間にサイトリンク2-3を作成します。これにより、サイトリンク1-2およびサイトリンク2-3で、それぞれディレクトリの複製間隔を設定できるようになります。なお、AD DSでは、ユーザーアカウントと同じようにサイトやサイトリンクもオブジェクトとして扱われます。

**サイトとサイトリンク**

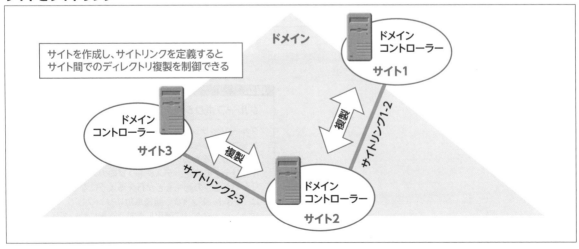

# Active Directoryドメインサービスのインストールと削除

## 第 **2** 章

この章では、Active Directory ドメインサービスの導入に必要な要件とインストール方法、関連するサーバーのインストールと構成方法、および読み取り専用ドメインコントローラーのインストールについて解説します。

**Active Directoryドメインサービス（AD DS）の導入に
必要なシステム要件の概要**

　Active Directoryドメインサービス（AD DS）のインストール自体は、非常に簡単です。これは、必要なサーバーアプリケーションがない場合には、AD DSのインストール時に一緒にインストールされるためです。しかし、インストールする前には、少なくともハードウェア要件は確認しておく必要があります。また、Active Directoryドメインを作成するために必要な権限も確認しておく必要があります。ここでは、ネットワークにActive Directoryドメイン環境を構築する前に、ドメインコントローラーにするサーバーのハードウェア要件やソフトウェア要件を確認します。

## ハードウェア要件

　ドメインコントローラーはWindows Serverにインストールするため、基本的なハードウェア要件は、Windows Serverと同じです。AD DSの役割を実行できるWindows Server 2022の最小システム要件は、次の表のとおりです。

**Windows Server 2022のハードウェア要件**

|  | CPU | メモリ | ハードディスク |
|---|---|---|---|
| 最小システム要件（x64） | 1.4GHz以上 | 512MB（GUIでは2GB）以上 | 32GB以上 |

　Windows Serverではさまざまな展開が可能なため、「推奨システム要件」はインストールする役割に応じて異なります。Windows Serverをドメインコントローラーにする場合、次の追加の要件があります。

### ●ハードディスクの追加空き容量

　AD DSでは、ユーザーアカウント、コンピューターアカウント、グループアカウント、共有フォルダー、プリンターなどのオブジェクト数が多くなるとAD DSデータベースも大きくなるので、十分な空き容量を確保しておく必要があります。たとえば、各ユーザーアカウントで約10KB、コンピューターアカウントで5KB使用した場合、ユーザーが1万人いる場合には、ユーザーアカウントオブジェクト（約100MB）とコンピューターアカウントオブジェクト（約50MB）だけでも約150MB必要になります。AD DSデータベースには、ユーザーアカウント以外にもコンピューターアカウント、OU、共有フォルダーなどのオブジェクトも含まれるため、これらのオブジェクトも考慮した空き容量を計画するべきです。作成するオブジェクト数に依存しますが、少なくとも40GB以上の空きディスク容量を確保しておくべきです。

### ● NTFSでフォーマットされたボリューム

　Windows Serverは、NTFSファイルシステムでフォーマットされたボリュームにのみオペレーティングシステムをインストールできますが、追加のボリュームはFATやFAT32でフォーマットできます。ドメインコントローラーには、AD DSのディレクトリデータベース、ログファイル、［SYSVOL］フォルダーが格納されます。ディレクトリデータベースやログファイルは、NTFS以外のボリュームも指定できますが、セキュリティを考慮した場合、NTFSボリュームに配置するべきです。また、［SYSVOL］フォルダーは、NTFSボリュームに格納する必要があります。

　一般的には、テスト環境を除き、Windows Serverをインストールするコンピューターをマルチブート環

境で使うことはありません。また、ドメインコントローラーは通常、専用のコンピューターで実行し、セキュリティを確保する必要があることから、ドメインコントローラー上のパーティションはすべてNTFSでフォーマットするべきです。

## ソフトウェア要件

　ドメインコントローラーのソフトウェア要件には、オペレーティングシステムの選択があります。また、AD DSをサポートするDNSサーバーも必要になります。

### ●オペレーティングシステムの選択

Active Directory ドメインは Windows 2000 Server 以降のサーバーオペレーティングシステムで構築できますが、Windows NT 4.0 Server では Active Directory を構築できません。なお、Windows Server 2022 で構築する AD DS では、Windows Server 2008 以降を Active Directory ドメインのドメインコントローラーとしてサポートしています。

### ●静的 IP アドレス

　ドメインコントローラーにするコンピューターには、静的IPアドレスを設定する必要があります。DHCPクライアントになっている Windows Server をドメインコントローラーにするときには、インストール中に静的なIPアドレスを割り当てるように要求されます。なお、DHCPクライアントのままでもドメインコントローラーにすることは可能です。しかし、IPアドレスが割り当てられたときやDHCPサーバーの障害時に、クライアントがドメインコントローラーを特定できなくなる可能性があります。そのため、事前に静的IPアドレスを設定しておくことをお勧めします。たとえば、192.168.100.0/24のネットワークでは、ドメインコントローラーに192.168.100.200などを指定します。

**用語**

**DHCP**

DHCP（動的ホスト構成プロトコル）とは、クライアントコンピューターにIPアドレスを自動的に構成するしくみです。DHCPサーバーは、クライアントコンピューターがIPアドレスを要求したときにIPアドレスを提供するサーバーです。DHCPでは、クライアントコンピューターのIPアドレス以外にも、デフォルトゲートウェイやDNSサーバーのIPアドレスも割り当てることができます。

## ● DNS

Active Directory ドメインを構築するには、AD DS に対応した DNS サーバーが必要になります。DNS サーバーは、ドメインコントローラーのインストール前にインストールしておくことも可能ですが、Windows Server に付属している DNS サーバーをドメインコントローラーのインストール時に一緒にインストールできます。AD DS では、ドメインコントローラーに対応するホストレコードや SRV レコードなど AD DS で使うさまざまなリソースレコードが必要になります。そのため、DNS クライアントが DNS サーバーにリソースレコードを自動的に登録する「動的更新」をサポートする DNS サーバーが必要になります。DNS サーバーが動的更新をサポートしない場合には、AD DS で使うさまざまなリソースレコードをすべて手動で作成しなければなりません。なお、DNS サーバーが動的更新をサポートする場合や、ドメインコントローラーのインストールと同時に DNS をインストールする場合には、複雑なリソースレコードが自動的に作成されます。

**Active Directory 統合 DNS サーバー**

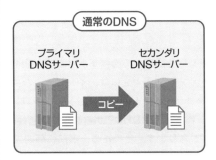
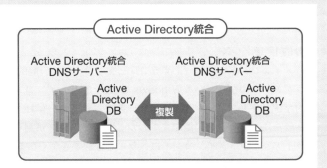

通常の DNS サーバーでは、プライマリ DNS サーバーでリソースレコードの登録や更新を行い、セカンダリ DNS サーバーにリソースレコードの読み取り専用のコピーが格納されます。複数台の DNS サーバーを配置することにより、システム障害時にもサービスを提供できるようにしています。

Active Directory ドメイン環境でドメインコントローラーにインストールされた DNS サーバーでは、「Active Directory 統合ゾーン」を作成できます。Active Directory 統合ゾーンは、各 DNS サーバーがプライマリ DNS サーバーとして動作するため、すべての DNS サーバーでリソースレコードの登録や更新が行えます。これは、DNS データベースの複製に、通常の DNS データベースファイルではなく、AD DS データベースの複製機能を使用することで実現しています。また、Active Directory 統合 DNS サーバーでは、正しく認証されたクライアントコンピューターだけがリソースレコードの登録や更新を行えるように設定できるため、不正なコンピューターのリソースレコードが登録されることを防止できます。

このような理由により、DNS サーバーはドメインコントローラーのインストール時に、一緒にすべてのドメインコントローラーにインストールすることをお勧めします。

# 1 静的IPアドレスを設定するには

　Active Directoryドメインを構成するドメインコントローラーには、IPアドレスを手動で設定する必要があります。これは、Windows Serverの既定のインストールでは、TCP/IP設定がDHCP（動的ホスト構成プロトコル）サーバーからIPアドレスを取得するように構成されているためです。ドメインコントローラーは、事前にIPアドレスを手動で設定しておくとIPアドレスの管理が簡単になります。

## 静的IPアドレスを設定する

❶ サーバーマネージャーで、［ダッシュボード］をクリックし、［このローカルサーバーの構成］をクリックする。

❷ ［イーサネット］の右にある現在の設定（ここでは［IPv4アドレス（DHCPにより割り当て）、IPv6（有効）］）をクリックする。

❸ ［イーサネット］を右クリックし、［プロパティ］をクリックする。

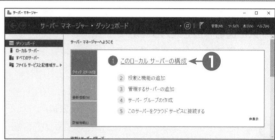

> **ヒント**
>
> ### ［ネットワーク接続］を別の方法で開くには
>
> 1 コントロールパネルを表示する。
> ・スタートボタンをクリックし、［コントロールパネル］をクリックする。
> 2 ［ネットワーク接続］を表示する。
> ・コントロールパネルで、［ネットワークとインターネット］、［ネットワークと共有センター］の順にクリックし、［アダプターの設定の変更］をクリックする。
> ・スタートボタンをクリックし、［設定］、［ネットワークとインターネット］、［イーサネット］、［アダプターのオプションを変更する］の順にクリックする。
> ・タスクバーで［ネットワーク］アイコンを右クリックし、［ネットワークとインターネットの設定］、［イーサネット］、［アダプターのオプションを変更する］の順にクリックする。

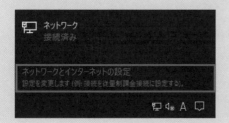

> **ヒント**
>
> ### サーバーマネージャーが表示されない場合には
>
> サーバーマネージャーは、［管理］→［サーバーマネージャーのプロパティ］で［ログオン時にサーバーマネージャーを自動的に起動しない］チェックボックスをオンにすると、次回ログオン時から自動的に表示されなくなります。サーバーマネージャーを表示するには、スタートボタンをクリックし、［サーバーマネージャー］タイルをクリックします。

**4**

[イーサネットのプロパティ] ダイアログで、[インターネットプロトコルバージョン4（TCP/IPv4）] または [インターネットプロトコルバージョン6 （TCP/IPv6）] をダブルクリックする。

※本書では、基本的にTCP/IPv4のみを使用して構成するため、TCP/IPv6は無効にする。

**5**

[インターネットプロトコルバージョン4（TCP/IPv4）のプロパティ] ダイアログで [次のIPアドレスを使う] をクリックし、[IPアドレス]、[サブネットマスク]、[デフォルトゲートウェイ] の各ボックスに適切な値を入力する。

※本書では、次の値を使用する。

●IPアドレス：10.10.10.1
●サブネットマスク：255.255.255.0
●デフォルトゲートウェイ：10.10.10.254

**6**

[優先DNSサーバー] および [代替DNSサーバー] の各ボックスに適切なDNSサーバーのIPアドレスを入力する。

※本書では、次の値を使用する。

●優先DNSサーバー：10.10.10.1
●代替DNSサーバー：10.10.10.2

**7**

[OK] をクリックする。

**8**

[イーサネットのプロパティ] ダイアログで、[閉じる] をクリックする。

**ヒント**

## DNSクライアントの設定

ドメインコントローラーのIPアドレスを手動で設定した場合に、DNSクライアントの設定を空白のままにしておくと、Active Directoryドメインサービス構成ウィザードの [前提条件のチェック] ページでエラーになります。

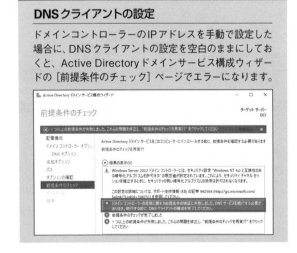

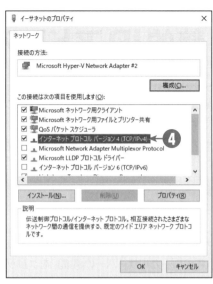

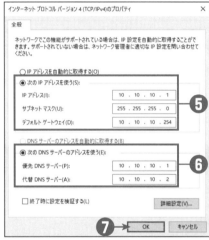

# 2　Active Directoryドメインサービスの役割を追加するには

Windows Server 2008以降では、Active Directoryドメインサービス（AD DS）がサービスとして実行されます。そのため、AD DSをインストールするには、まずAD DSの役割を追加する必要があります。その後、Active Directoryドメインサービス構成ウィザードを実行して、ドメインコントローラーにします。

## Active Directoryドメインサービスの役割を追加する

**❶** サーバーマネージャーで、［ダッシュボード］をクリックする。

**❷** ［役割と機能の追加］をクリックする。
　▶ 役割と機能の追加ウィザードが表示される。

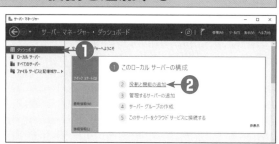

**❸** ［開始する前に］ページで、［次へ］をクリックする。

**❹** ［インストールの種類の選択］ページで、［役割または機能ベースのインストール］が選択されていることを確認する。

**❺** ［次へ］をクリックする。

**❻** ［対象サーバーの選択］ページで、AD DSをインストールするサーバーを選択する。

**❼** ［次へ］をクリックする。

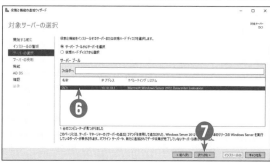

**ヒント**

### サーバーマネージャーが表示されない場合には

サーバーマネージャーは、［管理］→［サーバーマネージャーのプロパティ］で［ログオン時にサーバーマネージャーを自動的に起動しない］チェックボックスをオンにすると、次回ログオン時から自動的に表示されなくなります。サーバーマネージャーを表示するには、スタートボタンをクリックし、［サーバーマネージャー］タイルをクリックします。

**⑧**
［サーバーの役割の選択］ページで、［Active Directory ドメインサービス］チェックボックスをオンにする。

**⑨**
［役割と機能の追加ウィザード］ダイアログで、［機能の追加］をクリックする。

**⑩**
［サーバーの役割の選択］ページで、［次へ］をクリックする。

**⑪**
［機能の選択］ページで、［次へ］をクリックする。

⓬ ［Active Directoryドメインサービス］ページで、
［次へ］をクリックする。

⓭ ［インストールオプションの確認］ページで、［イン
ストール］をクリックする。

▶ AD DSのインストールが開始される。

⓮ ［インストールの進行状況］ページにAD DSのイン
ストールが正常に完了したことを示すメッセージが
表示されたら、［閉じる］をクリックする。

## PowerShellを使用してAD DSをインストールする

❶ スタートボタンをクリックし、［Windows PowerShell］
タイルをクリックする。

❷ PowerShellで、次のコマンドレットを入力する。

```
Install-WindowsFeature `
-Name AD-Domain-Services `
-IncludeManagementTools
```

**ヒント**

**行継続文字**

各行の最後にある「`」は、行の継続を示しています。「`」
を省略して1行で書くことも可能です。

# 3 フォレストルートドメインを インストールするには

　Active Directoryドメインサービス（AD DS）の役割を追加した後は、Active Directoryドメインサービス構成ウィザードを実行して、Active Directoryドメインを構成します。また、PowerShellを使用してドメインコントローラーをインストールする方法も紹介します。なお、PowerShellを使用する方法は、Server Coreをドメインコントローラーに昇格する際にも利用できます。

## フォレストルートドメインをインストールする

**❶**
Active Directoryドメインサービスの役割を追加する。

**❷**
サーバーマネージャーで、［通知］アイコンをクリックする。

**❸**
［このサーバーをドメインコントローラーに昇格する］をクリックする。

▶Active Directoryドメインサービス構成ウィザードが表示される。

**❹**
［配置構成］ページの［配置操作を選択してください］セクションで、［新しいフォレストを追加する］を選択する。

**❺**
［ルートドメイン名］ボックスにドメインの名前を入力する。
※本書では、次の値を使用する。
●ドメイン名：domain.local

**❻**
［次へ］をクリックする。

**❼**
［ドメインコントローラーオプション］ページで、［フォレストの機能レベル］ボックスから適切なフォレストの機能レベルを選択する。
※本書では、次の値を使用する。
●フォレストの機能レベル：
Windows Server 2012 R2

**⑧**
[ドメインの機能レベル] ボックスから適切なドメイ
ンの機能レベルを選択する。
※本書では、次の値を使用する。
● ドメインの機能レベル：
Windows Server 2012 R2

**⑨**
[ドメインコントローラーの機能を指定してくださ
い] セクションで、[ドメインネームシステム（DNS）
サーバー] チェックボックスがオンになっているこ
とを確認する。

**⑩**
[ディレクトリサービス復元モード（DSRM）のパ
スワードを入力してください] セクションで、[パス
ワード] および [パスワードの確認入力] ボックス
に、DSRMのパスワードを入力する。
※本書では、次の値を使用する。
● P@ssw0rd

**⑪**
[次へ] をクリックする。

**⑫**
[DNSオプション] ページで、[次へ] をクリックする。

**⑬**
[追加オプション] ページで、[NetBIOS ドメイン
名] ボックスに適切なドメイン名が表示されること
を確認し、[次へ] をクリックする。

**⑭**
[パス] ページで、[次へ] をクリックする。

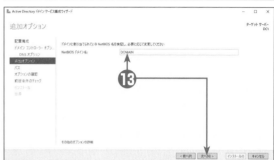

---

**ヒント**

### サーバーマネージャーが表示されない場合には

サーバーマネージャーは、[管理] → [サーバーマネー
ジャーのプロパティ] で [ログオン時にサーバーマネー
ジャーを自動的に起動しない] チェックボックスをオン
にすると、次回ログオン時から自動的に表示されなくな
ります。サーバーマネージャーを表示するには、スター
トボタンをクリックし、[サーバーマネージャー] タイル
をクリックします。

---

**ヒント**

### ドメインコントローラーへの昇格と同時にDNSを
インストールする

Windows Server 2008以降では、ドメインコントローラー
への昇格時にDNSをインストールすると、権限がある場
合、親ゾーンのDNSサーバーに、Active Directoryドメ
イン用のDNSゾーンの委任を自動的に作成できます。

---

**ヒント**

### DSRMのパスワード

ディレクトリサービスの停止時にローカルコンピュー
ターへアクセスするときに使うパスワードです。たとえ
ば、ディレクトリサービスをオフラインでメンテナンス
したり、ディレクトリサービス自体を復元したりすると
きには、ディレクトリデータベースにあるドメインの
Administratorアカウントは使えません。そのため、ディ
レクトリサービスの停止時には、ローカルSAMにある
Administratorアカウントのパスワードを使ってローカ
ルコンピューターへアクセスします。

⑮ ［オプションの確認］ページで、［次へ］をクリック
する。

⑯ ［前提条件のチェック］ページで、前提条件のチェッ
クに合格していることを確認し、［インストール］を
クリックする。

　➡ ドメインコントローラーへの昇格が開始され、イ
　　 ンストールが完了すると自動的に再起動される。

---

**ヒント**

## スクリプトの表示

［スクリプトの表示］ボタンをクリックすると、ドメイン
コントローラーの昇格用のPowerShellスクリプトが表
示されます。このPowerShellスクリプトは、Server
Coreでの昇格や無人インストール用のスクリプトとし
て利用できます。

# PowerShellを使用してフォレストルートドメインをインストールする

**❶** Active Directoryドメインサービスの役割を追加する。

**❷** スタートボタンをクリックし、［Windows PowerShell］タイルをクリックする。

**❸** PowerShellで、次のコマンドレットを入力する。

```
Import-Module ADDSDeployment
Install-ADDSForest `
-CreateDnsDelegation:$false `
-DatabasePath "C:¥Windows¥NTDS" `
-DomainMode "Win2012R2" `
-DomainName "domain.local" `
-DomainNetbiosName "DOMAIN" `
-ForestMode "Win2012R2" `
-InstallDns:$true `
-LogPath "C:¥Windows¥NTDS" `
-NoRebootOnCompletion:$false `
-SysvolPath "C:¥Windows¥SYSVOL" `
-Force:$true
```

**❹** SafeModeAdministratorPassword：プロンプトで、DSRMのパスワードを入力する。

**❺** SafeModeAdministratorPasswordを確認してください：プロンプトで、DSRMのパスワードを入力する。

**ヒント**

**行継続文字**

各行の最後にある「`」は、行の継続を示しています。「`」を省略して1行で書くことも可能です。

| コマンドレット/パラメーター | 説明 |
| --- | --- |
| Import-Module ADDSDeployment | PowerShellにAD DS展開用のモジュールをインポートするコマンドレット |
| Install-ADDSForest | 新しいフォレストを作成するためのコマンドレット |
| -CreateDnsDelegation: | 親ドメインにDNSの委任を作成するかを指定する |
| -DatabasePath | Active Directoryデータベースのパスを指定する |
| -DomainMode | ドメインの機能レベルを指定する |
| -DomainName | フォレスト名およびドメイン名を指定する |
| -DomainNetbiosName | ドメインのNetBIOS名を指定する |
| -ForestMode | フォレストの機能レベルを指定する |
| -InstallDns: | DNSサーバーをインストールするかを指定する |
| -LogPath | Active Directoryログのパスを指定する |
| -NoRebootOnCompletion: | 完了後に再起動するかを指定する |
| -SysvolPath | Sysvolフォルダーのパスを指定する |
| -Force:$true | インストール中に警告を表示するかを指定する |
| -SafeModeAdministratorPassword | ディレクトリサービス復元モード（DSRM）のパスワードを指定する。指定しない場合は、インストール中にDSRMの入力が要求される。指定する場合は、次のように入力してセキュアな文字列に変換する必要がある<br>-SafeModeAdministratorPassword (ConvertTo-SecureString "P@ssw0rd" -AsPlainText -Force) |

## Active Directoryドメインサービスのクライアント

Active Directoryドメインサービス（AD DS）をインストールし、ドメインを作成した後は、クライアントコンピューターをActive Directoryドメインに参加させることができます。Active Directoryドメインでは、Windows 8.1 Pro/Enterprise、Windows 10 Pro/Enterprise/Education、Windows 11 Pro/Enterprise/Educationのほか、Windows XP Professional、Windows Vista、Windows 7などのレガシーオペレーティングシステム（以前のバージョンのオペレーティングシステム）もクライアントになることができます。なお、Windows XP Home EditionとWindows Vista Home Basic/Home Premium、Windows 7 Starter/Home Premium、Windows 8/RT、Windows 8.1/RT、Windows 10 Home、Windows 11 Homeは、個人ユーザー向けのクライアントオペレーティングシステムであるため、ドメインに参加する機能をサポートしていません。

### Active Directoryドメイン参加後のクライアントオペレーティングシステムの違い

クライアントコンピューターがActive Directoryドメインに参加すると、Active Directoryのリソースを検索できるようになります。Active Directoryドメインに参加したWindows 8.1 Pro/Enterprise、Windows 10 Pro/Enterprise/Education、Windows 11 Pro/Enterprise/Educationでは［サインイン先］にドメイン名が表示されるようになります。

Active Directoryドメインに参加したWindowsコンピューターでは、いくつかの機能が利用できなくなります。たとえば、タイムサーバーとの時刻の同期ができなくなります。これは、Active Directoryドメインに参加すると、コンピューターの時刻がドメインコントローラーと自動的に同期するようになるためです。そのため、ドメインに参加する前は、［設定］の［日付と時刻］でタイムサーバーと同期するための［今すぐ同期］ボタンをクリックできますが、ドメインへの参加後はグレーアウトされて同期できなくなります。

ドメインに未参加

ドメインに参加後

ドメインに未参加

ドメインに参加後

# 追加ドメインコントローラーのインストールオプション

Active Directoryフォレストでは、既存のネットワーク環境、管理要件、セキュリティ要件に応じて、子ドメインを作成したり、別の名前でツリードメインを作成したりできます。そのため、ドメインコントローラーのインストールオプションには、フォレストルートドメインのドメインコントローラーとしてインストールするほかに、次のインストールオプションがあります。

### 子ドメイン

フォレスト内のドメインツリーで、名前の一部を共有する子ドメインのドメインコントローラーをインストールします。管理目的でドメインを分ける場合には、子ドメインを作成します。ドメインツリーで上位にあるドメインは、親ドメインと呼ばれます。

### ツリードメイン

フォレストで、名前の異なる新しいツリードメインのドメインコントローラーをインストールします。既存のドメイン名と異なる名前でドメインを作成するときに使います。

### 既存のドメインの追加ドメインコントローラー

親ドメイン、子ドメイン、別のツリードメインのいずれにも、ドメインコントローラーを追加できます。ドメインに2台以上のドメインコントローラーをインストールすると、1台のドメインコントローラーで障害が発生しても、ユーザーが継続してActive Directoryドメインサービス（AD DS）を使えるようになります。

**フォレストでのドメインコントローラーのインストールオプション**

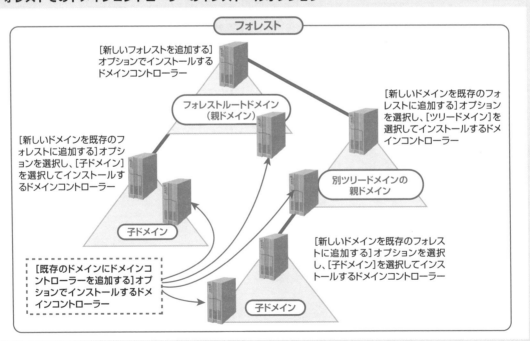

AD DSにドメインを追加するときには、管理が簡単になるように計画します。最も管理が簡単なドメイン構成は、シングルフォレスト/シングルドメインです。しかし、既存のネットワーク環境や組織の要件により、ドメインを分けた方が簡単になる場合もあります。

ドメインを分ける例として、日本とフランスにオフィスがあり、それぞれ独自に管理者がいることを想像してください。互いのオフィス間で年に1、2度しか社員の出張はなく、ネットワークリソースを共有する必要性が少ない場合、各国で個別に管理した方がはるかに簡単です。たとえば、日本のオフィスですべてのオブジェクトを集中管理する場合には、フランスの新入社員のユーザーアカウントも日本で作成する必要があります。また、トラブルシューティングのときには、ネットワーク管理者が日本語とフランス語の両方の言語を習得していなければ対応できない状況も考えられます。

このように、Active Directoryドメインを構成するときには、組織の要件や、どのようにしたら管理が簡単になるかを目標において、ドメインを分けるかどうかを決定するべきです。

## Active Directory ドメインの作成権限

Active Directoryドメインを作成または削除するには、ユーザーにドメインを作成または削除するための権限が必要になります。また、ドメインにドメインコントローラーを追加または削除する場合にも、ユーザーにドメインコントローラーを追加または削除するための権限が必要になります。次の表に、各ドメインの展開構成において、ユーザーに必要となる権限が与えられている既定のグループを紹介します。

| ドメインの展開構成 | グループ |
|---|---|
| 新しいフォレストの作成 | Enterprise Admins |
| 子ドメインの作成 | Enterprise Admins |
| 新しいツリードメインの作成 | Enterprise Admins |
| ドメインへのドメインコントローラーの追加 | Enterprise Admins または Domain Admins |
| フォレストの削除 | Enterprise Admins |
| ドメインの削除 | Enterprise Admins |
| ドメインからドメインコントローラーの削除 | Enterprise Admins または Domain Admins |

# 4　子ドメインを作成するには

　フォレスト内で既存のドメインの子ドメインを作成するには、次の手順を実行します。なお、この手順では、子ドメインのドメインコントローラーにDNSサーバーをインストールします。また、PowerShellを使用してドメインコントローラーをインストールする方法も紹介します。なお、PowerShellを使用する方法は、Server Coreをドメインコントローラーに昇格する際にも利用できます。

## 子ドメインを作成する

❶ Active Directoryドメインサービスの役割を追加する。

❷ サーバーマネージャーで、［通知］アイコンをクリックする。

❸ ［このサーバーをドメインコントローラーに昇格する］をクリックする。

　▶Active Directoryドメインサービス構成ウィザードが表示される。

❹ ［配置構成］ページの［配置操作を選択してください］セクションで、［新しいドメインを既存のフォレストに追加する］を選択する。

❺ ［ドメインの種類を選択］で、［子ドメイン］を選択する。

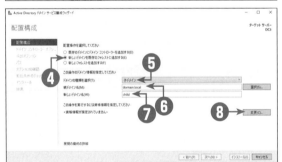

❻ ［親ドメイン名］ボックスに、親ドメインのドメイン名を入力する。
　※本書では、次の値を使用する。
　● 親ドメイン名：domain.local

❼ ［新しいドメイン名］ボックスに、子ドメインのドメイン名を入力する。
　※本書では、次の値を使用する。
　● 子ドメイン名：child

❽ ［変更］をクリックする。
　▶［Windowsセキュリティ］ダイアログが表示される。

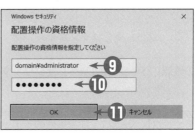

⑨ [ユーザー名] ボックスに、子ドメインを作成する権限のある管理者のユーザー名を入力する

⑩ [パスワード] ボックスに、子ドメインを作成する権限のある管理者のパスワードを入力する。

⑪ [OK] をクリックする。

⑫ [配置構成] ページで、[次へ] をクリックする。

⑬ [ドメインコントローラーオプション] ページの [ドメインの機能レベル] ボックスで、ドメインの機能レベルを選択する。
※本書では、次の値を使用する。
● ドメインの機能レベル：
Windows Server 2012 R2

⑭ [ドメインコントローラーの機能とサイト情報を指定してください] セクションで、適切なオプションを指定する。
※本書では、次の値を使用する。
● DNSサーバー：オン
● グローバルカタログ：オン
● サイト名：Default-First-Site-Name

⑮ [ディレクトリサービス復元モード（DSRM）のパスワードを入力してください] セクションで、[パスワード] および [パスワードの確認入力] ボックスに、DSRMのパスワードを入力する。
※本書では、次の値を使用する。
● P@ssw0rd

⑯ [ドメインコントローラーオプション] ページで、[次へ] をクリックする。

⑰ [DNSオプション] ページで、[次へ] をクリックする。

⑱ [追加オプション] ページで、[NetBIOSドメイン名] ボックスに適切なドメイン名が表示されることを確認し、[次へ] をクリックする。

⑲ ［パス］ページで、［次へ］をクリックする。

⑳ ［オプションの確認］ページで、［次へ］をクリックする。

㉑ ［前提条件のチェック］ページで、前提条件のチェックに合格していることを確認し、［インストール］をクリックする。

➡ ドメインコントローラーへの昇格が開始され、インストールが完了すると自動的に再起動される。

**ヒント**

**ドメインコントローラーへの昇格と同時にDNSをインストールする**

Windows Server 2008以降では、ドメインコントローラーへの昇格時にDNSをインストールすると、権限がある場合、親ゾーンのDNSサーバーに、Active Directoryドメイン用のDNSゾーンの委任を自動的に作成できます。

**ヒント**

**スクリプトの表示**

［スクリプトの表示］ボタンをクリックすると、ドメインコントローラーの昇格用のPowerShellスクリプトが表示されます。このPowerShellスクリプトは、Server Coreでの昇格や無人インストール用のスクリプトとして利用できます。

**ヒント**

**DSRMのパスワード**

ディレクトリサービスの停止時にローカルコンピューターへアクセスするときに使うパスワードです。たとえば、ディレクトリサービスをオフラインでメンテナンスしたり、ディレクトリサービス自体を復元したりするときには、ディレクトリデータベースにあるドメインのAdministratorアカウントは使えません。そのため、ディレクトリサービスの停止時には、ローカルSAMにあるAdministratorアカウントのパスワードを使ってローカルコンピューターへアクセスします。

# PowerShellを使用して子ドメインをインストールする

**❶**
Active Directoryドメインサービスの役割を追加する。

**❷**
スタートボタンをクリックし、[Windows PowerShell]タイルをクリックする。

**❸**
PowerShellで、次のコマンドレットを入力する。

```
Import-Module ADDSDeployment
Install-ADDSDomain `
-NoGlobalCatalog:$false `
-CreateDnsDelegation:$true `
-Credential (Get-Credential) `
-DatabasePath "C:\Windows\NTDS" `
-DomainMode "Win2012R2" `
-DomainType "ChildDomain" `
-InstallDns:$true `
-LogPath "C:\Windows\NTDS" `
-NewDomainName "child" `
-NewDomainNetbiosName "CHILD" `
-ParentDomainName "domain.local" `
-NoRebootOnCompletion:$false `
-SiteName "Default-First-Site-Name" `
-SysvolPath "C:\Windows\SYSVOL" `
-Force:$true
```

➡ [Windows PowerShell資格情報の要求] ダイアログが表示される。

**❹**
[ユーザー名] および [パスワード] ボックスに、子ドメインを作成する権限のある管理者のユーザー名とパスワードを入力する。

**❺**
[OK] をクリックする。

**❻**
SafeModeAdministratorPassword：プロンプトで、DSRMのパスワードを入力する。

**❼**
SafeModeAdministratorPasswordを確認してください：プロンプトで、DSRMのパスワードを入力する。

---

**ヒント**

**行継続文字**

各行の最後にある「`」は、行の継続を示しています。「`」を省略して1行で書くことも可能です。

| コマンドレット/パラメーター | 説明 |
|---|---|
| Import-Module ADDSDeployment | PowerShellにAD DS展開用のモジュールをインポートするコマンドレット |
| Install-ADDSDomain | フォレストにドメインを作成するためのコマンドレット |
| -NoGlobalCatalog: | グローバルカタログにするかを指定する |
| -CreateDnsDelegation: | 親ドメインにDNSの委任を作成するかを指定する |
| -Credential (Get-Credential) | フォレストにドメインを追加する資格情報を指定する。(Get-Credential)を指定した場合、資格情報を入力するダイアログが表示される |
| -DatabasePath | Active Directoryデータベースのパスを指定する |
| -DomainMode | ドメインの機能レベルを指定する |
| -DomainType | ドメインの種類を指定する。子ドメインの場合は、ChildDomainを指定する |
| -InstallDns: | DNSサーバーをインストールするかを指定する |
| -LogPath | Active Directoryログのパスを指定する |
| -NewDomainName | 新しいドメインのドメイン名を指定する |
| -NewDomainNetbiosName | 新しいドメインのNetBIOS名を指定する |
| -ParentDomainName | 親ドメイン名を指定する |
| -NoRebootOnCompletion: | 完了後に再起動するかを指定する |
| -SiteName | ドメインコントローラーを配置するサイト名を指定する |
| -SysvolPath | Sysvolフォルダーのパスを指定する |
| -Force:$true | インストール中に警告を表示するかを指定する |
| -SafeModeAdministratorPassword | ディレクトリサービス復元モード (DSRM) のパスワードを指定する。指定しない場合は、インストール中にDSRMのパスワードの入力が要求される。指定する場合は、次のように入力してセキュアな文字列に変換する必要がある<br>-SafeModeAdministratorPassword (ConvertTo-SecureString "P@ssw0rd" -AsPlainText -Force) |

# 5　ツリードメインを作成するには

　フォレスト内に新しいツリードメインを作成する方法について説明します。なお、この手順では、新しいツリードメインのドメインコントローラーにDNSサーバーをインストールします。また、PowerShellを使用してドメインコントローラーをインストールする方法も紹介します。なお、PowerShellを使用する方法は、Server Coreをドメインコントローラーに昇格する際にも利用できます。

## ツリードメインを作成する

**❶**
Active Directory ドメインサービスの役割を追加する。

**❷**
サーバーマネージャーで、[通知] アイコンをクリックする。

**❸**
[このサーバーをドメインコントローラーに昇格する] をクリックする。

➡Active Directory ドメインサービス構成ウィザードが表示される。

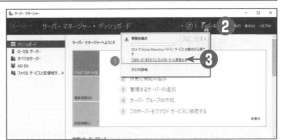

**❹**
[配置構成] ページの [配置操作を選択してください] セクションで、[新しいドメインを既存のフォレストに追加する] を選択する。

**❺**
[ドメインの種類を選択] で、[ツリードメイン] を選択する。

**❻**
[フォレスト名] ボックスに、フォレスト名を入力する。
※本書では、次の値を使用する。
●フォレスト名：domain.local

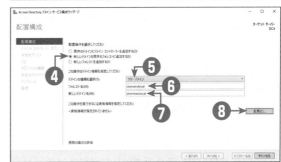

**❼**
[新しいドメイン名] ボックスに、新しいドメインのドメイン名を入力する。
※本書では、次の値を使用する。
●フォレスト名：domtree.local

**❽**
[変更] をクリックする。

➡[Windowsセキュリティ] ダイアログが表示される。

> **ヒント**
>
> **サーバーマネージャーが表示されない場合には**
>
> サーバーマネージャーは、[管理] → [サーバーマネージャーのプロパティ] で [ログオン時にサーバーマネージャーを自動的に起動しない] チェックボックスをオンにすると、次回ログオン時から自動的に表示されなくなります。サーバーマネージャーを表示するには、スタートボタンをクリックし、[サーバーマネージャー] タイルをクリックします。

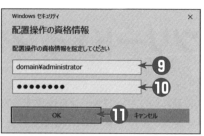

**9**
[ユーザー名]ボックスに、ツリードメインを作成する権限のある管理者のユーザー名を入力する。

**10**
[パスワード]ボックスに、ツリードメインを作成する権限のある管理者のパスワードを入力する。

**11**
[OK]をクリックする。

**12**
[配置構成]ページで、[次へ]をクリックする。

**13**
[ドメインコントローラーオプション]ページの[ドメインの機能レベル]ボックスで、ドメインの機能レベルを選択する。
※本書では、次の値を使用する。
●ドメインの機能レベル：
　Windows Server 2016

**14**
[ドメインコントローラーの機能とサイト情報を指定してください]セクションで、適切なオプションを指定する。
※本書では、次の値を使用する。
●DNSサーバー：オン
●グローバルカタログ：オン
●サイト名：Default-First-Site-Name

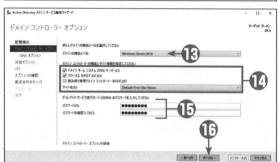

**15**
[ディレクトリサービス復元モード（DSRM）のパスワードを入力してください]セクションで、[パスワード]および[パスワードの確認入力]ボックスに、DSRMのパスワードを入力する。
※本書では、次の値を使用する。
●P@ssw0rd

**16**
[ドメインコントローラーオプション]ページで、[次へ]をクリックする。

**17**
[DNSオプション]ページで、[次へ]をクリックする。

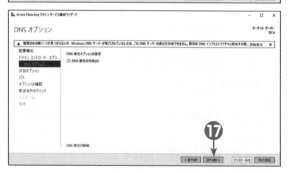

**ヒント**

### ドメインコントローラーへの昇格と同時にDNSをインストールする

Windows Server 2008以降では、ドメインコントローラーへの昇格時にDNSをインストールすると、権限がある場合、親ゾーンのDNSサーバーに、Active Directoryドメイン用のDNSゾーンの委任を自動的に作成できます。

**⑱**
[追加オプション] ページで、[NetBIOSドメイン名] ボックスに適切なドメイン名が表示されることを確認し、[次へ] をクリックする。

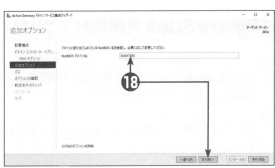

**⑲**
[パス] ページで、[次へ] をクリックする。

**⑳**
[オプションの確認] ページで、[次へ] をクリックする。

**㉑**
[前提条件のチェック] ページで、前提条件のチェックに合格していることを確認し、[インストール] をクリックする。

➡ ドメインコントローラーへの昇格が開始され、インストールが完了すると自動的に再起動される。

**ヒント**

**DSRMのパスワード**

ディレクトリサービスの停止時にローカルコンピューターへアクセスするときに使うパスワードです。たとえば、ディレクトリサービスをオフラインでメンテナンスしたり、ディレクトリサービス自体を復元したりするときには、ディレクトリデータベースにあるドメインのAdministratorアカウントは使えません。そのため、ディレクトリサービスの停止時には、ローカルSAMにあるAdministratorアカウントのパスワードを使ってローカルコンピューターへアクセスします。

**ヒント**

**スクリプトの表示**

[スクリプトの表示] ボタンをクリックすると、ドメインコントローラーの昇格用のPowerShellスクリプトが表示されます。このPowerShellスクリプトは、Server Coreでの昇格や無人インストール用のスクリプトとして利用できます。

```
#
# AD DS 配置用の Windows PowerShell スクリプト
#

Import-Module ADDSDeployment
Install-ADDSDomain `
-NoGlobalCatalog:$false `
-CreateDnsDelegation:$false `
-Credential (Get-Credential) `
-DatabasePath "C:¥Windows¥NTDS" `
-DomainMode "WinThreshold" `
-DomainType "TreeDomain" `
-InstallDns:$true `
-LogPath "C:¥Windows¥NTDS" `
-NewDomainName "domtree.local" `
-NewDomainNetbiosName "DOMTREE" `
-ParentDomainName "domain.local" `
-NoRebootOnCompletion:$false `
-SiteName "Default-First-Site-Name" `
-SysvolPath "C:¥Windows¥SYSVOL" `
-Force:$true
```

## PowerShellを使用してツリードメインをインストールする

**①**
Active Directoryドメインサービスの役割を追加する。

**②**
スタートボタンをクリックし、[Windows PowerShell]タイルをクリックする。

**③**
PowerShellで、次のコマンドレットを入力する。

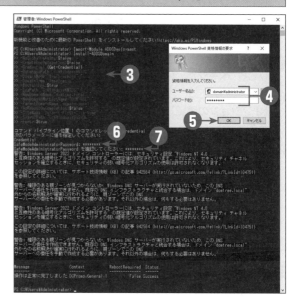

```
Import-Module ADDSDeployment
Install-ADDSDomain `
-NoGlobalCatalog:$false `
-CreateDnsDelegation:$false `
-Credential (Get-Credential) `
-DatabasePath "C:¥Windows¥NTDS" `
-DomainMode "WinThreshold" `
-DomainType "TreeDomain" `
-InstallDns:$true `
-LogPath "C:¥Windows¥NTDS" `
-NewDomainName "domtree.local" `
-NewDomainNetbiosName "DOMTREE" `
-ParentDomainName "domain.local" `
-NoRebootOnCompletion:$false `
-SiteName "Default-First-Site-Name" `
-SysvolPath "C:¥Windows¥SYSVOL" `
-Force:$true
```

▶ [Windows PowerShell資格情報の要求] ダイアログが表示される。

**④**
[ユーザー名] および [パスワード] ボックスに、ツリードメインを作成する権限のある管理者のユーザー名とパスワードを入力する。

**⑤**
[OK] をクリックする。

**⑥**
SafeModeAdministratorPassword：プロンプトで、DSRMのパスワードを入力する。

**⑦**
SafeModeAdministratorPasswordを確認してください：プロンプトで、DSRMのパスワードを入力する。

**ヒント**

### 行継続文字

各行の最後にある「`」は、行の継続を示しています。「`」を省略して1行で書くことも可能です。

| コマンドレット/パラメーター | 説明 |
|---|---|
| Import-Module ADDSDeployment | PowerShellにAD DS展開用のモジュールをインポートするコマンドレット |
| Install-ADDSDomain | フォレストにドメインを作成するためのコマンドレット |
| -NoGlobalCatalog: | グローバルカタログにするかを指定する |
| -CreateDnsDelegation: | 親ドメインにDNSの委任を作成するかを指定する |
| -Credential (Get-Credential) | フォレストにドメインを追加する資格情報を指定する。(Get-Credential)を指定した場合、資格情報を入力するダイアログが表示される |
| -DatabasePath | Active Directoryデータベースのパスを指定する |
| -DomainMode | ドメインの機能レベルを指定する |
| -DomainType | ドメインの種類を指定する。ツリードメインの場合は、TreeDomainを指定する |
| -InstallDns: | DNSサーバーをインストールするかを指定する |
| -LogPath | Active Directoryログのパスを指定する |
| -NewDomainName | 新しいドメインのドメイン名を指定する |
| -NewDomainNetbiosName | 新しいドメインのNetBIOS名を指定する |
| -ParentDomainName | フォレストルートのドメイン名を指定する |
| -NoRebootOnCompletion: | 完了後に再起動するかを指定する |
| -SiteName | ドメインコントローラーを配置するサイト名を指定する |
| -SysvolPath | Sysvolフォルダーのパスを指定する |
| -Force:$true | インストール中に警告を表示するかを指定する |
| -SafeModeAdministratorPassword | ディレクトリサービス復元モード (DSRM) のパスワードを指定する。指定しない場合は、インストール中にDSRMのパスワードの入力が要求される。指定する場合は、次のように入力してセキュアな文字列に変換する必要がある<br>-SafeModeAdministratorPassword (ConvertTo-SecureString "P@ssw0rd" -AsPlainText -Force) |

# 6 新しいツリードメインの作成後に DNSサーバーを設定するには

　フォレスト内に新しいツリードメインを作成すると、異なるDNSの名前付け階層になります。Active Directory ドメインサービス構成ウィザードでは、親ゾーンに新しいツリードメインの委任を作成できない場合、フォレストルートドメインから新しいツリードメインへの名前解決を設定しない限り、フォレスト内のドメインコントローラー間で正常にレプリケーションできません。正常にレプリケーションできるようにDNSを構成するには、新しいツリードメインのスタブゾーンを作成する方法と条件付フォワーダーを構成する方法があります。ここでは、DNSサーバーに条件付フォワーダーを設定する方法を紹介します。

## フォレストルートドメインのドメインコントローラーの条件付フォワーダーを構成する

**❶** サーバーマネージャーで、[DNS] をクリックする。

**❷** フォレストルートドメインのDNSサーバーを右クリックし、[DNSマネージャー] をクリックする。
→ [DNSマネージャー] ウィンドウが表示される。

**❸** DNSサーバー名を展開し、[条件付フォワーダー] を右クリックする。

**❹** [新規条件付きフォワーダー] をクリックする。
→ [新規条件付フォワーダー] ダイアログが表示される。

**❺** [DNSドメイン] ボックスに、名前解決を転送するドメイン名を入力する。
※本書では、次の値を使用する。
● domtree.local

**❻** [<ここをクリックしてIPアドレスまたはDNS名を追加してください>] をクリックし、対象となるドメインのDNSサーバーのIPアドレスを入力する。

**❼** [このActive Directoryに条件付きフォワーダーを保存し、次の方法でレプリケートする] チェックボックスをオンにする。

**❽** [OK] をクリックする。

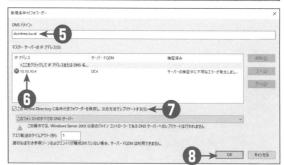

**サーバーマネージャーが表示されない場合には**

サーバーマネージャーは、［管理］→［サーバーマネージャーのプロパティ］で［ログオン時にサーバーマネージャーを自動的に起動しない］チェックボックスをオンにすると、次回ログオン時から自動的に表示されなくなります。サーバーマネージャーを表示するには、スタートボタンをクリックし、［サーバーマネージャー］タイルをクリックします。

# ツリードメインのドメインコントローラーの条件付フォワーダーを構成する

❶ サーバーマネージャーで、［DNS］をクリックする。

❷ ツリードメインのDNSサーバーを右クリックし、［DNSマネージャー］をクリックする。

　▶［DNSマネージャー］ウィンドウが表示される。

❸ DNSサーバー名を展開し、［条件付フォワーダー］を右クリックする。

❹［新規条件付きフォワーダー］をクリックする。

　▶［新規条件付フォワーダー］ダイアログが表示される。

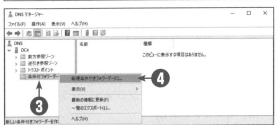

❺［DNSドメイン］ボックスに、名前解決を転送するドメイン名を入力する。

　※本書では、次の値を使用する。

　●domain.local

❻［<ここをクリックしてIPアドレスまたはDNS名を追加してください>］をクリックし、対象となるドメインのDNSサーバーのIPアドレスを入力する。

❼［このActive Directoryに条件付きフォワーダーを保存し、次の方法でレプリケートする］チェックボックスをオンにする。

❽［OK］をクリックする。

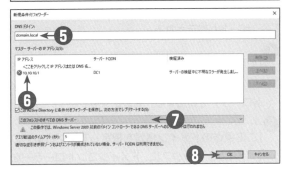

**条件付フォワーダーのActive Directory統合ゾーンへの格納**

［このActive Directoryに条件付きフォワーダーを保存し、次の方法でレプリケートする］チェックボックスをオンにすると、条件付きフォワーダーをActive Directoryに格納してDNS名前解決の構成を簡素化できます。

**PowerShellで設定する**

条件付フォワーダーを作成するには、次のコマンドレットを実行します。

```
Add-DnsServerConditionalForwarderZone `
-Name domain.local `
-MasterServers 10.10.10.1 `
-ReplicationScope Forest
```

# 7 既存のドメインの追加ドメインコントローラーをインストールするには

　ドメインコントローラーは、ユーザーやコンピューターの認証などの重要なサービスを提供するサーバーのため、障害時に備え、フォレスト内の各ドメインには、2台以上のドメインコントローラーを配置するべきです。ドメインにドメインコントローラーを追加するには、次の手順を実行します。なお、この手順では、新しいドメインコントローラーにDNSサーバーをインストールし、グローバルカタログサーバーとしても指定します。また、PowerShellを使用してドメインコントローラーをインストールする方法も紹介します。なお、PowerShellを使用する方法は、Server Coreをドメインコントローラーに昇格する際にも利用できます。

## 既存のドメインの追加ドメインコントローラーをインストールする

**1** Active Directoryドメインサービスの役割を追加する。

**2** サーバーマネージャーで、[通知] アイコンをクリックする。

**3** [このサーバーをドメインコントローラーに昇格する] をクリックする。

　▶Active Directoryドメインサービス構成ウィザードが表示される。

**4** [配置構成] ページの [配置操作を選択してください] セクションで、[既存のドメインにドメインコントローラーを追加する] を選択する。

**5** [この操作のドメイン情報を指定してください] の [ドメイン] ボックスに、ドメインコントローラーを追加するドメイン名を入力する。
※本書では、次の値を使用する。
●ドメイン：domain.local

**6** [変更] をクリックする。

　▶[Windowsセキュリティ] ダイアログが表示される。

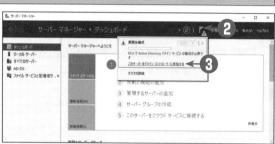

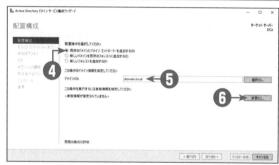

---

**ヒント**

### サーバーマネージャーが表示されない場合には

サーバーマネージャーは、[管理] → [サーバーマネージャーのプロパティ] で [ログオン時にサーバーマネージャーを自動的に起動しない] チェックボックスをオンにすると、次回ログオン時から自動的に表示されなくなります。サーバーマネージャーを表示するには、スタートボタンをクリックし、[サーバーマネージャー] タイルをクリックします。

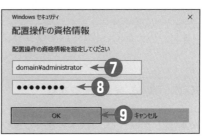

⑦ [ユーザー名] ボックスに、ドメインコントローラー
を追加する権限のある管理者のユーザー名を入力
する。

⑧ [パスワード] ボックスに、ドメインコントローラー
を追加する権限のある管理者のパスワードを入力
する。

⑨ [OK] をクリックする。

⑩ [配置構成] ページで、[次へ] をクリックする。

⑪ [ドメインコントローラーオプション] ページの [ド
メインコントローラーの機能とサイト情報を指定し
てください] セクションで、適切なオプションを指
定する。
※本書では、次の値を使用する。
●DNSサーバー：オン
●グローバルカタログ：オン
●サイト名：Default-First-Site-Name

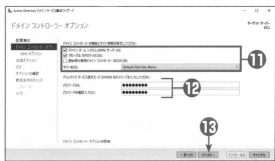

⑫ [ディレクトリサービス復元モード（DSRM）のパ
スワードを入力してください] セクションで、[パス
ワード] および [パスワードの確認入力] ボックス
に、DSRMのパスワードを入力する。
※本書では、次の値を使用する。
●P@ssw0rd

⑬ [ドメインコントローラーオプション] ページで、[次
へ] をクリックする。

⑭ [DNSオプション] ページで、[次へ] をクリックす
る。

**ヒント**

### DSRMのパスワード

ディレクトリサービスの停止時にローカルコンピュー
ターへアクセスするときに使うパスワードです。たとえ
ば、ディレクトリサービスをオフラインでメンテナンス
したり、ディレクトリサービス自体を復元したりすると
きには、ディレクトリデータベースにあるドメインの
Administratorアカウントは使えません。そのため、ディ
レクトリサービスの停止時には、ローカルSAMにある
Administratorアカウントのパスワードを使ってローカ
ルコンピューターへアクセスします。

⑮ ［追加オプション］ページで、［次へ］をクリックする。

⑯ ［パス］ページで、［次へ］をクリックする。

⑰ ［オプションの確認］ページで、［次へ］をクリックする。

⑱ ［前提条件のチェック］ページで、前提条件のチェックに合格していることを確認し、［インストール］をクリックする。

➡ ドメインコントローラーへの昇格が開始され、インストールが完了すると自動的に再起動される。

**ヒント**

**スクリプトの表示**

［スクリプトの表示］ボタンをクリックすると、ドメインコントローラーの昇格用のPowerShellスクリプトが表示されます。このPowerShellスクリプトは、Server Coreでの昇格や無人インストール用のスクリプトとして利用できます。

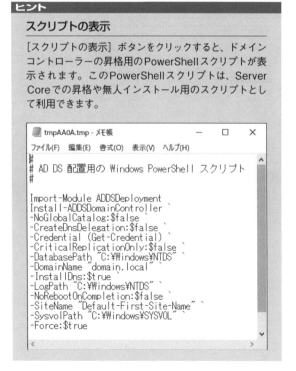

# PowerShellを使用して既存のドメインの追加ドメインコントローラーをインストールする

**❶** Active Directory ドメインサービスの役割を追加する。

**❷** スタートボタンをクリックし、[Windows PowerShell] タイルをクリックする。

**❸** PowerShellで、次のコマンドレットを入力する。

```
Import-Module ADDSDeployment
Install-ADDSDomainController `
-NoGlobalCatalog:$false `
-CreateDnsDelegation:$false `
-Credential (Get-Credential) `
-CriticalReplicationOnly:$false `
-DatabasePath "C:¥Windows¥NTDS" `
-DomainName "domain.local" `
-InstallDns:$true `
-LogPath "C:¥Windows¥NTDS" `
-NoRebootOnCompletion:$false `
-SiteName "Default-First-Site-Name" `
-SysvolPath "C:¥Windows¥SYSVOL" `
-Force:$true
```

➡ [Windows PowerShell資格情報の要求] ダイアログが表示される。

**❹** [ユーザー名] および [パスワード] ボックスに、ドメインにドメインコントローラーを追加する権限のある管理者のユーザー名とパスワードを入力する。

**❺** [OK] をクリックする。

**❻** SafeModeAdministratorPassword：プロンプトで、DSRMのパスワードを入力する。

**❼** SafeModeAdministratorPasswordを確認してください：プロンプトで、DSRMのパスワードを入力する。

---

**ヒント**

**行継続文字**

各行の最後にある「`」は、行の継続を示しています。「`」を省略して1行で書くことも可能です。

| コマンドレット／パラメーター | 説明 |
|---|---|
| Import-Module ADDSDeployment | PowerShellにAD DS展開用のモジュールをインポートするコマンドレット |
| Install-ADDSDomainController | ドメインにドメインコントローラーを追加するためのコマンドレット |
| -NoGlobalCatalog: | グローバルカタログにするかを指定する |
| -CreateDnsDelegation: | 親ドメインにDNSの委任を作成するかを指定する |
| -Credential (Get-Credential) | フォレストにドメインを追加する資格情報を指定する。(Get-Credential)を指定した場合、資格情報を入力するダイアログが表示される |
| -CriticalReplicationOnly: | 再起動前に重要なレプリケーションだけを実行するかを指定する |
| -DatabasePath | Active Directoryデータベースのパスを指定する |
| -DomainName | ドメインコントローラーを追加するドメインのドメイン名を指定する |
| -InstallDns: | DNSサーバーをインストールするかを指定する |
| -LogPath | Active Directoryログのパスを指定する |
| -NoRebootOnCompletion: | 完了後に再起動するかを指定する |
| -SiteName | ドメインコントローラーを配置するサイト名を指定する |
| -SysvolPath | Sysvolフォルダーのパスを指定する |
| -Force:$true | インストール中に警告を表示するかを指定する |
| -SafeModeAdministratorPassword | ディレクトリサービス復元モード (DSRM) のパスワードを指定する。指定しない場合は、インストール中にDSRMのパスワードの入力が要求される。指定する場合は、次のように入力してセキュアな文字列に変換する必要がある -SafeModeAdministratorPassword (ConvertTo-SecureString "P@ssw0rd" -AsPlainText -Force) |

# 8 ドメインコントローラーを メンバーサーバーに戻すには

　ドメインでドメインコントローラーが不要になった場合は、ドメインコントローラーをメンバーサーバーに戻すことができます。メンバーサーバーに戻すプロセスは、「降格」と言います。逆にメンバーサーバーをドメインコントローラーにするプロセスは、「昇格」と言います。ドメインコントローラーをメンバーサーバーに降格すると、テスト環境でドメインコントローラーとして使っていたサーバーを実稼働環境で使えるように準備したり、別のテスト環境を作成したりできます。ドメインコントローラーをメンバーサーバーに降格する手順は、次のとおりです。

## ドメインコントローラーをメンバーサーバーに戻す

❶ サーバーマネージャーで、[管理] をクリックする。

❷ [役割と機能の削除] をクリックする。

　▶役割と機能の削除ウィザードが表示される。

❸ [開始する前に] ページで、[次へ] をクリックする。

❹ [対象サーバーの選択] ページで、メンバーサーバーに戻したいドメインコントローラーを選択する。

❺ [次へ] をクリックする。

### ヒント
**サーバーマネージャーが表示されない場合には**

サーバーマネージャーは、[管理] → [サーバーマネージャーのプロパティ] で [ログオン時にサーバーマネージャーを自動的に起動しない] チェックボックスをオンにすると、次回ログオン時から自動的に表示されなくなります。サーバーマネージャーを表示するには、スタートボタンをクリックし、[サーバーマネージャー] タイルをクリックします。

**6**
［サーバーの役割の削除］ページで、［Active
Directoryドメインサービス］チェックボックスを
オフにする。

▶［役割と機能の削除ウィザード］ダイアログが表示
される。

**7**
［機能の削除］をクリックする。

▶［役割と機能の削除ウィザード］ダイアログが表示
される。

**8**
［このドメインコントローラーを降格する］をクリッ
クする。

▶Active Directoryドメインサービス構成ウィ
ザードが表示される。

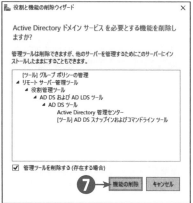

**9**
［資格情報］ページで、［次へ］をクリックする。

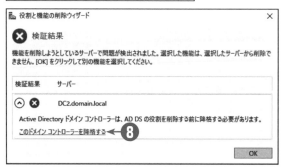

---

**ヒント**

**資格情報**

ドメインコントローラーを削除する権限のないユーザー
としてサインインしている場合には、［変更］をクリック
して、権限のあるユーザー名とパスワードを指定します。

⑩ [警告] ページで、[削除の続行] チェックボックス
をオンにする。

⑪ [次へ] をクリックする。

⑫ [新しいAdministratorパスワード] ページで、[パ
スワード] および [パスワードの確認入力] ボック
スに、降格後のローカルAdministratorアカウン
トのパスワードを入力する。
※本書では、次の値を使用する。
● P@ssw0rd

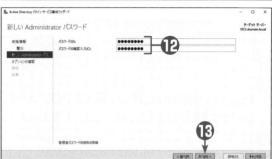

⑬ [次へ] をクリックする。

⑭ [オプションの確認] ページで、[降格] をクリック
する。

➡ ドメインコントローラーの降格が開始され、完了
後に自動的に再起動される。

⑮ 再起動後、Administratorアカウントおよび設定
したパスワードでサインインする。

⑯ この章の「11　Active Directoryドメインサービ
スの役割を削除するには」の手順を実行する。

**ヒント**

## スクリプトの表示

[スクリプトの表示] ボタンをクリックすると、ドメイン
コントローラーの降格用のPowerShellスクリプトが表
示されます。このPowerShellスクリプトは、Server
Coreでの降格や無人アンインストール用のスクリプト
として利用できます。

## PowerShellを使用してドメインコントローラーをメンバーサーバーに戻す

**①**

スタートボタンをクリックし、[Windows PowerShell] タイルをクリックする。

**②**

PowerShellで、次のコマンドレットを入力する。

```
Import-Module ADDSDeployment
Uninstall-ADDSDomainController `
-DemoteOperationMasterRole:$true `
-RemoveDnsDelegation:$false `
-Force:$true
```

**③**

LocalAdministratorPassword：プロンプトで、 ローカルAdministratorのパスワードを入力する。

**④**

LocalAdministratorPasswordを確認してください：プロンプトで、ローカルAdministratorの パスワードを入力する。

**ヒント**

**行継続文字**

各行の最後にある「`」は、行の継続を示しています。「`」 を省略して1行で書くことも可能です。

| コマンドレット/パラメーター | 説明 |
|---|---|
| Import-Module ADDSDeployment | PowerShellにAD DS展開用のモジュールをインポートするコマンドレット |
| Uninstall-ADDSDomainController | ドメインコントローラーを降格するためのコマンドレット |
| -DemoteOperationMasterRole: | 降格しているドメインコントローラーが操作マスターの場合に、強制的に降格するかを指定する。 |
| -RemoveDnsDelegation | DNS委任を削除するかを指定する |
| -Force:$true | アンインストール中に警告を表示するかを指定する |
| -LocalAdministratorPassword | ローカルAdministratorのパスワードを指定する。指定しない場合は、降格中にパスワードの入力が要求される。指定する場合は、次のように入力してセキュアな文字列に変換する必要がある<br>-LocalAdministratorPassword (ConvertTo-SecureString "P@ssw0rd" -AsPlainText -Force) |

# 9 ドメインコントローラーを 強制削除するには

　ドメインコントローラーは、他のドメインコントローラーと通信できない場合でも強制的にメンバーサーバーに戻すことができます。ドメインコントローラーを強制削除すると、別のドメインコントローラーに強制削除したドメインコントローラーの情報が残ったままになり、レプリケーションエラーなどが発生するため、強制削除したドメインコントローラーのメタデータをクリーンアップする必要があります。

## ドメインコントローラーを強制削除する

**❶** サーバーマネージャーで、[管理]をクリックする。

**❷** [役割と機能の削除]をクリックする。
　▶役割と機能の削除ウィザードが表示される。

**❸** [開始する前に]ページで、[次へ]をクリックする。

**❹** [対象サーバーの選択]ページで、メンバーサーバーに戻したいドメインコントローラーを選択する。

**❺** [次へ]をクリックする。

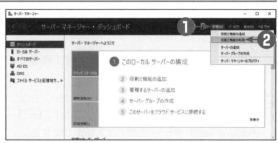

**ヒント**

### サーバーマネージャーが表示されない場合には

サーバーマネージャーは、[管理]→[サーバーマネージャーのプロパティ]で[ログオン時にサーバーマネージャーを自動的に起動しない]チェックボックスをオンにすると、次回ログオン時から自動的に表示されなくなります。サーバーマネージャーを表示するには、スタートボタンをクリックし、[サーバーマネージャー]タイルをクリックします。

**6**
[サーバーの役割の削除] ページで、[Active Directoryドメインサービス] チェックボックスをオフにする。

➡ [役割と機能の削除ウィザード] ダイアログが表示される。

**7**
[機能の削除] をクリックする。

➡ [役割と機能の削除ウィザード] ダイアログが表示される。

**8**
[このドメインコントローラーを降格する] をクリックする。

➡ Active Directoryドメインサービス構成ウィザードが表示される。

**9**
[資格情報] ページで、[このドメインコントローラーの削除を強制] チェックボックスをオンにする。

**10**
[次へ] をクリックする。

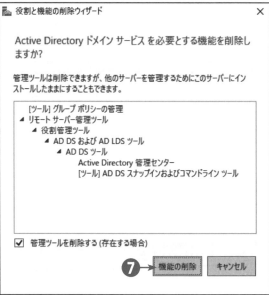

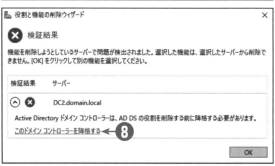

**ヒント**

**資格情報**

ドメインコントローラーを削除する権限のないユーザーとしてサインインしている場合には、[変更] をクリックして、権限のあるユーザー名とパスワードを指定します。

⓫ [警告] ページで、[削除の続行] チェックボックス
をオンにする。

⓬ [次へ] をクリックする。

⓭ [新しいAdministratorパスワード] ページで、[パ
スワード] および [パスワードの確認入力] ボック
スに、降格後のローカルAdministratorアカウン
トのパスワードを入力する。
※本書では、次の値を使用する。
●P@ssw0rd

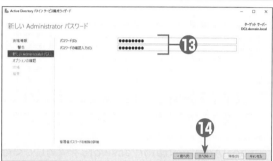

⓮ [次へ] をクリックする。

⓯ [オプションの確認] ページで、[降格] をクリック
する。

　➡ ドメインコントローラーの降格が開始され、完了
　　 後に自動的に再起動される。

⓰ 再起動後、Administratorアカウントおよび設定
したパスワードでサインインする。

⓱ この章の「11　Active Directoryドメインサービ
スの役割を削除するには」の手順を実行する。

---

**ヒント**

### スクリプトの表示

[スクリプトの表示] ボタンをクリックすると、ドメイン
コントローラーの降格用のPowerShellスクリプトが表
示されます。このPowerShellスクリプトは、Server
Coreでの降格や無人アンインストール用のスクリプト
として利用できます。

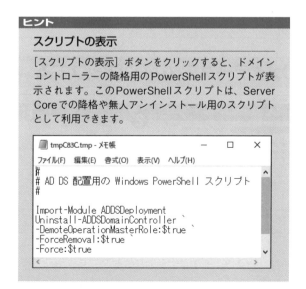

## PowerShellを使用してドメインコントローラーを強制削除する

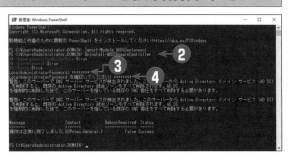

**❶** スタートボタンをクリックし、[Windows PowerShell] タイルをクリックする。

**❷** PowerShellで、次のコマンドレットを入力する。

```
Import-Module ADDSDeployment
Uninstall-ADDSDomainController `
-DemoteOperationMasterRole:$true `
-ForceRemoval:$true `
-Force:$true
```

**❸** LocalAdministratorPassword:プロンプトで、 ローカルAdministratorのパスワードを入力する。

**❹** LocalAdministratorPasswordを確認してくだ さい：プロンプトで、ローカルAdministratorの パスワードを入力する。

> **ヒント**
>
> **行継続文字**
>
> 各行の最後にある「`」は、行の継続を示しています。「`」 を省略して1行で書くことも可能です。

| コマンドレット／パラメーター | 説明 |
|---|---|
| Import-Module ADDSDeployment | PowerShellにAD DS展開用のモジュールをインポートするコマンドレット |
| Uninstall-ADDSDomainController | ドメインコントローラーを降格するためのコマンドレット |
| -DemoteOperationMasterRole: | 降格しているドメインコントローラーが操作マスターの場合に、強制的に降格するかを指定する。 |
| -ForceRemoval | ドメインコントローラーの強制削除を指定する |
| -Force:$true | アンインストール中に警告を表示するかを指定する |
| -LocalAdministratorPassword | ローカルAdministratorのパスワードを指定する。指定しない場合は、降格中にパスワードの入力が要求される。指定する場合は、次のように入力してセキュアな文字列に変換する必要がある<br>-LocalAdministratorPassword (ConvertTo-SecureString "P@ssw0rd" -AsPlainText -Force) |

## 強制削除したドメインコントローラーのメタデータをクリーンアップする

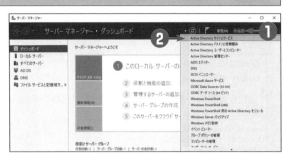

**❶** サーバーマネージャーで、[ツール] をクリックする。

**❷** [Active Directory サイトとサービス] をクリックする。

▶ [Active Directory サイトとサービス]が表示される。

**③**

[Sites]、[＜サイト名＞]、[Servers] の順に展開し、[＜強制削除したドメインコントローラー名＞] をクリックする。

**④**

[NTDS Settings] を右クリックし、[削除] をクリックする。

➡ [Active Directoryドメインサービス]ダイアログが表示される。

**⑤**

[はい] をクリックする。

➡ [ドメインコントローラーの削除]ダイアログが表示される。

**⑥**

[完全にオフラインで、削除ウィザードを使用して削除できないこのドメインコントローラーを削除する] チェックボックスをオンにする。

**⑦**

[削除] をクリックする。

➡ [ドメインコントローラーの削除]ダイアログが表示される。

**⑧**

[はい] をクリックする。

**⑨**

[Sites]、[＜サイト名＞] の順に展開し、[Servers] をクリックする。

**⑩**

強制削除したドメインコントローラー名を右クリックし、[削除] をクリックする。

➡ [Active Directoryドメインサービス]ダイアログが表示される。

**⑪**

[はい] をクリックする。

---

**ヒント**

**サーバーマネージャーが表示されない場合には**

サーバーマネージャーは、[管理] → [サーバーマネージャーのプロパティ] で [ログオン時にサーバーマネージャーを自動的に起動しない] チェックボックスをオンにすると、次回ログオン時から自動的に表示されなくなります。サーバーマネージャーを表示するには、スタートボタンをクリックし、[サーバーマネージャー] タイルをクリックします。

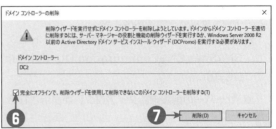

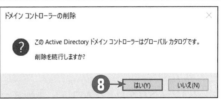

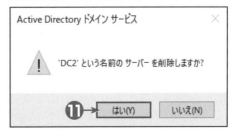

## コマンドで強制削除したドメインコントローラーのメタデータをクリーンアップする

**❶** スタートボタンをクリックし、[Windows PowerShell] タイルをクリックする。

**❷** ntdsutilと入力して、Enterキーを押す。

**❸** metadata cleanupと入力して、Enterキーを押す。

**❹** remove selected server ＜強制削除した ドメインコントローラーの識別名＞と入力して、 Enterキーを押す。
※本書では、次の値を使用する。
- "CN=DC2,CN=Servers,CN=＜サイト名＞, CN=Sites,CN=Configuration,DC=domain, DC=local"
➡ [サーバーの削除確認ダイアログ] が表示される。

**❺** [はい] をクリックする。

**❻** metadata cleanupプロンプトでquitと入力して、Enterキーを押す。

**❼** ntdsutilプロンプトでquitと入力して、Enterキーを押す。

**❽** Remove-ADObject ＜強制削除したドメインコントローラーの識別名＞と入力して、Enterキーを押す。
※本書では、次の値を使用する。
- "CN=DC2,CN=Servers,CN=＜サイト名＞, CN=Sites,CN=Configuration,DC=domain, DC=local"

**❾** Yキーを押して、Enterキーを押す。

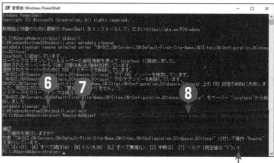

**参照**

識別名

第4章のコラム「**AD DS の管理コマンド**」

# 10 ドメインを削除するには

　ドメインの削除方法は、ドメインコントローラーをメンバーサーバーに戻す方法と基本的には同じです。ただし、ドメインを削除すると、ドメインにある別のドメインコントローラーやクライアントコンピューターがドメインにログオンできなくなるため、最後のドメインコントローラーであることを確認することが重要になります。なお、ここでは、ツリードメインの削除方法を紹介します。

## ドメインを削除する

① サーバーマネージャーで、[管理] をクリックする。

② [役割と機能の削除] をクリックする。

▶ 役割と機能の削除ウィザードが表示される。

③ [開始する前に] ページで、[次へ] をクリックする。

④ [対象サーバーの選択] ページで、削除したいドメインのドメインコントローラーを選択する。

⑤ [次へ] をクリックする。

### ヒント

**サーバーマネージャーが表示されない場合には**

サーバーマネージャーは、[管理] → [サーバーマネージャーのプロパティ] で [ログオン時にサーバーマネージャーを自動的に起動しない] チェックボックスをオンにすると、次回ログオン時から自動的に表示されなくなります。サーバーマネージャーを表示するには、スタートボタンをクリックし、[サーバーマネージャー] タイルをクリックします。

### ヒント

**資格情報**

ドメインを削除する権限のないユーザーとしてサインインしている場合には、[変更] をクリックして、権限のあるユーザー名とパスワードを指定します。

**⑥** ［サーバーの役割の削除］ページで、［Active Directory ドメインサービス］チェックボックスをオフにする。

➡［役割と機能の削除ウィザード］ダイアログが表示される。

**⑦** ［機能の削除］をクリックする。

➡［役割と機能の削除ウィザード］ダイアログが表示される。

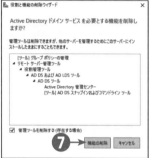

**⑧** ［このドメインコントローラーを降格する］をクリックする。

➡Active Directory ドメインサービス構成ウィザードが表示される。

**⑨** ［資格情報］ページで、［ドメイン内の最後のドメインコントローラー］チェックボックスをオンにする。

**⑩** ［次へ］をクリックする。

**⑪** ［警告］ページで、［削除の続行］チェックボックスをオンにする。

**⑫** ［次へ］をクリックする。

**ヒント**

### スクリプトの表示

［スクリプトの表示］ボタンをクリックすると、ドメイン削除用の PowerShell スクリプトが表示されます。この PowerShell スクリプトは、Server Core でのドメイン削除や無人アンインストール用のスクリプトとして利用できます。

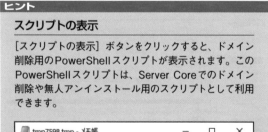

```
# AD DS 配置用の Windows PowerShell スクリプト
#

Import-Module ADDSDeployment
Uninstall-ADDSDomainController `
 -Credential (Get-Credential) `
 -DemoteOperationMasterRole:$true `
 -IgnoreLastDnsServerForZone:$true `
 -LastDomainControllerInDomain:$true `
 -RemoveApplicationPartitions:$true `
 -Force:$true
```

**⑬**
[削除オプション] ページで、目的の削除オプション
のチェックボックスをオンまたはオフにする。
※本書では、次の値を使用する。
- ●このDNSゾーンを削除する：オン
- ●アプリケーションパーティションの削除：オン

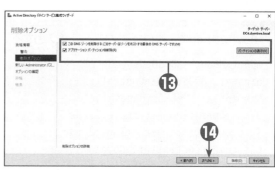

**⑭**
[次へ] をクリックする。

**⑮**
[新しいAdministratorパスワード] ページで、[パ
スワード] および [パスワードの確認入力] ボック
スに、降格後のローカルAdministratorアカウン
トのパスワードを入力する。
※本書では、次の値を使用する。
- ●P@ssw0rd

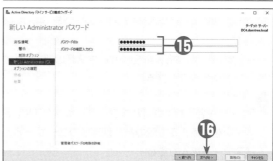

**⑯**
[次へ] をクリックする。

**⑰**
[オプションの確認] ページで、[降格] をクリック
する。
- ▶ドメインコントローラーの降格が開始され、完了
  後に自動的に再起動される。

**⑱**
再起動後、Administratorアカウントおよび設定
したパスワードでサインインする。

**⑲**
この章の「11　Active Directoryドメインサービ
スの役割を削除するには」の手順を実行する。

## PowerShellを使用してドメインを削除する

**❶**
スタートボタンをクリックし、[Windows PowerShell]
タイルをクリックする。

**②**

PowerShellで、次のコマンドレットを入力する。

```
Import-Module ADDSDeployment
Uninstall-ADDSDomainController `
-Credential (Get-Credential) `
-DemoteOperationMasterRole:$true `
-IgnoreLastDnsServerForZone:$true `
-LastDomainControllerInDomain:$true `
-RemoveDnsDelegation:$false `
-RemoveApplicationPartitions:$true `
-Force:$true
```

➡ [Windows PowerShell資格情報の要求] ダイ
アログが表示される。

**③**

[ユーザー名] および [パスワード] ボックスに、ド
メインを削除する権限のある管理者のユーザー名と
パスワードを入力する。

**④**

[OK] をクリックする。

**⑤**

LocalAdministratorPassword:プロンプトで、
ローカルAdministratorのパスワードを入力する。

**⑥**

LocalAdministratorPasswordを確認してくだ
さい：プロンプトで、ローカルAdministratorの
パスワードを入力する。

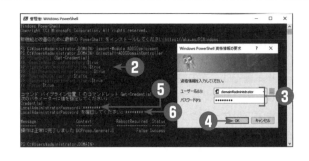

**ヒント**

**行継続文字**

各行の最後にある「`」は、行の継続を示しています。「`」
を省略して1行で書くことも可能です。

| コマンドレット/パラメーター | 説明 |
| --- | --- |
| Import-Module ADDSDeployment | PowerShellにAD DS展開用のモジュールをインポートするコマンドレット |
| Uninstall-ADDSDomainController | ドメインコントローラーを降格するためのコマンドレット |
| -Credential (Get-Credential) | フォレストにドメインを追加する資格情報を指定する。(Get-Credential)を指定した場合、資格情報を入力するダイアログが表示される |
| -DemoteOperationMasterRole: | 降格しているドメインコントローラーが操作マスターの場合に、強制的に降格するかを指定する |
| -IgnoreLastDnsServerForZone: | Active Directory統合ゾーンをホストしているDNSサーバーかどうかにかかわらず、Active Directoryドメインを削除するかを指定する |
| -LastDomainControllerInDomain: | ドメインの最後のドメインコントローラーかを指定する |
| -RemoveDnsDelegation | DNS委任を削除するかを指定する |
| -RemoveApplicationPartitions: | アプリケーションパーティションを削除するかを指定する |
| -Force:$true | アンインストール中に警告を表示するかを指定する |
| -LocalAdministratorPassword | ローカルAdministratorのパスワードを指定する。指定しない場合は、降格中にパスワードの入力が要求される。指定する場合は、次のように入力してセキュアな文字列に変換する必要がある。<br>-LocalAdministratorPassword (ConvertTo-SecureString "P@ssw0rd" -AsPlainText -Force) |

# 11 Active Directory ドメインサービスの役割を削除するには

　Windows Server 2008以降では、Active Directory ドメインサービス（AD DS）がサービスとして実行されます。そのため、ドメインコントローラーをメンバーサーバーに戻した後、Active Directory ドメインサービスの役割を削除する必要があります。

## Active Directory ドメインサービスの役割を削除する

**❶** サーバーマネージャーで、［管理］をクリックする。

**❷** ［役割と機能の削除］をクリックする。

　　➡役割と機能の削除ウィザードが表示される。

**❸** ［開始する前に］ページで、［次へ］をクリックする。

**❹** ［対象サーバーの選択］ページで、AD DSの役割を削除したいドメインコントローラーを選択する。

**❺** ［次へ］をクリックする。

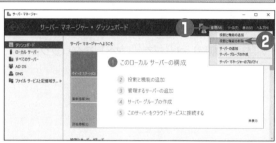

**ヒント**

### サーバーマネージャーが表示されない場合には

サーバーマネージャーは、［管理］→［サーバーマネージャーのプロパティ］で［ログオン時にサーバーマネージャーを自動的に起動しない］チェックボックスをオンにすると、次回ログオン時から自動的に表示されなくなります。サーバーマネージャーを表示するには、スタートボタンをクリックし、［サーバーマネージャー］タイルをクリックします。

**6**

[サーバーの役割の削除] ページで、[Active Directory ドメインサービス] チェックボックスをオフにする。

➡ [役割と機能の削除ウィザード] ダイアログが表示される。

**7**

[機能の削除] をクリックする。

**8**

[サーバーの役割の削除] ページで、[次へ] をクリックする。

**9**

[機能の削除] ページで、[次へ] をクリックする。

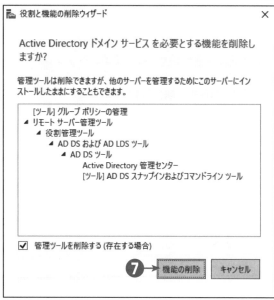

⓾ ［削除オプションの確認］ページで、［必要に応じて対象サーバーを自動的に再起動する］チェックボックスをオンにする。

　▶ ［役割と機能の削除ウィザード］ダイアログが表示される。

⑪ ［はい］をクリックする。

⑫ ［削除オプションの確認］ページで、［削除］をクリックする。

　▶ AD DSの削除が開始され、自動的に再起動する。

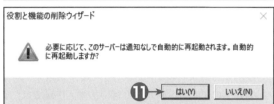

# PowerShellを使用してAD DSの役割を削除する

❶ スタートボタンをクリックし、［Windows PowerShell］タイルをクリックする。

❷ PowerShellで、次のコマンドレットを入力する。

```
Uninstall-WindowsFeature `
-Name AD-Domain-Services `
-IncludeManagementTools `
-Restart
```

**ヒント**

**行継続文字**

各行の最後にある「`」は、行の継続を示しています。「`」を省略して1行で書くことも可能です。

## コラム リモートサイトでのドメインコントローラーのインストール

　ローカルエリアネットワーク（LAN）内でのドメインコントローラーのインストールと比較すると、遠隔地の支店などのリモートサイトにおけるドメインコントローラーのインストールにはさまざまな障害があります。これらの障害には、サイト間の回線速度や支店での管理体制などがあります。Windows Server 2008以降のActive Directoryドメインサービス（AD DS）のインストール機能は、これらの障害に対応できるように設計されています。

### メディアからのインストール

　ドメインコントローラーのインストールにはさまざまなオプションがありますが、その1つにメディアを使用したドメインコントローラーのインストールがあります。これは、IFM（Install From Media：メディアからのインストール）と言います。IFMでは、ディレクトリデータとSYSVOLデータをメディア（USBメモリやDVDなど）に格納しておき、そのメディアを使用してドメインコントローラーをインストールします。これにより、ドメインコントローラーをインストールするときに発生するドメインコントローラー間のレプリケーショントラフィックの量を減らすことができます。

**IFMを使用したドメインコントローラーのインストール**

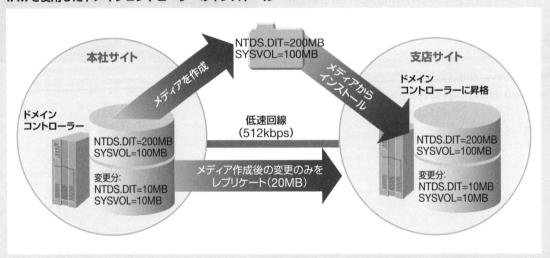

　たとえば、AD DSのディレクトリデータが300MB（ディレクトリデータベース200MB、SYSVOLデータ100MB）あり、低速回線で接続されているリモートサイトに追加のドメインコントローラーをインストールする状況を考えてみましょう。IFMメディアの作成時に300MBのディレクトリデータがあり、その後20MB（ディレクトリデータベース10MB、SYSVOLデータ10MB）のディレクトリデータが変更されたとします。IFMメディアを使用せずにリモートサイトでメンバーサーバーをドメインコントローラーに昇格した場合、合計で320MBのディレクトリデータが低速回線を使用してレプリケートされます。ただし、IFMメディアを使用した場合には、300MBのディレクトリデータをメディアからインストールできるため、低速回線を使用してレプリケートされるディレクトリデータは20MBだけで済みます。

### IFM の利点

- 追加ドメインコントローラーのインストール時の Active Directory オブジェクトのレプリケーションの量が少なくなるため、レプリケート元のドメインコントローラーの負荷を減らせる。
- 低速回線で接続しているリモートサイトでは、ドメインコントローラーのインストールを効率化できる。
- 低速回線で接続しているリモートサイトでは、レプリケーショントラフィックを減らせる。
- 読み取り専用ドメインコントローラー（RODC）のインストールでも使用できる。

### IFM メディアの種類

　IFM メディアは、Ntdsutil.exe で作成できます。Ntdsutil.exe では、6 種類の IFM メディアを作成できます。なお、IFM メディアに SYSVOL データが含まれていない場合は、ドメインコントローラーのインストール後に SYSVOL データを別のドメインコントローラーからレプリケートする必要があります。また、Windows Server 2012 以降では、最適化せずに IFM メディアを作成できます。最適化しない IFM メディアの作成では、IFM メディアの作成時間を削減できます。

| IFM メディアの種類 | パラメーター | 説明 |
|---|---|---|
| 書き込み可能ドメインコントローラー | Full | SYSVOL データを含まない、書き込み可能ドメインコントローラーの IFM メディアを作成する |
| 書き込み可能ドメインコントローラー（最適化なし） | Full NoDefrag | SYSVOL データを含まない、書き込み可能ドメインコントローラーの IFM メディアを最適化なしで作成する |
| 書き込み可能ドメインコントローラー（SYSVOL データ付き） | Sysvol Full | SYSVOL データを含む、書き込み可能ドメインコントローラーの IFM メディアを作成する |
| 書き込み可能ドメインコントローラー（SYSVOL データ付き、最適化なし） | Sysvol Full NoDefrag | SYSVOL データを含む、書き込み可能ドメインコントローラーの IFM メディアを最適化なしで作成する |
| 読み取り専用のドメインコントローラー | RODC | SYSVOL データを含まない、読み取り専用ドメインコントローラー（RODC）の IFM メディアを作成する |
| 読み取り専用ドメインコントローラー（SYSVOL データ付き） | Sysvol RODC | SYSVOL データを含む、読み取り専用ドメインコントローラー（RODC）の IFM メディアを作成する |

### IFM メディアの作成権限

　IFM メディアを作成するには、ドメインコントローラーにローカルログオンしてバックアップを作成できる権限が必要になります。なお、書き込み可能ドメインコントローラーの IFM メディアは、Administrators、Server Operators、Domain Admins、または Enterprise Admins グループのメンバーが作成できます。読み取り専用ドメインコントローラー（RODC）の IFM メディアは、委任されたユーザーも作成できます。

## 読み取り専用ドメインコントローラー

　Windows Server 2008以降のAD DSでは、サーバー管理者のいない小規模な拠点を考慮して、「読み取り専用ドメインコントローラー（RODC）」を作成できるようになりました。一般的に、サーバー管理者がいない5、6名の従業員しかいない小規模な拠点では、専用のサーバールームがなく、十分なセキュリティが確保できないのが現実です。このような拠点にドメインコントローラーを配置する場合、物理的なセキュリティが確保できていないため、ドメインコントローラーのセキュリティが脅かされることになります。

　たとえば、1部屋しかなく顧客も出入り可能なオフィスにドメインコントローラーを配置した場合、不適切な人がドメインコントローラーを操作してオブジェクトを削除する可能性があります。また、悪意のある人はドメインコントローラーごと盗み、パスワードの解析を試みるかもしれません。「書き込み可能ドメインコントローラー」（読み取り専用ドメインコントローラーに対して、通常のドメインコントローラーを「書き込み可能ドメインコントローラー」と呼びます）には、すべてのドメインユーザーのパスワードが格納されているため、ドメイン全体のセキュリティが脅かされることになります。

　拠点にドメインコントローラーを配置しない場合は、ネットワーク経由でログオンすることになります。そのため、WAN回線の障害時にログオンできなかったり、WAN回線の使用可能な帯域幅が少ないときにはログオン時間やネットワークリソースへのアクセス時間が長くなったりします。結果として、生産性の向上は望めません。

### 読み取り専用ドメインコントローラーの利点

　これらの問題は、Windows Server 2008以降のAD DSの機能である「読み取り専用ドメインコントローラー（RODC）」で解決できます。拠点に、読み取り専用のAD DSデータベースであるRODCを配置すると、セキュリティを確保しつつ、ログオン時間やネットワークリソースへのアクセス時間を効率化できます。

### 読み取り専用ドメインコントローラー

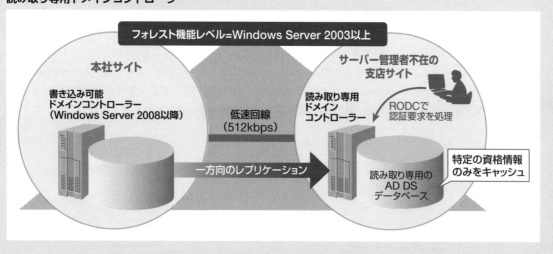

### ● セキュリティの向上

　RODCは、ドメインコントローラーの物理的なセキュリティを確保できない拠点でのセキュリティを向上できます。RODCにログオンできるローカル管理者には、ローカルのRODCの管理権限はありますが、ドメインの管理権限はありません。また、ドメインの管理権限のあるユーザーがRODCに接続した場合も、AD DSデータベースが読み取り専用のため変更を加えることはできません。そのため、操作ミスでオブジェクトを削除したり、オブジェクトのプロパティを変更したりする可能性を減らせます。

書き込み可能ドメインコントローラーの
ユーザーアカウントのプロパティ

読み取り専用ドメインコントローラーの
ユーザーアカウントのプロパティ

### ● 資格情報のキャッシュ

　書き込み可能ドメインコントローラーには、ドメイン内のすべてのユーザーやコンピューターの資格情報が格納されていますが、RODCには特定のユーザーやコンピューターの資格情報だけしか格納（キャッシュ）されません。なお、既定ではどの資格情報もキャッシュされず、ドメイン管理者などの重要な資格情報はキャッシュされないようになっています。そのため、RODCが盗まれた場合でも、キャッシュされているユーザーのパスワード以外はパスワードが解析されることはありません。不運にもRODCが盗まれ、パスワードが解析されたとしても、拠点で使用しているユーザーやコンピューターの資格情報をリセットすると、不正なアクセスからネットワークリソースを保護できます。

### ● ログオン時間の効率化

　RODCの既定では、どの資格情報もキャッシュしませんが、この場合ユーザーは、WAN回線経由で別の書き込み可能ドメインコントローラーで認証されることになります。ただし、RODCは、特定のユーザーやコンピューターの資格情報をキャッシュするように設定できます。RODCに資格情報がキャッシュされると、WAN回線経由ではなくRODCで認証要求を処理できるため、拠点におけるログオン時間やネットワークリソースへのアクセス時間を短縮できます。

● **一方向のレプリケーション**

RODCのAD DSデータベースは読み取り専用のため、RODCではオブジェクトを追加したり変更したりできません。RODCは、レプリケーションパートナー（複製相手）の書き込み可能ドメインコントローラーから変更を受け取るだけです。逆に、レプリケーションパートナーはRODCからの変更は受け取りません。そのため、ネットワークトラフィックの負荷や書き込み可能ドメインコントローラーでのレプリケーションの負荷を軽減できます。

● **読み取り専用のDNS**

書き込み可能ドメインコントローラーと同じように、RODCにもDNSサーバーサービスをインストールできます。DNSサーバーサービスでActive Directory統合DNSを使用している場合、RODCにもActive Directory統合ゾーンがレプリケートされます。そのため、拠点のクライアントは、ローカルのRODCを優先DNSサーバーとして設定できます。

RODCにレプリケートされたActive Directory統合ゾーンは読み取り専用のため、通常のDNS名前解決クエリは処理できますが、クライアントのホスト名とIPアドレスを登録する動的更新は処理できません。RODCを優先DNSサーバーとして設定しているクライアントが動的更新を要求した場合には、RODCは別のDNSサーバーの情報をクライアントに返し、クライアントはその情報を使用して動的更新できます。

## RODC を展開する際の注意事項

RODCの展開には、機能レベルとレプリケーションパートナーに関する注意事項があります。RODCを展開するには、フォレストの機能レベルがWindows Server 2003以上の環境でなくてはなりません。

RODCのレプリケーションパートナーは、Windows Server 2008以降を実行している書き込み可能ドメインコントローラーにする必要があります。フォレストの機能レベルがWindows Server 2003の環境では、Windows Server 2003のドメインコントローラーも存在できますが、RODCはWindows Server 2008以降を実行している書き込み可能ドメインコントローラーからしかActive Directoryドメインサービス（AD DS）のドメインパーティションをレプリケートできません。

## RODC の準備とインストール権限

Windows Server 2012以降でActive Directoryドメインを作成した場合は、RODCを利用するための準備は必要ありません。しかし、Windows Server 2008やWindows Server 2008 R2でActive Directoryドメインを作成した場合には、最初にadprep /rodcprepコマンドを実行してRODCをサポートするようにフォレストを準備する必要があります。adprep /rodcprepコマンドは、Enterprise Adminsグループのメンバーが実行できます。

既定では、Enterprise AdminsまたはDomain AdminsグループのメンバーがRODCをインストールできます。なお、RODCは、管理者以外のユーザーがインストールすることも可能です。この場合、Enterprise AdminsまたはDomain AdminsグループのメンバーがRODCアカウントを作成するときに、RODCのインストールを委任するユーザーまたはグループを指定します。

# 12 IFMメディアから追加ドメインコントローラーをインストールするには

IFMメディアから既存のドメインに追加のドメインコントローラーをインストールするには、まず、IFMメディアを作成します。IFMメディアは、Ntdsutil.exeユーティリティで作成できます。その後、リモートサイトで、作成したIFMメディアを使用してドメインコントローラーに昇格します。また、PowerShellを使用してIFMメディアから追加ドメインコントローラーをインストールする方法についても紹介します。なお、PowerShellを使用する方法は、Server Coreをドメインコントローラーに昇格する際にも利用できます。

## 追加ドメインコントローラーのIFMメディアを作成する

❶ スタートボタンをクリックし、[Windows PowerShell]タイルをクリックする。

❷ ntdsutilと入力して、Enterキーを押す。

❸ activate instance NTDSと入力して、Enterキーを押す。

❹ ifmと入力して、Enterキーを押す。

❺ IFMプロンプトで、create ＜IFMメディアの種類＞＜IFMメディアを作成するフォルダーのパス＞と入力し、Enterキーを押す。
※本書では、次の値を使用する。
　Create Sysvol full M:¥ifm¥sysvolfull

❻ IFMプロンプトで、quitと入力し、Enterキーを押す。

❼ ntdsutilプロンプトで、quitと入力し、Enterキーを押す。

❽ 必要に応じて作成したIFMメディアを、メディア（共有フォルダー、DVD、USBメモリなど）にコピーする。

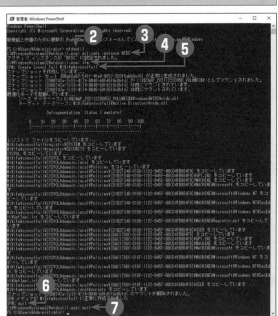

---

**参照**

**IFMメディアの種類については**

この章のコラム「リモートサイトでのドメインコントローラーのインストール」

## IFMメディアから追加ドメインコントローラーをインストールする

**①** IFMメディアをドメインコントローラーへ昇格する
コンピューターに接続する。

**②** Active Directoryドメインサービスの役割を追加
する。

**③** サーバーマネージャーで、[通知] アイコンをクリッ
クする。

**④** [このサーバーをドメインコントローラーに昇格す
る] をクリックする。

▶Active Directoryドメインサービス構成ウィ
ザードが表示される。

**⑤** [配置構成] ページの [配置操作を選択してくださ
い] セクションで、[既存のドメインにドメインコン
トローラーを追加する] を選択する。

**⑥** [この操作のドメイン情報を指定してください] の
[ドメイン] ボックスに、ドメインコントローラーを
追加するドメイン名を入力する。
※本書では、次の値を使用する。
● ドメイン：domain.local

**⑦** [変更] をクリックする。

▶[Windowsセキュリティ] ダイアログが表示さ
れる。

**⑧** [ユーザー名] ボックスに、ドメインコントローラー
を追加する権限のある管理者のユーザー名を入力
する。

**⑨** [パスワード] ボックスに、ドメインコントローラー
を追加する権限のある管理者のパスワードを入力
する。

**⑩** [OK] をクリックする。

**⑪** [配置構成] ページで、[次へ] をクリックする。

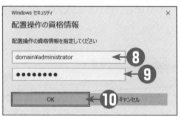

⑫
[ドメインコントローラーオプション] ページの [ド
メインコントローラーの機能とサイト情報を指定し
てください] セクションで、適切なオプションを指
定する。
※本書では、次の値を使用する。
●DNSサーバー：オン
●グローバルカタログ：オン
●サイト名：Default-First-Site-Name

⑬
[ディレクトリサービス復元モード（DSRM）のパ
スワードを入力してください] セクションで、[パス
ワード] および [パスワードの確認入力] ボックス
に、DSRMのパスワードを入力する。
※本書では、次の値を使用する。
●P@ssw0rd

⑭
[ドメインコントローラーオプション] ページで、[次
へ] をクリックする。

⑮
[DNSオプション] ページで、[次へ] をクリック
する。

⑯
[追加オプション] ページで、[メディアからのイン
ストール] チェックボックスをオンにする。

⑰
[パス] ボックスに、IFMメディアの場所を入力する。
※本書では、次の値を使用する。
　M:¥ifm¥sysvolfull

⑱
[次へ] をクリックする。

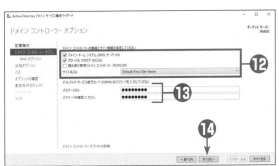

### ヒント
**DSRMのパスワード**

ディレクトリサービスの停止時にローカルコンピューターへアクセスするときに使うパスワードです。たとえば、ディレクトリサービスをオフラインでメンテナンスしたり、ディレクトリサービス自体を復元したりするときには、ディレクトリデータベースにあるドメインのAdministratorアカウントは使えません。そのため、ディレクトリサービスの停止時には、ローカルSAMにあるAdministratorアカウントのパスワードを使ってローカルコンピューターへアクセスします。

### ヒント
**サーバーマネージャーが表示されない場合には**

サーバーマネージャーは、[管理] → [サーバーマネージャーのプロパティ] で [ログオン時にサーバーマネージャーを自動的に起動しない] チェックボックスをオンにすると、次回ログオン時から自動的に表示されなくなります。サーバーマネージャーを表示するには、スタートボタンをクリックし、[サーバーマネージャー] タイルをクリックします。

### ヒント
**ドメインコントローラーへの昇格と同時にDNSをインストールする**

Windows Server 2008以降では、ドメインコントローラーへの昇格時にDNSをインストールすると、権限がある場合、親ゾーンのDNSサーバーに、Active Directoryドメイン用のDNSゾーンの委任を自動的に作成できます。

⓳ [パス] ページで、[次へ] をクリックする。

⓴ [オプションの確認] ページで、[次へ] をクリック
する。

㉑ [前提条件のチェック] ページで、前提条件のチェッ
クに合格していることを確認し、[インストール] を
クリックする。

➡ IFMメディアを使用したドメインコントローラー
への昇格が開始され、インストールが完了すると
自動的に再起動される。

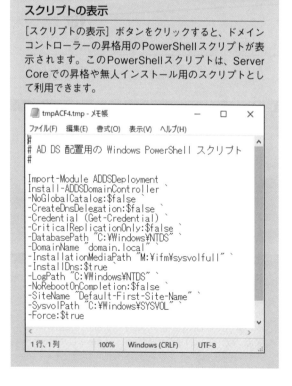

---

**ヒント**

**スクリプトの表示**

[スクリプトの表示] ボタンをクリックすると、ドメイン
コントローラーの昇格用のPowerShellスクリプトが表
示されます。このPowerShellスクリプトは、Server
Coreでの昇格や無人インストール用のスクリプトとし
て利用できます。

---

**ヒント**

**インストール時のドメイン情報のレプリケーション
元の選択**

Active Directoryドメインサービス（AD DS）に多くの
オブジェクトがある場合、レプリケーションするドメ
インコントローラー（同じサイト内のドメインコントロー
ラーなど）を指定できます。IFMメディアからインストー
ルしている場合でも、更新されたオブジェクトなど一部
のデータをインストール中にレプリケートします。

# PowerShellを使用してIFMメディアから追加ドメインコントローラーをインストールする

**❶**
Active Directoryドメインサービスの役割を追加する。

**❷**
スタートボタンをクリックし、[Windows PowerShell]タイルをクリックする。

**❸**
PowerShellで、次のコマンドレットを入力する。

```
Import-Module ADDSDeployment
Install-ADDSDomainController `
-NoGlobalCatalog:$false `
-CreateDnsDelegation:$false `
-Credential (Get-Credential) `
-CriticalReplicationOnly:$false `
-DatabasePath "C:¥Windows¥NTDS" `
-DomainName "domain.local" `
-InstallationMediaPath "M:¥ifm¥sysvolfull" `
-InstallDns:$true `
-LogPath "C:¥Windows¥NTDS" `
-NoRebootOnCompletion:$false `
-SiteName "Default-First-Site-Name" `
-SysvolPath "C:¥Windows¥SYSVOL" `
-Force:$true
```

➡ [Windows PowerShell資格情報の要求] ダイアログが表示される。

**❹**
[ユーザー名] および [パスワード] ボックスに、ドメインにドメインコントローラーを追加する権限のある管理者のユーザー名とパスワードを入力する。

**❺**
[OK] をクリックする。

**❻**
SafeModeAdministratorPassword：プロンプトで、DSRMのパスワードを入力する。

**❼**
SafeModeAdministratorPasswordを確認してください：プロンプトで、DSRMのパスワードを入力する。

**ヒント**

**行継続文字**

各行の最後にある「`」は、行の継続を示しています。「`」を省略して1行で書くことも可能です。

| コマンドレット/パラメーター | 説明 |
|---|---|
| Import-Module ADDSDeployment | PowerShellにAD DS展開用のモジュールをインポートするコマンドレット |
| Install-ADDSDomainController | ドメインにドメインコントローラーを追加するためのコマンドレット |
| -NoGlobalCatalog: | グローバルカタログにするかを指定する |
| -CreateDnsDelegation: | 親ドメインにDNSの委任を作成するかを指定する |
| -Credential (Get-Credential) | フォレストにドメインを追加する資格情報を指定する。(Get-Credential)を指定した場合、資格情報を入力するダイアログが表示される |
| -CriticalReplicationOnly: | 再起動前に重要なレプリケーションだけを実行するかを指定する |
| -DatabasePath | Active Directoryデータベースのパスを指定する |
| -DomainName | ドメインコントローラーを追加するドメインのドメイン名を指定する |
| -InstallationMediaPath | IFMメディアのパスを指定する |
| -InstallDns: | DNSサーバーをインストールするかを指定する |
| -LogPath | Active Directoryログのパスを指定する |
| -NoRebootOnCompletion: | 完了後に再起動するかを指定する |
| -SiteName | ドメインコントローラーを配置するサイト名を指定する |
| -SysvolPath | Sysvolフォルダーのパスを指定する |
| -Force:$true | インストール中に警告を表示するかを指定する |
| -SafeModeAdministratorPassword | ディレクトリサービス復元モード（DSRM）のパスワードを指定する。指定しない場合は、インストール中にDSRMのパスワードの入力が要求される。指定する場合は、次のように入力してセキュアな文字列に変換する必要がある -SafeModeAdministratorPassword (ConvertTo-SecureString "P@ssw0rd" -AsPlainText -Force) |

# 13 ドメイン管理者が読み取り専用ドメインコントローラーをインストールするには

ドメイン管理者が読み取り専用ドメインコントローラー（RODC）をインストールするには、通常のドメインコントローラーのインストールと同じように、RODCにするサーバーでActive Directoryドメインサービス構成ウィザードを実行します。また、PowerShellを使用してRODCをインストールする方法についても紹介します。なお、PowerShellを使用する方法は、Server CoreをRODCに昇格する際にも利用できます。

## ドメイン管理者がRODCをインストールする

❶ Active Directoryドメインサービスの役割を追加する。

❷ サーバーマネージャーで、[通知]アイコンをクリックする。

❸ [このサーバーをドメインコントローラーに昇格する]をクリックする。

　▶Active Directoryドメインサービス構成ウィザードが表示される。

❹ [配置構成]ページの[配置操作を選択してください]セクションで、[既存のドメインにドメインコントローラーを追加する]を選択する。

❺ [この操作のドメイン情報を指定してください]の[ドメイン]ボックスに、RODCを追加するドメイン名を入力する。
　※本書では、次の値を使用する。
　●ドメイン：domain.local

❻ [変更]をクリックする。

　▶[Windowsセキュリティ]ダイアログが表示される。

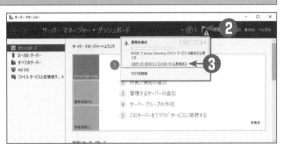

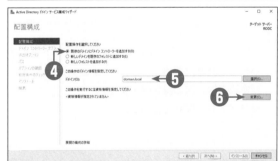

### ヒント

**サーバーマネージャーが表示されない場合には**

サーバーマネージャーは、[管理]→[サーバーマネージャーのプロパティ]で[ログオン時にサーバーマネージャーを自動的に起動しない]チェックボックスをオンにすると、次回ログオン時から自動的に表示されなくなります。サーバーマネージャーを表示するには、スタートボタンをクリックし、[サーバーマネージャー]タイルをクリックします。

**⑦**
[ユーザー名] ボックスに、RODCを追加する権限
のある管理者のユーザー名を入力する。

**⑧**
[パスワード] ボックスに、RODCを追加する権限
のある管理者のパスワードを入力する。

**⑨**
[OK] をクリックする。

**⑩**
[配置構成] ページで、[次へ] をクリックする。

**⑪**
[ドメインコントローラーオプション] ページの [ド
メインコントローラーの機能とサイト情報を指定し
てください] セクションで、適切なオプションを指
定する。
※本書では、次の値を使用する。
●DNSサーバー：オン
●グローバルカタログ：オン
●読み取り専用ドメインコントローラー（RODC）：
オン

**⑫**
[サイト名] ボックスで、RODCをインストールす
るサイトを選択する。
※本書では、次の値を使用する。
●サイト名：NaritaRODC

**⑬**
[ディレクトリサービス復元モード（DSRM）のパ
スワードを入力してください] セクションで、[パス
ワード] および [パスワードの確認入力] ボックス
に、DSRMのパスワードを入力する。
※本書では、次の値を使用する。
●P@ssw0rd

**⑭**
[ドメインコントローラーオプション] ページで、[次
へ] をクリックする。

**⑮**
[RODCオプション] ページで、[次へ] をクリック
する。

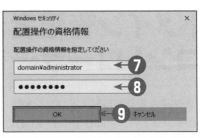

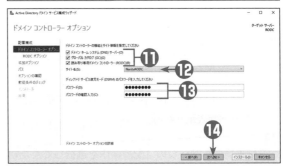

**参照**

サイトについては

**第6章**

**⑯** [追加オプション］ページで、［次へ］をクリックする。

**⑰** [パス］ページで、［次へ］をクリックする。

**⑱** [オプションの確認］ページで、［次へ］をクリックする。

**⑲** [前提条件のチェック］ページで、前提条件のチェックに合格していることを確認し、［インストール］をクリックする。

➡RODCへの昇格が開始され、インストールが完了すると自動的に再起動される。

**ヒント**

## DSRM のパスワード

ディレクトリサービスの停止時にローカルコンピューターへアクセスするときに使うパスワードです。たとえば、ディレクトリサービスをオフラインでメンテナンスしたり、ディレクトリサービス自体を復元したりするときには、ディレクトリデータベースにあるドメインのAdministratorアカウントは使えません。そのため、ディレクトリサービスの停止時には、ローカル SAMにあるAdministratorアカウントのパスワードを使ってローカルコンピューターへアクセスします。

**ヒント**

## スクリプトの表示

[スクリプトの表示］ボタンをクリックすると、RODCの昇格用のPowerShellスクリプトが表示されます。このPowerShellスクリプトは、Server Coreでの昇格や無人インストール用のスクリプトとして利用できます。

# PowerShellを使用してドメイン管理者がRODCをインストールする

**❶**
Active Directory ドメインサービスの役割を追加する。

**❷**
スタートボタンをクリックし、[Windows PowerShell] タイルをクリックする。

**❸**
PowerShellで、次のコマンドレットを入力する。

```
Import-Module ADDSDeployment
Install-ADDSDomainController `
-AllowPasswordReplicationAccountName @( `
"DOMAIN¥Allowed RODC Password Replication
 Group") `
-NoGlobalCatalog:$false `
-Credential (Get-Credential) `
-CriticalReplicationOnly:$false `
-DatabasePath "C:¥Windows¥NTDS" `
-DenyPasswordReplicationAccountName @( `
"BUILTIN¥Administrators", `
"BUILTIN¥Server Operators", `
"BUILTIN¥Backup Operators", `
"BUILTIN¥Account Operators", `
"DOMAIN¥Denied RODC Password Replication
 Group") `
-DomainName "domain.local" `
-InstallDns:$true `
-LogPath "C:¥Windows¥NTDS" `
-NoRebootOnCompletion:$false `
-ReadOnlyReplica:$true `
-SiteName "NaritaRODC" `
-SysvolPath "C:¥Windows¥SYSVOL" `
-Force:$true
```

▶[Windows PowerShell資格情報の要求] ダイアログが表示される。

**❹**
[ユーザー名] および [パスワード] ボックスに、ドメインにRODCを追加する権限のある管理者のユーザー名とパスワードを入力する。

**❺**
[OK] をクリックする。

**ヒント**

**行継続文字**

各行の最後にある 「`」 は、行の継続を示しています。「`」 を省略して1行で書くことも可能です。

❻
SafeModeAdministratorPassword：プロン
プトで、DSRMのパスワードを入力する。

❼
SafeModeAdministratorPasswordを確認し
てください：プロンプトで、DSRMのパスワードを
入力する。

| コマンドレット／パラメーター | 説明 |
|---|---|
| Import-Module ADDSDeployment | PowerShellにAD DS展開用のモジュールをインポートするコマンドレット |
| Install-ADDSDomainController | ドメインにドメインコントローラーを追加するためのコマンドレット |
| -AllowPasswordReplicationAccountName | RODCへのパスワードのレプリケートを許可するユーザー、グループ、コンピューターアカウントを指定する。既定では、Allowed RODC Password Replication Groupだけが許可されている |
| -NoGlobalCatalog: | グローバルカタログにするかを指定する |
| -CreateDnsDelegation: | 親ドメインにDNSの委任を作成するかを指定する |
| -Credential (Get-Credential) | フォレストにドメインを追加する資格情報を指定する。(Get-Credential)を指定した場合、資格情報を入力するダイアログが表示される |
| -CriticalReplicationOnly: | 再起動前に重要なレプリケーションだけを実行するかを指定する |
| -DatabasePath | Active Directoryデータベースのパスを指定する |
| -DenyPasswordReplicationAccountName | RODCへのパスワードのレプリケートを拒否するユーザー、グループ、コンピューターアカウントを指定する。既定では、Administrators、Server Operators、Backup Operators、Account Operators、Denied RODC Password Replication Groupが拒否されている |
| -DomainName | ドメインコントローラーを追加するドメインのドメイン名を指定する |
| -InstallDns: | DNSサーバーをインストールするかを指定する |
| -LogPath | Active Directoryログのパスを指定する |
| -NoRebootOnCompletion: | 完了後に再起動するかを指定する |
| -ReadOnlyReplica: | RODCにするかを指定する |
| -ReplicationSourceDC | レプリケート元のドメインコントローラーを指定する |
| -SiteName | ドメインコントローラーを配置するサイト名を指定する |
| -SysvolPath | Sysvolフォルダーのパスを指定する |
| -Force:$true | インストール中に警告を表示するかを指定する |
| -SafeModeAdministratorPassword | ディレクトリサービス復元モード (DSRM) のパスワードを指定する。指定しない場合は、インストール中にDSRMのパスワードの入力が要求される。指定する場合は、次のように入力してセキュアな文字列に変換する必要がある -SafeModeAdministratorPassword (ConvertTo-SecureString "P@ssw0rd" -AsPlainText -Force) |

# 14 管理者以外のユーザーが読み取り専用ドメインコントローラーをインストールするには

読み取り専用ドメインコントローラー（RODC）のインストールは、地域の管理者やユーザーに委任できます。管理者以外のユーザーがRODCをインストールするには、まず、RODCのインストールを委任する必要があります。その後、委任されたユーザーがRODCのインストールを実行します。

## RODCアカウントを作成し、インストールを委任する

**①** サーバーマネージャーで、[ツール] をクリックする。

**②** [Active Directory管理センター] をクリックする。
　▶[Active Directory管理センター]が表示される。

**③** ドメイン名をクリックする。

**④** [Domain Controllers] をクリックする。

**⑤** [読み取り専用ドメインコントローラーアカウントの事前作成] をクリックする。
　▶Active Directoryドメインサービスインストールウィザードが表示される。

**⑥** [次へ] をクリックする。

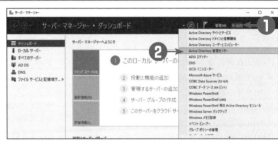

---

**ヒント**

**サーバーマネージャーが表示されない場合には**

サーバーマネージャーは、[管理] → [サーバーマネージャーのプロパティ] で [ログオン時にサーバーマネージャーを自動的に起動しない] チェックボックスをオンにすると、次回ログオン時から自動的に表示されなくなります。サーバーマネージャーを表示するには、スタートボタンをクリックし、[サーバーマネージャー] タイルをクリックします。

**⑦** [ネットワーク資格情報] ページで、[次へ] をクリックする。

**⑧** [コンピューター名の指定] ページで、RODCサーバーのコンピューター名を入力する。
※本書では、次の値を使用する。
●コンピューター名：RODC

**⑨** [次へ] をクリックする。

**⑩** [サイトの選択] ページで、RODCを追加するサイトを選択する。
※本書では、次の値を使用する。
●サイト：NaritaRODC

**⑪** [次へ] をクリックする。

**参照**

サイトについては

第6章

⓬
[追加のドメインコントローラーオプション] ページで、適切なオプションのチェックボックスをオンにする。
※本書では、次の値を使用する。
●DNSサーバー：オン
●グローバルカタログ：オン
●読み取り専用ドメインコントローラー（RODC）：オン

⓭
[次へ] をクリックする。

⓮
[RODCのインストールと管理の委任] ページで、[グループまたはユーザー] ボックスにRODCのインストールを委任するユーザーまたはグループのアカウント名を入力する。
※本書では、次の値を使用する。
●DOMAIN¥G_RODCInstallAdmins

⓯
[次へ] をクリックする。

⓰
[要約] ページで、[次へ] をクリックする。

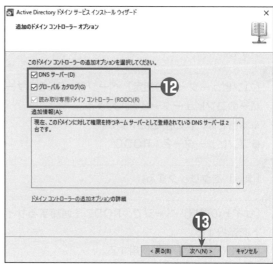

参照

グループについては

第4章

⑰
[Active Directory ドメインサービスインストール
ウィザードの完了] ページで、[完了] をクリックす
る。

## PowerShellを使用してRODCアカウントを作成し、インストールを委任する

❶
スタートボタンをクリックし、[Windows PowerShell]
タイルをクリックする。

❷
PowerShellで、次のコマンドレットを入力する。

```
Import-Module ADDSDeployment
Add-ADDSReadOnlyDomainControllerAccount `
-DomainControllerAccountName RODC `
-DomainName domain.local `
-SiteName NaritaRODC `
-DelegatedAdministratorAccountName `
G_RODCInstallAdmins
```

> **ヒント**
>
> **行継続文字**
>
> 各行の最後にある「`」は、行の継続を示しています。「`」
> を省略して1行で書くことも可能です。

| コマンドレット/パラメーター | 説明 |
|---|---|
| Import-Module ADDSDeployment | PowerShellにAD DS展開用のモジュールをインポートするコマンドレット |
| Add-ADDSReadOnlyDomainControllerAccount | ドメインにRODCアカウントを追加するためのコマンドレット |
| -DomainName | RODCを追加するドメインのドメイン名を指定する |
| -SiteName | ドメインコントローラーを配置するサイト名を指定する |
| -DelegatedAdministratorAccountName | RODCの管理者のアカウント名を指定する |

## 委任された管理者がRODCをインストールする

**❶**
Active Directoryドメインサービスの役割を追加する。

**❷**
サーバーマネージャーで、[通知] アイコンをクリックする。

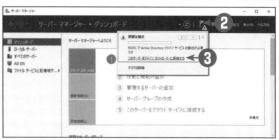

**❸**
[このサーバーをドメインコントローラーに昇格する] をクリックする。

　▶Active Directoryドメインサービス構成ウィザードが表示される。

**❹**
[配置構成] ページの [配置操作を選択してください] セクションで、[既存のドメインにドメインコントローラーを追加する] を選択する。

**❺**
[この操作のドメイン情報を指定してください] の [ドメイン] ボックスに、RODCを追加するドメインのドメイン名を入力する。
※本書では、次の値を使用する。
●ドメイン：domain.local

**❻**
[変更] をクリックする。

　▶[Windowsセキュリティ] ダイアログが表示される。

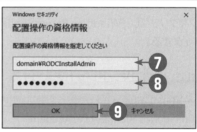

**❼**
[ユーザー名] ボックスに、RODC管理者のユーザー名を入力する。
※本書では、次の値を使用する。
●ユーザー名：domain¥RODCInstallAdmin

**❽**
[パスワード] ボックスに、RODC管理者のパスワードを入力する。
※本書では、次の値を使用する。
●パスワード：P@ssw0rd

**❾**
[OK] をクリックする。

**❿**
[配置構成] ページで、[次へ] をクリックする。

⑪ ［ドメインコントローラーオプション］ページの
［ディレクトリサービス復元モード（DSRM）のパ
スワードを入力してください］セクションで、［パス
ワード］および［パスワードの確認入力］ボックス
に、DSRMのパスワードを入力する。
※本書では、次の値を使用する。
●P@ssw0rd

⑫ ［次へ］をクリックする。

⑬ ［追加オプション］ページで、［次へ］をクリック
する。

⑭ ［パス］ページで、［次へ］をクリックする。

⑮ ［オプションの確認］ページで、［次へ］をクリッ
クする。

**ヒント**

**サーバーマネージャーが表示されない場合には**

サーバーマネージャーは、［管理］→［サーバーマネー
ジャーのプロパティ］で［ログオン時にサーバーマネー
ジャーを自動的に起動しない］チェックボックスをオン
にすると、次回ログオン時から自動的に表示されなくな
ります。サーバーマネージャーを表示するには、スター
トボタンをクリックし、［サーバーマネージャー］タイル
をクリックします。

**ヒント**

**DSRMのパスワード**

ディレクトリサービスの停止時にローカルコンピュー
ターへアクセスするときに使うパスワードです。たとえ
ば、ディレクトリサービスをオフラインでメンテナンス
したり、ディレクトリサービス自体を復元したりすると
きには、ディレクトリデータベースにあるドメインの
Administratorアカウントは使えません。そのため、ディ
レクトリサービスの停止時には、ローカルSAMにある
Administratorアカウントのパスワードを使ってローカ
ルコンピューターへアクセスします。

**⓰**

[前提条件のチェック] ページで、前提条件のチェックに合格していることを確認し、[インストール] をクリックする。

▶RODCへの昇格が開始され、インストールが完了すると自動的に再起動される。

**ヒント**

## スクリプトの表示

[スクリプトの表示] ボタンをクリックすると、RODCの昇格用のPowerShellスクリプトが表示されます。このPowerShellスクリプトは、Server Coreでの昇格や無人インストール用のスクリプトとして利用できます。

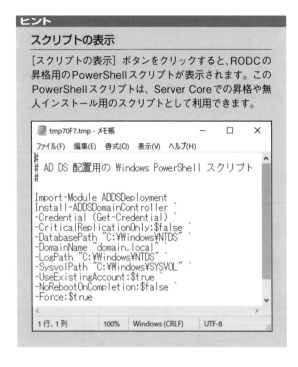

```
#
# AD DS 配置用の Windows PowerShell スクリプト
#

Import-Module ADDSDeployment
Install-ADDSDomainController `
-Credential (Get-Credential) `
-CriticalReplicationOnly:$false `
-DatabasePath "C:¥Windows¥NTDS" `
-DomainName "domain.local" `
-LogPath "C:¥Windows¥NTDS" `
-SysvolPath "C:¥Windows¥SYSVOL" `
-UseExistingAccount:$true `
-NoRebootOnCompletion:$false `
-Force:$true
```

## PowerShellを使用して委任された管理者がRODCをインストールする

**❶**

Active Directory ドメインサービスの役割を追加する。

**❷**

スタートボタンをクリックし、[Windows PowerShell] タイルをクリックする。

**3**

PowerShellで、次のコマンドレットを入力する。

```
Import-Module ADDSDeployment
Install-ADDSDomainController `
-Credential (Get-Credential) `
-CriticalReplicationOnly:$false `
-DatabasePath "C:\Windows\NTDS" `
-DomainName "domain.local" `
-LogPath "C:\Windows\NTDS" `
-SysvolPath "C:\Windows\SYSVOL" `
-UseExistingAccount:$true `
-NoRebootOnCompletion:$false `
-Force:$true
```

➡ [Windows PowerShell資格情報の要求] ダイアログが表示される。

**4**

[ユーザー名] および [パスワード] ボックスに、ドメインにRODCを追加する権限のある管理者のユーザー名とパスワードを入力する。

**5**

[OK] をクリックする。

**6**

SafeModeAdministratorPassword：プロンプトで、DSRMのパスワードを入力する。

**7**

SafeModeAdministratorPasswordを確認してください：プロンプトで、DSRMのパスワードを入力する。

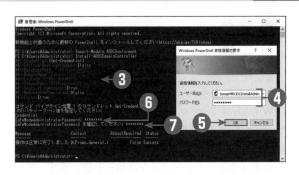

**ヒント**

**行継続文字**

各行の最後にある 「`」 は、行の継続を示しています。「`」を省略して1行で書くことも可能です。

| コマンドレット／パラメーター | 説明 |
|---|---|
| Import-Module ADDSDeployment | PowerShellに AD DS 展開用のモジュールをインポートするコマンドレット |
| Install-ADDSDomainController | ドメインにドメインコントローラーを追加するためのコマンドレット |
| -Credential (Get-Credential) | RODCをインストールするユーザーの資格情報を指定する。(Get-Credential)を指定した場合、資格情報を入力するダイアログが表示される |
| -CriticalReplicationOnly: | 再起動前に重要なレプリケーションだけを実行するかを指定する |
| -DatabasePath | Active Directoryデータベースのパスを指定する |
| -DomainName | RODCを追加するドメインのドメイン名を指定する。 |
| -LogPath | Active Directoryログのパスを指定する |
| -NoRebootOnCompletion: | 完了後に再起動するかを指定する |
| -SysvolPath | Sysvolフォルダーのパスを指定する |
| -UseExistingAccount: | 既存のRODCアカウントを使用するかを指定する |
| -Force:$true | インストール中に警告を表示するかを指定する |
| -SafeModeAdministratorPassword | ディレクトリサービス復元モード (DSRM) のパスワードを指定する。指定しない場合は、インストール中にDSRMのパスワードの入力が要求される。指定する場合は、次のように入力してセキュアな文字列に変換する必要がある -SafeModeAdministratorPassword (ConvertTo-SecureString "P@ssw0rd" -AsPlainText -Force) |

# 15 オフラインドメイン参加を行うには

　Windows Server 2008 R2以降、Active Directoryドメインサービス（AD DS）ドメインでは、Windows Server 2008 R2以降やWindows 7以降を実行するクライアントコンピューターがドメインコントローラーに接続できない場合やオフラインの場合でも、クライアントコンピューターをドメインに参加させることができます。これを「オフラインドメイン参加」と言います。オフラインドメイン参加では、AD DSドメインの管理者がオフラインドメイン参加を行うクライアントコンピューターを事前準備（プロビジョニング）してから、クライアントコンピューターでオフラインドメイン参加を実行します。ここでは、オフラインドメイン参加を理解するうえで最も簡単な方法として、テキストファイルを使用する方法を紹介します。

## オフラインドメイン参加を事前準備する

**❶**
ドメインに参加しているWindows Server 2022 またはWindows 11で、ドメインにコンピューターアカウントを作成できる管理者としてサインインする。

**❷**
管理者としてコマンドプロンプトを実行する。

**❸**
次のコマンドを入力する（コマンドは1行で入力する）。
※ここでは、CL101というWindows 11コンピューターをdomain.localへオフラインドメイン参加させるための情報をCL101ODJ.txtというテキストファイルに格納している。

```
djoin.exe /PROVISION /DOMAIN domain.local /
MACHINE CL101 /SAVEFILE CL101ODJ.txt
```

```
管理者: コマンドプロンプト                                    —  □  ×
Microsoft Windows [Version 10.0.22000.376]
(c) Microsoft Corporation. All rights reserved.

C:\Users\administrator>cd\

C:\>djoin.exe /PROVISION /DOMAIN domain.local /MACHINE CL101 /SAVEFILE CL101ODJ.txt

コンピューターをプロビジョニングしています.
[CL101] はドメイン [domain.local] に正常にプロビジョニングされました。
プロビジョニング データは [CL101ODJ.txt] に正常に保存されました。

コンピューターのプロビジョニングが正常に完了しました。
この操作を正しく終了しました。

C:\>_
```

| パラメーター | 説明 |
|---|---|
| /PROVISION | オフラインドメイン参加の事前準備を指定する |
| /DOMAIN | オフラインドメイン参加用にコンピューターアカウントを事前準備するドメインを指定する |
| /MACHINE | オフラインドメイン参加用のコンピューターアカウントを指定する |
| /SAVEFILE | オフラインドメイン参加の情報を保存するファイルを指定する |

## オフラインドメイン参加を実行する

**❶**
ドメインに参加するWindows Server 2022またはWindows 11で、ローカル管理者としてサインインする。

**❷** オフラインドメイン参加の事前準備で作成したファイルをローカルコンピューターにコピーする。
※本書では、次の値を使用する。
●オフラインドメイン参加用の情報ファイル
C:¥CL101ODJ.txt

**❸** 管理者としてコマンドプロンプトを実行する。

**❹** 次のコマンドを実行する（コマンドは1行で入力する）。

```
djoin.exe /REQUESTODJ /LOADFILE CL101ODJ.txt
/WINDOWSPATH %systemroot% /LOCALOS
```

**❺** 次のコマンドを実行して再起動する。

```
shutdown /r /t 0
```

```
■ 管理者: コマンドプロンプト                                    □  ×
Microsoft Windows [Version 10.0.22000.376]
(c) Microsoft Corporation. All rights reserved.

C:¥Windows¥system32>cd¥

C:¥>djoin.exe /REQUESTODJ /LOADFILE CL101ODJ.txt /WINDOWSPATH %systemroot% /LOCALOS
プロビジョニング データを次のファイルから読み込んでいます: [CL101ODJ.txt]。

オフライン ドメイン プロビジョニング要求は正常に完了しました。
変更を適用するには、再起動する必要があります。
この操作を正しく終了しました。

C:¥>shutdown /r /t 0 ◀━❺
```
❹

| パラメーター | 説明 |
|---|---|
| /REQUESTODJ | 次回ブート時にオフラインドメイン参加を要求する |
| /LOADFILE | オフラインドメイン参加の情報を保持するファイルを指定する |
| /WINDOWSPATH | オフラインイメージのWindowsフォルダーのパスを指定する |
| /LocalOS | 実行中のWindowsを/WINDOWSPATHで指定できるようにする |

## 仮想化に対応したActive Directoryドメインサービス

　ここ数年の間に、Active Directoryドメインサービス（AD DS）環境は、Hyper-Vなどの仮想マシンで実行される傾向にあります。Windows Server 2012以降では、ドメインコントローラーの仮想化に対応して、仮想ドメインコントローラーのクローニングによる迅速な展開やチェックポイント（スナップショット）対応をサポートするようになりました。

### 仮想ドメインコントローラーのクローニング

　Windows Server 2012以降では、既存の仮想ドメインコントローラーをエクスポート/インポートして、レプリカドメインコントローラーを簡単に展開できます。Windows Server 2008 R2までは、次の手順が必要でした。

1. 仮想マシンにオペレーティングシステム（例、Windows Server 2008 R2）をインストールする。
2. sysprep.exeを使用してサーバーイメージを準備する。
3. 仮想マシンのエクスポート/インポートする。
4. ドメインコントローラーへ昇格する。
5. レプリカドメインコントローラーの要件に応じて追加構成を行う。

　しかし、Windows Server 2012以降の仮想環境では、クローニングで追加のドメインコントローラーを展開できるため、これらの手順は不要になります。Windows Server 2012以降のHyper-Vおよびドメインコントローラーでは、次の手順で簡単にドメインコントローラーのクローンを作成できます。

1. 仮想マシンに Windows Server 2012以降をインストールし、ドメインコントローラーへ昇格する。
2. 構成ファイル（DCCloneConfig.xml）を作成する。
3. 仮想マシンをエクスポート／インポートする。

　なお、ドメインコントローラーのクローニングは、AD DS環境上で実施する必要があるため、クローンを作成するドメインコントローラー以外にも、操作マスター（FSMO）になっている Windows Server 2012以降を実行しているドメインコントローラーが少なくとも1台は必要になります。

### 仮想ドメインコントローラーのクローニングの利点

　Windows Server 2012以降のAD DS環境では、追加のドメインコントローラーのクローンを作成できるため、次のようなメリットがあります。

- ・追加のドメインコントローラーを迅速に展開できる。
- ・複数のドメインコントローラーを大量に展開できる。
- ・テスト環境を迅速に準備して、プロダクトアウト前に新しい機能と性能をテストできる。
- ・異なる拠点にドメインコントローラーを素早く展開できる。
- ・災害復旧時に、AD DS環境を素早く復旧することにより、ビジネスの継続性を迅速に回復できる。

## ドメインコントローラーのチェックポイント対応

　Windows Server 2012以降のHyper-VおよびActive Directoryドメインサービス（AD DS）では、仮想化環境でドメインコントローラーのチェックポイント（Windows Server 2012以前のHyper-Vではスナップショット）が使えるようになりました。

### 今までの仮想ドメインコントローラーの問題点

　Windows Server 2008 R2までのAD DSでも、ドメインコントローラーをHyper-Vなどの仮想マシンで実行できました。これは、物理ハードウェアでの実行と同じようにドメインコントローラーを運用する場合には問題ありません。しかし、Hyper-Vには、ある時点での仮想マシンの状態を保持しておくことが可能な「チェックポイント」の機能があります。

　ただし、AD DS環境に複数の仮想ドメインコントローラーがある場合、チェックポイントを使用してドメインコントローラーを以前の状態に戻すとレプリケーションの問題が発生します。各ドメインコントローラーで行った変更は、レプリケーションパートナーのドメインコントローラーに送信されます。ドメインコントローラー間でレプリケーションする必要があるかどうかは、InvocationIDとUSNで判断しています。InvocationIDはレプリケート元のドメインコントローラーを追跡するためのディレクトリデータベースIDで、USNはオブジェクトに変更があるたびに増える更新シーケンス番号です。変更を受け取るドメインコントローラーでは、既に受信したオブジェクトに関するInvocationIDとUSNを覚えています。

**用語**

### チェックポイント

Hyper-Vでは、ある時点での仮想マシンの状態を「チェックポイント」として保存（キャプチャ）できます。仮想マシンのチェックポイントが作成されている場合、後で仮想マシンをチェックポイントの状態に戻したり、別のチェックポイントの状態に切り替えたりできます。この機能は、Windows Server 2012までは「スナップショット」と呼ばれていました。

**用語**

### USNロールバック

ドメインコントローラーをチェックポイントの時点に戻すと、チェックポイントを取得した時点にまでUSNがロールバックされることです。

　仮想ドメインコントローラーをチェックポイントから以前の状態に戻すと、「USNロールバック」が発生します。USNロールバックが発生すると、AD DSのレプリケーションが停止します。たとえば、チェックポイントから戻したドメインコントローラーで変更を行うとオブジェクトのUSNが変更されます。変更を受け取るドメインコントローラーは既に受信したオブジェクトに関するInvocationIDとUSNを覚えているため、レプリケーション時に既に受信しているオブジェクトのUSNよりも低い値のUSNを再度受信することになります。受信側のドメインコントローラーは、再使用された低い値のUSNに関連する更新は既に受け取ったと判断するため、レプリケーションが収束しません。これにより、チェックポイントから状態を戻したドメインコントローラーだけにオブジェクトがある「残留オブジェクト」などの問題が発生します。

## 以前のHyper-Vでの仮想ドメインコントローラーの問題

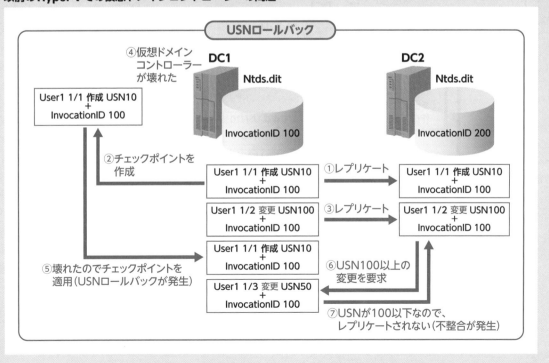

## Windows Server 2012 以降の仮想ドメインコントローラーでの対応

　Windows Server 2012以降のHyper-V およびAD DSでは、仮想ドメインコントローラーでチェックポイントを使えるようになりました。Windows Server 2012以降では、Hyper-V上のAD DSの仮想ドメインコントローラーにVM-Generation IDと呼ばれるIDがあります。これは、チェックポイントを適用して仮想ドメインコントローラーを以前の状態にロールバックしたときに、AD DS環境を保護するためのしくみです。VM-GenerationIDにより、仮想ドメインコントローラーがロールバックしたかを検出できるようになります。

　Windows Server 2012以降のHyper-Vの仮想マシンにドメインコントローラーをインストールした場合、ドメインコントローラーのコンピューターオブジェクトにVM-GenerationIDを格納します。VM-GenerationIDは、仮想マシン内部のWindowsドライバーによって独自に追跡され、管理者が仮想ドメインコントローラーをチェックポイントから以前の状態に戻したり、仮想ドメインコントローラーのレプリカを作成したりすると、VM-GenerationIDの値が変更され、InvocationIDの値がリセットされ、RIDプールが破棄され、SYSVOLフォルダーの権限のない同期が行われます。そのため、仮想ドメインコントローラーでUSNロールバックを検出したときでも、残留オブジェクトなどのレプリケーション問題を防ぎ、ドメインコントローラー間でのレプリケーションが適切に収束するようになります。

### VM-GenerationIDによる仮想ドメインコントローラー問題の解決

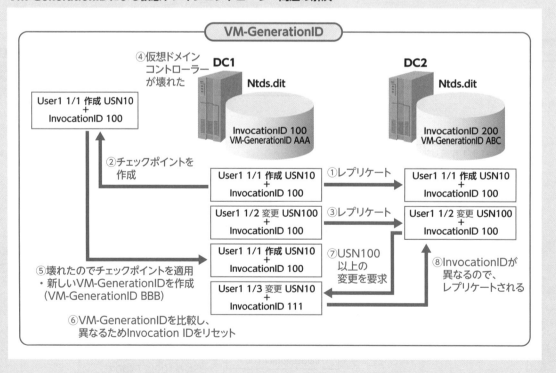

# Active Directory
# ドメインサービスの構成

## 第 3 章

この章では、Active Directory ドメインサービスのドメインおよびフォレストの機能レベル、操作マスターの管理方法、信頼関係の構成方法について解説します。また、組織単位（OU）についても解説します。

## コラム ドメインとフォレストの機能レベル

Active Directoryドメインサービス（AD DS）では、「機能レベル」を使用してAD DS自体の機能を制限しています。これは、AD DSの最新機能が有効になると、古いバージョンでは対応できなくなるためです。Windows Server 2003以降のActive Directoryの機能レベルには、「ドメインの機能レベル」と「フォレストの機能レベル」の2種類があります。

### ドメインの機能レベル

ドメインの機能レベルは、Active Directoryドメインの機能にだけ影響します。ドメインの機能レベルを決めるときは、2台目以降のドメインコントローラーとしてどのオペレーティングシステムを使うかを考慮する必要があります。たとえば、すべてのドメインコントローラーがWindows Server 2016以降を実行しており、ドメインの機能レベルがWindows Server 2016の場合は、ドメイン内で最新の機能をすべて使えます。ただし、ドメインコントローラーとしてWindows Server 2016以降しか使えなくなります。Windows Server 2022で作成するドメインの機能レベルには、次の5つがあります。なお、本書執筆時点でのWindows Server 2022には、Windows Server 2022というドメインの機能レベルはありません。

### Windows Server 2008

ドメインコントローラーとして、Windows Server 2008、Windows Server 2008 R2、Windows Server 2012、Windows Server 2012 R2、Windows Server 2016、Windows Server 2019、Windows Server 2022をサポートします。Windows Server 2003 R2以前は、ドメインコントローラーとして使えません。Windows Server 2008 Active Directoryドメイン（AD DSドメイン）のすべての機能を使えます。たとえば、分散ファイルシステム（DFS）を使用してSYSVOLをレプリケートしたり、ドメイン内の特定のユーザーに異なるパスワードポリシーを設定したりできます。

### Windows Server 2008 R2

ドメインコントローラーとして、Windows Server 2008 R2、Windows Server 2012、Windows Server 2012 R2、Windows Server 2016、Windows Server 2019、Windows Server 2022をサポートします。Windows Server 2008以前は、ドメインコントローラーとして使えません。Windows Server 2008 R2 AD DSドメインのすべての機能を使えます。たとえば、認証メカニズムを保証する機能が使用できます。

### Windows Server 2012

ドメインコトンローラーとして、Windows Server 2012、Windows Server 2012 R2、Windows Server 2016、Windows Server 2019、Windows Server 2022をサポートします。Windows Server 2008 R2以前は、ドメインコントローラーとして使えません。Windows Server 2012 AD DSドメインのすべての機能を使えます。たとえば、ダイナミックアクセス制御用の設定がグループポリシーの管理用テンプレートで設定できるようになります。

## Windows Server 2012 R2

ドメインコトンローラーとして、Windows Server 2012 R2、Windows Server 2016、Windows Server 2019、Windows Server 2022をサポートします。Windows Server 2012以前は、ドメインコントローラーとして使えません。Windows Server 2012 R2 AD DSドメインのすべての機能を使えます。たとえば、ユーザーがサインインできるホストを制御できる認証ポリシーを使えるようになります。

## Windows Server 2016

ドメインコトンローラーとして、Windows Server 2016、Windows Server 2019、Windows Server 2022をサポートします。Windows Server 2012 R2以前は、ドメインコントローラーとして使えません。この機能レベルは、既定のドメインの機能レベルです。

**ドメインの機能レベルとサポートするドメインコントローラー**

| ドメインの機能レベル／サポートするドメインコントローラー | Windows Server 2008 DC | Windows Server 2008 R2 DC | Windows Server 2012 DC | Windows Server 2012 R2 DC | Windows Server 2016 DC | Windows Server 2019 DC | Windows Server 2022 DC |
|---|---|---|---|---|---|---|---|
| Windows Server 2008 | ○ | ○ | ○ | ○ | ○ | ○ | ○ |
| Windows Server 2008 R2 | × | ○ | ○ | ○ | ○ | ○ | ○ |
| Windows Server 2012 | × | × | ○ | ○ | ○ | ○ | ○ |
| Windows Server 2012 R2 | × | × | × | ○ | ○ | ○ | ○ |
| Windows Server 2016 | × | × | × | × | ○ | ○ | ○ |

# フォレストの機能レベル

フォレストの機能レベルはActive Directoryフォレスト単位なので、フォレスト内のすべてのドメインに影響します。フォレストの機能レベルを昇格するとオブジェクトを簡単に復元できるActive Directoryごみ箱などが使えるようになります。Windows Server 2022 AD DSのフォレストの機能レベルには、次の5つがあります。なお、本書執筆時点でのWindows Server 2022には、Windows Server 2022というフォレストの機能レベルはありません。

## Windows Server 2008

フォレストの機能レベルがWindows Server 2008の場合、フォレスト内のすべてのドメインでドメインの機能レベルはWindows Server 2008以降になります。なお、Windows Server 2003 R2以前はドメインコントローラーとして使用できません。

## Windows Server 2008 R2

Windows Server 2008 R2のAD DSで追加された「Active Directoryごみ箱」の機能を使えるようになります。フォレストの機能レベルをWindows Server 2008 R2にするには、フォレスト内のすべてのドメインでドメインの機能レベルをWindows Server 2008 R2以降にする必要があります。フォレストの機能レベルをWindows Server 2008 R2にしておくと、ドメインを作成したときにドメインの機能レベルを昇格する必要がなくなり、管理が簡単になります。

### Windows Server 2012

　機能としては、Windows Server 2008 R2のフォレストと同じです。すべてのドメインコントローラーでWindows Server 2012以降を使用する予定の場合は、フォレストの機能レベルをWindows Server 2012にしておくと、ドメインを作成したときにドメインの機能レベルを昇格する必要がなくなり、管理が簡単になります。

### Windows Server 2012 R2

　機能としては、Windows Server 2012のフォレストと同じです。すべてのドメインコントローラーでWindows Server 2012 R2以降を使用する予定の場合は、フォレストの機能レベルをWindows Server 2012 R2にしておくと、ドメインを作成したときにドメインの機能レベルを昇格する必要がなくなり、管理が簡単になります。

### Windows Server 2016

　機能としては、Windows Server 2012 R2のフォレストと同じです。すべてのドメインコントローラーでWindows Server 2016以降のみを使用する予定の場合は、フォレストの機能レベルをWindows Server 2016にしておくと、ドメインを作成したときにドメインの機能レベルを昇格する必要がなくなり、管理が簡単になります。

　ドメインやフォレストの機能レベルを変更する操作は、「昇格」と呼びます。これは、機能の少ないレベルから機能の多いレベルに格上げするためです。基本的には、一度ドメインまたはフォレストの機能レベルを昇格すると、機能レベルを降格できません。そのため、機能レベルをWindows Server 2008 R2に昇格する前には、すべてのドメインコントローラーがWindows Server 2008 R2以降になっており、今後Windows Server 2008以前のドメインコントローラーを追加する予定がないことを確認することが重要になります。また、機能レベルをWindows Server 2016に昇格する前には、すべてのドメインコントローラーがWindows Server 2016以降になっており、今後Windows Server 2012 R2およびそれ以前のドメインコントローラーを追加する予定がないことを確認することが重要になります。

コラム

## Active Directory管理センター

　Windows Server 2012以降では、Active Directoryドメインサービス（AD DS）を管理するツールとして、主に［Active Directory管理センター］を使用します。Active Directory管理センターでは、次のようなActive Directory管理タスクを実行できます。

- 複数のAD DSドメインの管理
- ユーザーアカウントの作成や管理
- グループの作成や管理
- コンピューターアカウントの作成や管理
- 組織単位（OU）の作成や管理
- 複数のAD DSドメイン情報の表示や管理

Active Directory管理センターでは、効率的にActive Directoryオブジェクトを管理できます。たとえば、[Active Directoryユーザーとコンピューター] を使用してユーザーアカウントを作成する場合には、ユーザーアカウントを作成した後でなければユーザーアカウントのプロパティを設定できないため、作成と設定の2回の操作が必要になります。Active Directory管理センターでは、ユーザーアカウントの作成時に部署や電話番号などの一般的なプロパティを設定できるため、1回の操作で作業を完了でき、生産性を向上できます。

Windows Server 2022でも、AD DSを管理するツールとして、従来の［Active Directoryユーザーとコンピューター］や［Active Directoryドメインと信頼関係］などを利用できます。

# 1 サーバーマネージャーにドメインコントローラーを追加するには

　サーバーマネージャーでは、別のサーバーをリモート管理できます。サーバーマネージャーにリモートサーバーを追加すると、複数のサーバーを1個所で管理できるようになります。

## 管理するサーバーを追加する

❶
サーバーマネージャーで、[ダッシュボード]をクリックする。

❷
[管理するサーバーの追加]をクリックする。
▶[サーバーの追加]ウィンドウが表示される。

❸
[Active Directory]タブで、[検索]をクリックする。

❹
表示されたサーバー名からサーバーマネージャーに追加するサーバーを選択する。

❺
[>]（右向き三角形）ボタンをクリックして、[選択済み]一覧にサーバーを追加する。

❻
[OK]をクリックする。

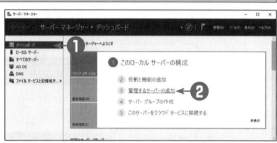

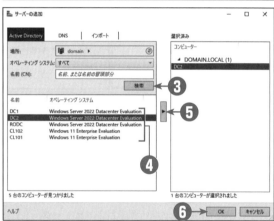

---

**ヒント**

### 異なるドメインのサーバーを追加する

異なるドメインのサーバーを追加するには、[場所]ボックスでドメインを選択してから、手順❸〜❻を実行します。

**ヒント**

### サーバーの検索方法

[Active Directory]タブ以外にも、DNS名を検索する[DNS]タブやIPアドレスが1行に1つずつ列挙されたテキストファイルを使用してサーバーを追加する[インポート]タブもあります。

# 2 Active Directory 管理センターに 子ドメインを追加するには

Active Directory 管理センターでは、ローカルコンピューターで構成している Active Directory ドメインサービス（AD DS）だけでなく、異なる AD DS ドメインも管理できます。ここでは、Active Directory 管理センターに子ドメインを追加する手順を紹介します。

## Active Directory 管理センターに子ドメインを追加する

**❶** サーバーマネージャーで、［ツール］をクリックする。

**❷** ［Active Directory 管理センター］をクリックする。
　▶ ［Active Directory 管理センター］が表示される。

**❸** ［管理］をクリックする。

**❹** ［ナビゲーションノードの追加］をクリックする。
　▶ ［ナビゲーションノードの追加］ダイアログが表示される。

**❺** ナビゲーションノードに追加したいドメイン名を選択する。

**❻** ［>>］をクリックして、［次のコンテナーをナビゲーションウィンドウに追加します］一覧に追加する。

**❼** ［OK］をクリックする。

---

**ヒント**

### サーバーマネージャーが表示されない場合には

サーバーマネージャーは、［管理］→［サーバーマネージャーのプロパティ］で［ログオン時にサーバーマネージャーを自動的に起動しない］チェックボックスをオンにすると、次回ログオン時から自動的に表示されなくなります。サーバーマネージャーを表示するには、スタートボタンをクリックし、［サーバーマネージャー］タイルをクリックします。

# 3 ドメインの機能レベルを昇格するには

ドメインの機能レベルを Windows Server 2016 に昇格すると、Active Directory ドメインサービス（AD DS）ドメインのすべての機能を使えるようになります。ここでは、ドメインの機能レベルを Windows Server 2016 に昇格する手順を紹介します。

## ドメインの機能レベルを昇格する

**❶** サーバーマネージャーで、[ツール] をクリックする。

**❷** [Active Directory管理センター]をクリックする。

**❸** [＜ドメイン名＞] をクリックする。

**❹** タスクウィンドウで、[ドメインの機能レベルの昇格] をクリックする。

**❺** [利用可能なドメインの機能レベルを選択してください] ボックスで、目的のドメインの機能レベルを選択する。
※本書では、次の値を使用する。
● ドメインの機能レベル：Windows Server 2016

**❻** [OK] をクリックする。
➡ 昇格すると元に戻せないことを示す［ドメインの機能レベルの昇格］ダイアログが表示される。

**❼** [OK] をクリックする。
➡ [ドメインの機能レベルの昇格]ダイアログが表示される。

**❽** [OK] をクリックする。

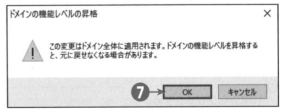

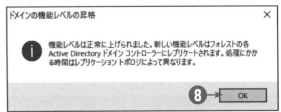

### ヒント

**PowerShellで設定する**

ドメインの機能レベルを昇格するには、次のコマンドレットを実行します。

```
Set-ADDomainMode `
-Confirm:$false `
-DomainMode:"Windows2016Domain" `
-Identity:"<ドメイン名>" `
-Server:"<DC名>"
```

### 注意

**機能レベルの昇格**

ドメインやフォレストの機能レベルを昇格すると、基本的には元に戻せません。

# 4　フォレストの機能レベルを昇格するには

　フォレストの機能レベルを昇格すると、フォレスト内の新たに作成されるドメインの機能レベルを制御できます。ここでは、フォレストの機能レベルを Windows Server 2016 に昇格する手順を紹介します。

## フォレストの機能レベルを昇格する

**1** サーバーマネージャーで、[ツール] をクリックする。

**2** [Active Directory 管理センター]をクリックする。

**3** [＜ドメイン名＞] をクリックする。

**4** タスクウィンドウで、[フォレストの機能レベルの昇格] をクリックする。

**5** [利用可能なフォレストの機能レベルを選択してください] ボックスで、目的のフォレストの機能レベルを選択する。
※本書では、次の値を使用する。
● フォレストの機能レベル：Windows Server 2016

**6** [OK] をクリックする。
➡ 昇格すると元に戻せないことを示す [フォレストの機能レベルの昇格] ダイアログが表示される。

**7** [OK] をクリックする。
➡ [フォレストの機能レベルの昇格]ダイアログが表示される。

**8** [OK] をクリックする。

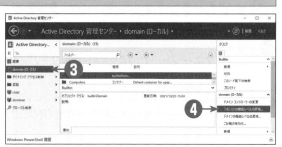

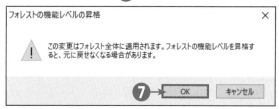
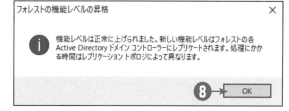

**ヒント**

### PowerShell で設定する

フォレストの機能レベルを昇格するには、次のコマンドレットを実行します。

```
Set-ADForestMode `
-Confirm:$false `
-ForestMode:"Windows2016Forest" `
-Identity:"＜ドメイン名＞" `
-Server:"＜DC名＞"
```

**注意**

### 機能レベルの昇格

ドメインやフォレストの機能レベルを昇格すると、基本的には元に戻せません。

# 5 ドメインコントローラーの名前を変更するには

Windows Server 2022のActive Directoryドメインサービス（AD DS）ドメインでは、ドメインコントローラーの名前を変更できます。ここでは、読み取り専用ドメインコントローラー（RODC）のコンピューター名を変更する手順を紹介します。

## ドメインコントローラーの名前を変更する

**1** サーバーマネージャーで、［このローカルサーバーの構成］をクリックする。

**2** ［コンピューター名］の右にある現在の設定（RODC）をクリックする。

▶［システムのプロパティ］ダイアログが表示される。

**3** ［変更］をクリックする。

▶一時的にドメインコントローラーが利用できなくなることを示す［コンピューター名／ドメイン名の変更］ダイアログが表示される。

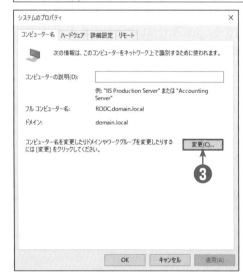

**ヒント**

### サーバーマネージャーが表示されない場合には

サーバーマネージャーは、［管理］→［サーバーマネージャーのプロパティ］で［ログオン時にサーバーマネージャーを自動的に起動しない］チェックボックスをオンにすると、次回ログオン時から自動的に表示されなくなります。サーバーマネージャーを表示するには、スタートボタンをクリックし、［サーバーマネージャー］タイルをクリックします。

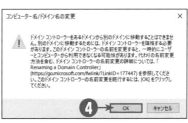

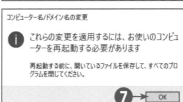

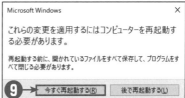

**❹** ［OK］をクリックする。

▶［コンピューター名/ドメイン名の変更］ダイアログが表示される。

**❺** ［コンピューター名］ボックスに、新しいコンピューター名を入力する。

※本書では、次の値を使用する。
● コンピューター名：RODC05

**❻** ［OK］をクリックする。

▶再起動する必要があることを示す［コンピューター名/ドメイン名の変更］ダイアログが表示される。

**❼** ［OK］をクリックする。

**❽** ［システムのプロパティ］ダイアログで、［閉じる］をクリックする。

▶再起動を要求する［Microsoft Windows］ダイアログが表示される。

**❾** ［今すぐ再起動する］をクリックする。

---

**注意**

**ドメインコントローラー名の変更時の注意点**

コンピューターが再起動し、DNSサーバーにAレコードとSRVレコードの登録が終わるまで、ユーザーはこのドメインコントローラーを使えなくなります。そのため、ドメインコントローラー名の変更は、ユーザーアクセスの少ない夜間などに実行することをお勧めします。

**ヒント**

**コンピューター名の変更**

コンピューター名を変更するには、次のコマンドを実行します。

```
①netdom computername RODC.domain.local
  /add:RODC05.domain.local
②netdom computername RODC.domain.local
  /makeprimary:RODC05.domain.local
③再起動する
④netdom computername RODC05.domain.local
  /remove:RODC.domain.local
```

⑩ サーバーマネージャーで［ツール］、［ADSIエディター］の順にクリックしてADSIエディターを開く。

⑪ ［操作］メニューで、［接続］をクリックする。

➡ ［接続の設定］ダイアログが表示される。

⑫ そのまま［OK］をクリックする。

⑬ ［既定の名前付けコンテキスト］、［＜ドメインの識別名＞］、［CN=System］、［CN=DFSR-Global Settings］、［CN=Domain System］の順に展開し、［CN=Topology］をクリックする。

⑭ ［CN=＜変更前DC名＞］を右クリックし、［名前の変更］をクリックする。

➡ 名前が編集できる状態になる。

⑮ ［CN=＜変更後のDC名＞］に変更する。

## C コラム　特殊なドメインコントローラー

　同じActive Directory ドメインサービス（AD DS）のすべてのドメインコントローラーは、ディレクトリデータベースを複製して同じ情報を持ちます。しかし、すべてのドメインコントローラーがまったく同じというわけではありません。一部のドメインコントローラーは、特殊な役割を果たします。特殊なドメインコントローラーには、グローバルカタログ（GC）サーバー、操作マスターの役割をするドメインコントローラー、読み取り専用ドメインコントローラー（RODC）があります。なお、読み取り専用ドメインコントローラーについては、第2章のコラム「リモートサイトでのドメインコントローラーのインストール」を参照してください。

### グローバルカタログ

　「グローバルカタログ」とは、ユーザーがオブジェクトを検索するときに使うAD DSデータベースです。グローバルカタログサーバーは、フォレスト全体で検索対象となるオブジェクト情報を格納しているサーバーです。既定では、フォレストルートドメインの最初のドメインコントローラーがグローバルカタログになります。そのため、フォレストルートドメインのディレクトリデータベースと、フォレスト内の別のドメインの検索対象の情報を持っています。

　ユーザーがログオンするときは、グローバルカタログサーバーにアクセスして、自分の所属しているグループを確認します。グローバルカタログサーバーにアクセスできない場合、ユーザーはドメインにログオンできません。そのため、グローバルカタログサーバーは、フォレスト内に複数台設置することをお勧めします。

　グローバルカタログサーバーには、別ドメインのオブジェクト情報も格納されるため、複数のドメインがある環境では、ドメインコントローラー間の複製（レプリケーション）を考慮してグローバルカタログサーバーを配置する必要があります。たとえば、拠点ごとにグローバルカタログサーバーを配置すると、WAN回線を経由するユーザーのログオントラフィックを減らすことができます。なお、シングルドメイン環境の場合は、別ドメインの情報がないため、グローバルカタログサーバー間での複製トラフィックは発生しません。そのため、すべてのドメインコントローラーをグローバルカタログサーバーにしても、複製トラフィックが増えることはありません。

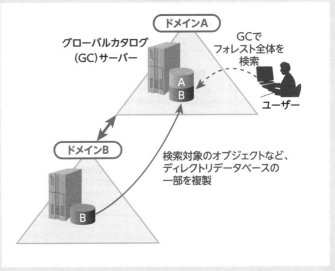

**グローバルカタログサーバーの概要**

## 操作マスター

「操作マスター」とは、Active Directoryフォレストまたはドメイン内で特定の役割をするドメインコントローラーです。操作マスターには、フォレスト全体で1台だけ存在するフォレスト単位の操作マスターと、各ドメインに1台だけ存在するドメイン単位の操作マスターがあります。

## フォレスト単位の操作マスター

フォレスト単位の操作マスターには、「スキーマ操作マスターの役割（スキーママスター）」と「ドメイン名前付け操作マスターの役割（ドメイン名前付けマスター）」の2つがあります。

### スキーママスター

スキーママスターは、フォレスト内のすべてのドメインコントローラーに複製するスキーマを格納しているドメインコントローラーです。ここでは、まず「スキーマ」という用語から説明します。

スキーマとは、Active Directoryフォレスト全体で使うオブジェクトの属性を定義しているひな形（テンプレート）です。たとえば、ユーザーオブジェクトには、すべてのユーザーに共通の姓、名、フリガナ、ログオン名、パスワードなどの属性があります。これらの属性は、「オブジェクトクラス」と呼ばれる属性のグループにまとめられ、オブジェクトに関連付けられています。

オブジェクトクラスは、オブジェクトで必要な属性がどれかを定義しています。たとえば、グループオブジェクトとユーザーオブジェクトは、どちらもセキュリティ設定が必要なオブジェクトなので、これらのオブジェクトクラスには、objectSid属性があります。objectSid属性は、オブジェクトのセキュリティIDのことです。このように、1つの属性は、複数のオブジェクトクラスで使うことができます。

### オブジェクトクラスと属性の概要

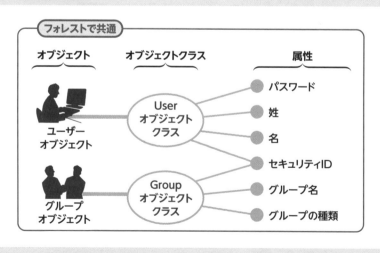

オブジェクトで使うオブジェクトクラスと属性は、スキーマで管理されています。オブジェクト情報は、ドメインのディレクトリデータベースに格納されます。しかし、グローバルカタログサーバーには、複数のドメインのオブジェクト情報が格納されます。そのため、オブジェクトごとのオブジェクト情報は、フォレスト単位で共通している必要があります。

スキーママスターは、フォレストで使うスキーマのマスターコピーを持っているドメインコントローラーです。スキーママスターで変更されたスキーマは、フォレスト内のすべてのドメインコントローラーに複製されます。複数のドメインコントローラーでスキーマを変更できる場合、スキーマの矛盾が発生します。そのため、スキーママスターは、フォレストに1台だけ配置できます。

### ドメイン名前付けマスター

ドメイン名前付けマスターは、フォレストでドメインの名前を整理するためのドメインコントローラーです。AD DSでは、ドメイン名前付けマスターだけがフォレストに新しいドメインを追加または既存のドメインを削除できます。たとえば、子ドメインを追加する場合、ドメイン名前付けマスターに新しいドメインの作成要求を送信して、ドメインを追加します。

フォレストにドメイン名前付けマスターが複数台あると、同時に作成した新しいドメインの名前が競合する可能性があります。そのため、ドメイン名前付けマスターは、フォレストに1台だけ配置できます。

## ドメイン単位の操作マスター

ドメイン単位の操作マスターには、「PDCエミュレーター操作マスターの役割（PDCエミュレーター）」、「RID操作マスターの役割（RIDマスター）」、「インフラストラクチャ操作マスターの役割（インフラストラクチャマスター）」の3つがあります。

### PDCエミュレーター

PDCエミュレーターは、Windows NTドメインのPDCと同じ役割をするコンピューターです。Windows NTドメイン環境では、PDC（プライマリドメインコントローラー）と呼ばれる1台のドメインコントローラーがディレクトリデータベースのマスターコピーを持っており、BDC（バックアップドメインコントローラー）がディレクトリデータベースの読み取り専用コピーを持っていました。これは、Windows NTドメイン環境では、PDCだけが書き込み可能なディレクトリデータベースを持っていたことを意味します。

また、Windows 95、Windows 98、Windows NTなど古いバージョンのクライアントコンピューターは、PDCに対してユーザーのパスワード変更を要求します。そのため、PDCがネットワーク上に存在しないと、ユーザーがパスワードを変更できません。

上記のように、Windows NTドメイン環境では、BDCやWindows NTまたはWindows 9xクライアントから見て、PDCの役割をするコンピューターが1台だけ必要になります。AD DSドメインでは、この環境を引き継いでPDCエミュレーターという役割を1台のドメインコントローラーに割り当て、擬似的なWindows NTドメイン環境を作成しています。そのため、クライアントコンピューターは、PDCエミュレーターにパスワードの変更を要求します。PDCエミュレーターは、ドメインに1台だけ配置できます。

## RID マスター

　RIDマスターとは、ドメイン内でオブジェクトのセキュリティID（SID）が重複しないように、各ドメインコントローラーで生成する相対ID（RID）の範囲を割り当てるドメインコントローラーです。

　人間は名前で人を識別しますが、コンピューターは番号でユーザーやコンピューターなどのオブジェクトを識別しています。この番号は、会計ソフトやタイムレコーダーが社員を識別するために使う、社員番号のようなものです。AD DSドメインでは、SIDという番号でオブジェクトを識別しています。オブジェクトのSIDは、フォレストでドメインを識別するためのドメインSIDと、ドメイン内でオブジェクトを識別するRIDで構成されています。

　AD DSドメインでは、複数のドメインコントローラーでオブジェクトを作成できます。そのため、各ドメインコントローラーが作成するオブジェクトのRIDを制御する方法が必要になります。この問題を解決するために、RIDマスターという1台のドメインコントローラーが、各ドメインコントローラーが生成するRIDの範囲を割り当てて、ドメイン内のオブジェクトのRIDが重複しないようにしています。これにより、フォレスト内のすべてのオブジェクトに一意な番号が割り当てられるようになります。RIDマスターは、ドメインに1台だけ配置できます。

## RID マスター

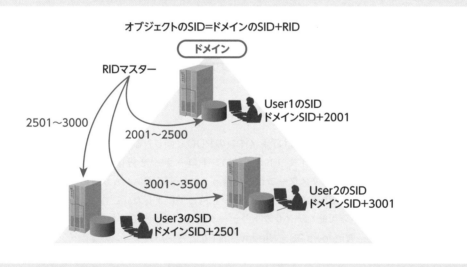

### インフラストラクチャマスター

　インフラストラクチャマスターは、AD DSドメインにあるオブジェクトの関係を管理するドメインコントローラーです。たとえば、ドメインAのローカルグループに、ドメインBのユーザーが追加されている場合、ドメインAのインフラストラクチャマスターは、ローカルグループのメンバーシップを定期的に確認します。ドメインBのユーザーアカウントが削除されたときは、ドメインAのインフラストラクチャマスターがこの変更を更新し、ドメイン内のすべてのドメインコントローラーに複製してローカルグループのメンバーシップを更新します。

　複数のドメインがあるフォレストでは、インフラストラクチャマスターとグローバルカタログサーバーは、別のドメインコントローラーに分ける必要があります。インフラストラクチャマスターは、自分の持っているオブジェクト情報が最新かどうかをグローバルカタログサーバーと比較して確認します。同じドメインコントローラー上にインフラストラクチャマスターとグローバルカタログサーバーがある場合、インフラストラクチャマスターは、オブジェクト情報が古いかどうかを比較できなくなるため、ドメイン内の別のドメインコントローラーに変更を複製しなくなります。ただし、シングルドメインの場合には、インフラストラクチャマスターとグローバルカタログサーバーを共存できます。これは、すべてのドメインコントローラーで同じ情報を持ち、インフラストラクチャマスターを機能させる必要がないためです。

　このように、インフラストラクチャマスターは、オブジェクトの移動や削除など、オブジェクトに対する変更を管理するドメインコントローラーです。インフラストラクチャマスターは、ドメインに1台だけ配置できます。

## 操作マスターの転送と強制

　操作マスターは、フォレストで1台またはドメインで1台しか存在しないドメインコントローラーですが、大幅なネットワークインフラストラクチャの変更を除き、操作マスターの役割を他のドメインコントローラーに割り当てる（転送）必要はありません。ただし、操作マスターの役割を実行しているドメインコントローラーを、メンテナンスのため長期間オフラインにしたり、メンバサーバーに降格する場合には、Active Directory ドメインサービス（AD DS）が正常に機能するように操作マスターの役割を別のドメインコントローラーに転送します。

　また、ハードウェア障害などで操作マスターが存在しなくなったときには、任意のドメインコントローラーに操作マスターの役割を割り当てることができます。このことを「操作マスターの役割の強制」と呼びます。ただし、操作マスターの役割を強制した場合には、障害から復旧したオリジナルの操作マスターをそのままオンラインに戻さないでください。復旧したオリジナル操作マスターを再度ドメインコントローラーとして使うには、いったんメンバーサーバーに降格してから、再度ドメインコントローラーに昇格させる必要があります。

# 6 ドメイン単位の操作マスターの役割を確認および転送するには

RIDマスター、PDCエミュレーター、インフラストラクチャマスターの操作マスターの役割は、ドメイン内の別のドメインコントローラーに転送できます。

## ドメイン単位の操作マスターの役割を確認および転送する

**❶** サーバーマネージャーで、[ツール] をクリックする。

**❷** [Active Directoryユーザーとコンピューター] をクリックする。

　▶[Active Directoryユーザーとコンピューター] が表示される。

**❸** ドメイン名を右クリックし、[ドメインコントローラーの変更] をクリックする。

　▶[ディレクトリサーバーの変更] ダイアログが表示される。

**❹** 操作マスターの役割を転送したいドメインコントローラーを選択する。

**❺** [OK] をクリックする。

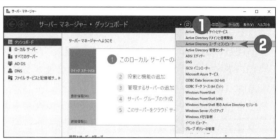

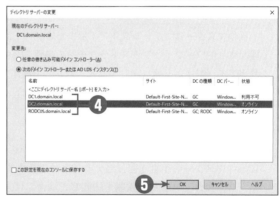

---

**ヒント**

### サーバーマネージャーが表示されない場合には

サーバーマネージャーは、[管理] → [サーバーマネージャーのプロパティ] で [ログオン時にサーバーマネージャーを自動的に起動しない] チェックボックスをオンにすると、次回ログオン時から自動的に表示されなくなります。サーバーマネージャーを表示するには、スタートボタンをクリックし、[サーバーマネージャー] タイルをクリックします。

**⑥**
ドメイン名を右クリックし、[操作マスター] をクリックする。

▶ [操作マスター] ダイアログが表示される。

**⑦**
役割を転送したい操作マスターのタブをクリックする。

▶ [操作マスター] ボックスに現在の操作マスターが表示され、[変更] ボタンの下のボックスに転送先のドメインコントローラーが表示される。

**⑧**
[変更] をクリックする。

**⑨**
操作マスターの役割の転送を確認する [Active Directory ドメインサービス] ダイアログで、[はい] をクリックする。

**⑩**
操作マスターの役割が転送されたことを示す [Active Directory ドメインサービス] ダイアログで、[OK] をクリックする。

**⑪**
[操作マスター] ダイアログで、[閉じる] をクリックする。

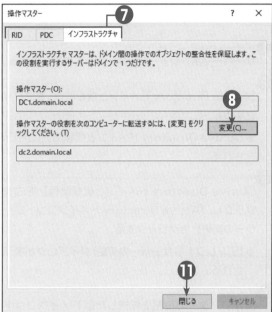

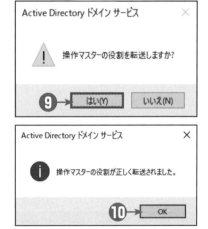

---

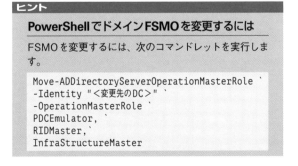

**ヒント**

**PowerShellでドメインFSMOを確認するには**

FSMO を確認するには、次のコマンドレットを実行します。

```
Get-ADDomain | Select-Object `
InfraStructureMaster, `
RIDMaster, `
PDCEmulator
```

**ヒント**

**PowerShellでドメインFSMOを変更するには**

FSMO を変更するには、次のコマンドレットを実行します。

```
Move-ADDirectoryServerOperationMasterRole `
-Identity "<変更先のDC>" `
-OperationMasterRole `
PDCEmulator, `
RIDMaster,`
InfraStructureMaster
```

# 7 ドメイン名前付けマスターの役割を確認および転送するには

ドメイン名前付けマスターの役割は、フォレスト内の別のドメインコントローラーに転送することができます。

## ドメイン名前付けマスターの役割を確認および転送する

❶ サーバーマネージャーで、[ツール] をクリックする。

❷ [Active Directory ドメインと信頼関係] をクリックする。

  ▶ [Active Directory ドメインと信頼関係] が表示される。

❸ [Active Directory ドメインと信頼関係] を右クリックし、[Active Directory ドメインコントローラーの変更] をクリックする。

  ▶ [ディレクトリサーバーの変更] ダイアログが表示される。

❹ 操作マスターの役割を転送したいドメインコントローラーを選択する。

❺ [OK] をクリックする。

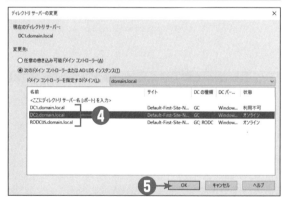

### ヒント
**サーバーマネージャーが表示されない場合には**

サーバーマネージャーは、[管理] → [サーバーマネージャーのプロパティ] で [ログオン時にサーバーマネージャーを自動的に起動しない] チェックボックスをオンにすると、次回ログオン時から自動的に表示されなくなります。サーバーマネージャーを表示するには、スタートボタンをクリックし、[サーバーマネージャー] タイルをクリックします。

**6**

[Active Directoryドメインと信頼関係] を右クリックし、[操作マスター] をクリックする。

➡[操作マスター] ダイアログの [ドメイン名前付け操作マスター] ボックスに現在のドメイン名前付けマスターが表示され、[変更] ボタンの下のボックスに転送先のドメインコントローラーが表示される。

**7**

[変更] をクリックする。

**8**

操作マスターの役割の転送を確認する [Active Directoryドメインと信頼関係] ダイアログで、[はい] をクリックする。

**9**

操作マスターの役割が転送されたことを示す [Active Directoryドメインと信頼関係] ダイアログで、[OK] をクリックする。

**10**

[操作マスター] ダイアログで、[閉じる] をクリックする。

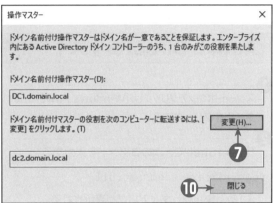

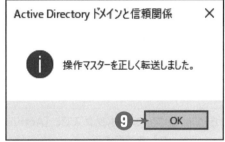

---

**ヒント**

**PowerShellでドメイン名前付けマスターを確認するには**

ドメイン名前付けマスターを確認するには、次のコマンドレットを実行します。

```
Get-ADForest | Select-Object `
DomainNamingMaster
```

---

**ヒント**

**PowerShellでドメイン名前付けマスターを変更するには**

ドメイン名前付けマスターを変更するには、次のコマンドレットを実行します。

```
Move-ADDirectoryServerOperationMasterRole `
-Identity "<変更先のDC>" `
-OperationMasterRole `
DomainNamingMaster
```

# 8 スキーママスターの役割を確認および転送するには

スキーママスターの役割は、フォレスト内の別のドメインコントローラーに転送することができます。スキーマは、管理者が日常の管理作業で変更することはあまりないため、既定ではスキーマを管理するための［Active Directory スキーマ］スナップインは表示されません。ここでは、［Active Directory スキーマ］スナップインを使えるようにする方法と、スキーママスターを確認および転送する手順を紹介します。

## Active Directory スキーマを表示する

**1**
スタートボタンをクリックし、[Windows PowerShell] タイルをクリックする。

**2**
PowerShellで、次のコマンドを入力する。

`regsvr32.exe schmmgmt.dll`

▶[RegSvr32] ダイアログが表示される。

**3**
[OK] をクリックする。

**4**
PowerShellで、次のコマンドを入力する。

`mmc`

▶Microsoft管理コンソールが表示される。

**5**
［ファイル］メニューの［スナップインの追加と削除］をクリックする。

▶［スナップインの追加と削除］ダイアログが表示される。

**6**
［利用できるスナップイン］ボックスで、［Active Directoryスキーマ］を選択する。

**7**
［追加］をクリックする。

**8**
[OK] をクリックする。

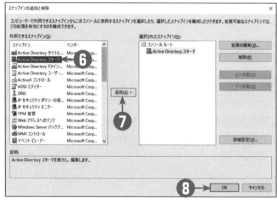

## スキーママスターの役割を確認および転送する

**❶**

[Active Directoryスキーマ] スナップインを表示
する。

**❷**

[Active Directoryスキーマ] を右クリックし、
[Active Directoryドメインコントローラーの変
更] をクリックする。

➡[ディレクトリサーバーの変更]ダイアログが表示
される。

**❸**

操作マスターの役割を転送したいドメインコント
ローラーを選択する。

**❹**

[OK] をクリックする。

➡接続先のドメインコントローラーがスキーママス
ターではないことを示す [Active Directoryス
キーマ] ダイアログが表示される。

**❺**

[OK] をクリックする。

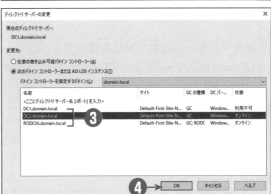

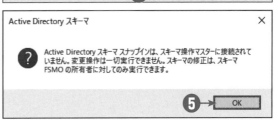

**❻**

[Active Directoryスキーマ] を右クリックし、[操作マスター] をクリックする。

➡ [スキーママスターの変更] ダイアログの [現在のスキーママスター (オンライン)] ボックスに現在のスキーママスターが表示され、[変更] ボタンの下のボックスに転送先のドメインコントローラーが表示される。

**❼**

[変更] をクリックする。

**❽**

操作マスターの役割の転送を確認する [Active Directoryスキーマ] ダイアログで、[はい] をクリックする。

**❾**

操作マスターの役割が転送されたことを示す [Active Directoryスキーマ]ダイアログで、[OK] をクリックする。

**❿**

[スキーママスターの変更] ダイアログで、[閉じる] をクリックする。

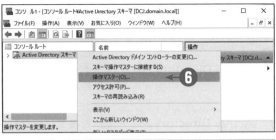

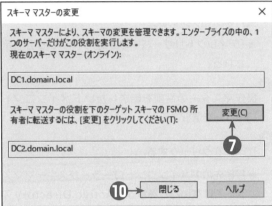

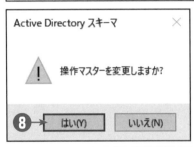

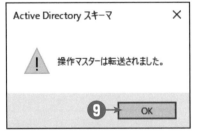

---

**ヒント**

**PowerShellでスキーママスターを確認するには**

スキーママスターを確認するには、次のコマンドレットを実行します。

```
Get-ADForest | Select-Object `
SchemaMaster
```

**ヒント**

**PowerShellでスキーママスターを変更するには**

スキーママスターを変更するには、次のコマンドレットを実行します。

```
Move-ADDirectoryServerOperationMasterRole `
-Identity "<変更先のDC>" `
-OperationMasterRole `
SchemaMaster
```

# 9 操作マスターの役割を強制するには

フォレスト単位およびドメイン単位の各操作マスターの役割は、PowerShellを使用して強制できます。ここでは、インフラストラクチャマスターを例に、操作マスターの役割を強制する手順を紹介します。

## 操作マスターの役割を強制する

❶ スタートボタンをクリックし、[Windows PowerShell]タイルをクリックする。

❷ PowerShellで、次のコマンドレットを入力する。

```
Move-ADDirectoryServerOperationMasterRole `
-Identity "DC2" `
-OperationMasterRole InfraStructureMaster `
-Force
```

❸ 操作マスターの役割の強制を確認するプロンプトで[Y]キーを押す。

❹ [Enter]キーを押す。

---

**ヒント**

**-OperationMasterRoleパラメーターの値**

各操作マスターの役割に対応する-OperationMasterRoleパラメーターの値は、次のとおりです。なお、複数の操作マスターを指定する場合は、コンマ(,)で区切って指定します(例:RIDMaster,PDCEmulator)。
・スキーママスター:SchemaMaster
・ドメイン名前付けマスター:DomainNamingMaster
・PDCエミュレーター:PDCEmulator
・RIDマスター:RIDMaster
・インフラストラクチャマスター:InfraStructureMaster

**ヒント**

**-Forceパラメーター**

-Forceパラメーターを指定しない場合、操作マスターの役割を転送するコマンドレットになります。

**ヒント**

**行継続文字**

各行の後にある「`」は、行の継続を示しています。「`」を省略して1行で書くことも可能です。

**ヒント**

**操作マスターの役割の転送**

操作マスターの役割の強制を実行する前に、操作マスターの役割の転送が試みられます。

# コラム **信頼関係とは**

## 信頼関係の基礎

　信頼関係とは、別ドメインのリソースを使えるように認証するための機能です。ここでは、AD DSドメインを家にたとえて説明します。Aさんの家のテレビをBさんが見たいとします。この場合、AさんはBさんを「信頼」して、家の鍵を渡します。Bさんはこの鍵を使ってAさんの家に入り、テレビを見ることができます。

### 信頼関係の基礎

AさんがBさんを「信頼」して鍵を渡す

AさんＢさん

　AD DSドメインでも同じように、ドメインAのリソースをドメインBのユーザーが使いたいとします。この場合は、ドメインAがドメインBを信頼するように「信頼関係」を作成する必要があります。この信頼関係により、ドメインBのユーザーが、ドメインAで認証されるようになり、利用する権限のある共有フォルダーやプリンターなどのネットワークリソースを使えるようになります。

## 推移する信頼関係

　「推移する信頼関係」とは、間接的に信頼されているドメインのリソースを使えるようにするための信頼関係です。たとえば、ドメインAがドメインBを信頼し、ドメインBがドメインCを信頼している場合、ドメインCのユーザーは直接信頼されているドメインBのリソースと、間接的に信頼されているドメインAのリソースを使えます。推移しない信頼関係の場合、ドメインCのユーザーがドメインAのリソースを使うには、ドメインAがドメインCを信頼するように信頼関係を作成する必要があります。

### 推移する信頼関係

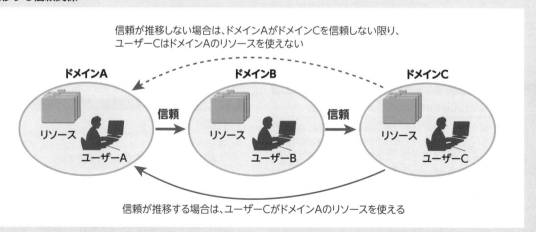

信頼が推移しない場合は、ドメインAがドメインCを信頼しない限り、
ユーザーCはドメインAのリソースを使えない

ドメインA　　　　　ドメインB　　　　　ドメインC

リソース　　信頼　　リソース　　信頼　　リソース

ユーザーA　　　　　ユーザーB　　　　　ユーザーC

信頼が推移する場合は、ユーザーCがドメインAのリソースを使える

## フォレスト内の信頼関係

　Active Directory ドメインサービス（AD DS）フォレスト内では、ドメイン間の信頼関係が自動的に作成されます。また、この信頼関係は推移する信頼関係なので、フォレスト内のユーザーは、リソースに対するアクセス許可を持っていれば、すべてのドメインのリソースを使うことができます。この自動的に作成される信頼関係により、同じフォレストの場合には手作業でドメイン間に信頼関係を作成する必要はありません。

　フォレスト内では基本的に信頼関係を作成する必要はありませんが、ドメインの階層が複雑な場合、フォレスト内でショートカットの信頼を作成すると、パフォーマンスが向上します。フォレスト内の推移する信頼関係では、階層をたどって目的のドメインにアクセスするため、目的のドメインの途中にある各ドメインで認証されることになります。ショートカットの信頼を作成すると、階層をたどった認証ではなく、目的のドメインだけで認証されるようになります。

### フォレスト内の信頼とショートカットの信頼

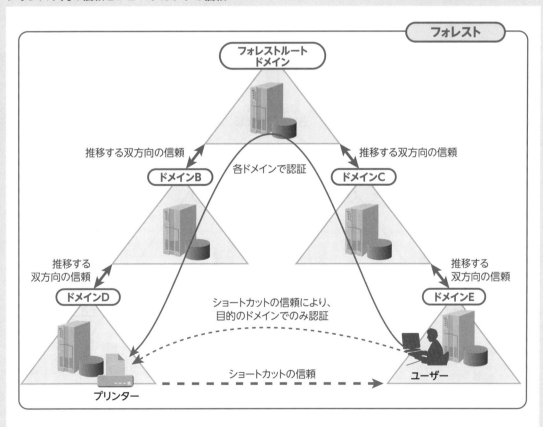

## フォレスト間の信頼関係

Windows Server 2003以降のAD DSでは、フォレスト間でも信頼関係を作成できます。フォレスト間で作成する信頼関係は、「フォレストの信頼」と呼びます。フォレストの信頼により、フォレスト間でユーザーを認証できるようになるため、ネットワークリソースの共有が可能になります。フォレスト間の信頼は、推移する信頼関係として作成できますが、フォレスト内の信頼関係のように自動的には作成されません。

別フォレストのリソースを使うときは、推移する信頼の階層をたどって、各ドメインでユーザーを認証します。そのため、多くの認証が発生します。各フォレストで階層が複雑な場合、ユーザーが属しているドメインとリソースのあるドメインで「外部の信頼」を作成すると、パフォーマンスを向上できます。外部の信頼では、目的のドメインだけで認証されるようになります。外部の信頼は、異なるフォレストのドメイン間で作成する信頼関係です。また、外部の信頼では、フォレストの信頼をサポートしないWindows 2000のActive DirectoryドメインやWindows NTドメインとも信頼関係を作成できます。

### フォレストの信頼と外部の信頼

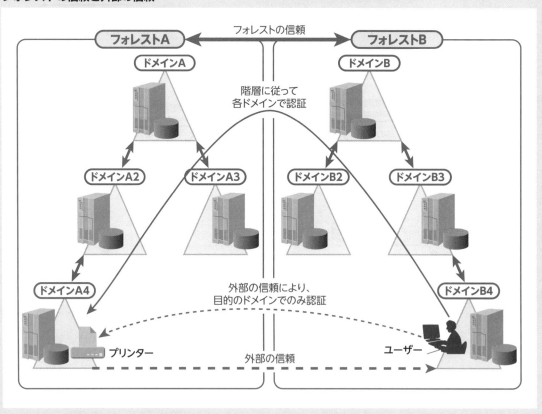

# 10 ショートカットの信頼を作成するには

　ショートカットの信頼を作成すると、フォレスト内での認証のパフォーマンスを向上させることができます。ここでは、ショートカットの信頼の例として、子ドメイン（child.domain.local）から別の子ドメイン（codomo.domain.local）へのショートカットの信頼を作成します。

## ショートカットの信頼を作成する

**❶** サーバーマネージャーで、［ツール］をクリックする。

**❷** ［Active Directoryドメインと信頼関係］をクリックする。

　▶［Active Directoryドメインと信頼関係］が表示される。

**❸** ショートカットの信頼を作成するドメイン名を右クリックし、［プロパティ］をクリックする。

　※本書では、次の値を使用する。

　● ドメイン名：child.domain.local

　▶［＜ドメイン名＞のプロパティ］ダイアログが表示される。

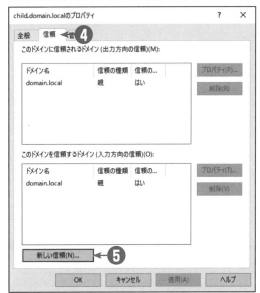

**❹** ［信頼］タブをクリックする。

**❺** ［新しい信頼］をクリックする。

　▶新しい信頼ウィザードが表示される。

**⑥**
［新しい信頼ウィザードの開始］ページで、［次へ］をクリックする。

**⑦**
［信頼の名前］ページで、［名前］ボックスにもう一方のドメイン名を入力する。
※本書では、次の値を使用する。
●ドメイン名：codomo.domain.local

**⑧**
［次へ］をクリックする。

**⑨**
［信頼の方向］ページで、信頼の方向を選択する。
※本書では、次の値を使用する。
●双方向

**⑩**
［次へ］をクリックする。

**⑪**
［信頼の方向］ページで、信頼を作成するドメインを選択する。
※本書では、次の値を使用する。
●このドメインと指定されたドメインの両方

**⑫**
［次へ］をクリックする。

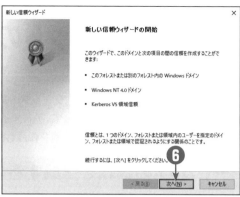

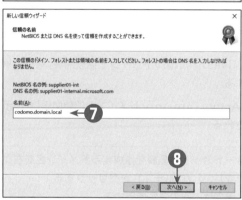

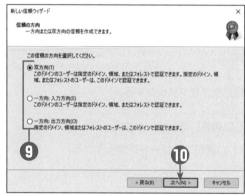

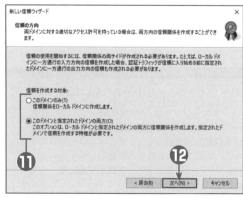

---

**ヒント**

**一方向の信頼を作成するには**

一方向の信頼を作成する場合は、設定しているドメインが信頼される側になる［一方向：入力方向］、または設定しているドメインが信頼する側になる［一方向：出力方向］を選択します。

⑬ [ユーザー名とパスワード] ページで、[ユーザー名] および [パスワード] ボックスに、指定されたドメインで管理者権限のあるユーザーアカウントのユーザー名とパスワードを入力する。
※本書では、次の値を使用する。
● ユーザー名：Administrator
● パスワード：P@ssw0rd

⑭ [次へ] をクリックする。

⑮ [信頼の選択の完了] ページで、[次へ] をクリックする。

⑯ [信頼の作成完了] ページで、[次へ] をクリックする。

⑰ [出力方向の信頼の確認] ページで、[確認する] を選択する。

⑱ [次へ] をクリックする。

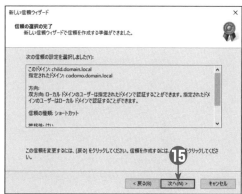

**ヒント**

**信頼の作成対象について**

[このドメインのみ] を選択すると、設定しているドメインだけで信頼が設定されます。この場合、もう一方のドメインでも信頼を設定する必要があります。また、[このドメインと指定されたドメインの両方] を選択して両方のドメインに信頼関係を作成するには、もう一方のドメインで信頼関係を作成できる権限のあるユーザーアカウント情報が必要になります。

⑲ ［入力方向の信頼の確認］ページで、［確認する］を選択する。

⑳ ［次へ］をクリックする。

㉑ ［新しい信頼ウィザードの完了］ページで、［完了］をクリックする。

　▶［＜ドメイン名＞のプロパティ］ダイアログに、作成したショートカットの信頼が表示される。

㉒ ［OK］をクリックする。

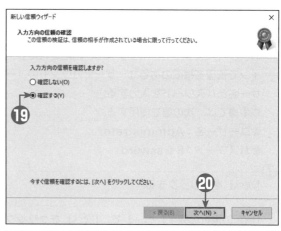

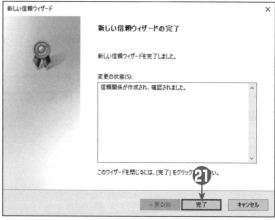

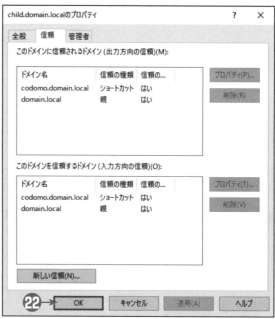

**コマンドで設定する**

ショートカットの信頼を設定するには、次のコマンドを実行します（コマンドは1行で入力します）。

```
netdom trust child.domain.local
 /uo:child¥administrator
 /po:P@ssw0rd
 /d:codomo.domain.local
 /ud:codomo¥administrator
 /pd:P@ssw0rd
 /add
 /twoway
```

# 11 フォレストの信頼を作成するには

　フォレストの信頼を作成すると、各フォレストのユーザーが別のフォレストのリソースを使えるようになります。ここでは、domain.localフォレストとbetsudomain.localフォレストで、双方向のフォレストの信頼を作成します。

## フォレストの信頼を作成する

**❶** サーバーマネージャーで、[ツール] をクリックする。

**❷** [Active Directory ドメインと信頼関係] をクリックする。

　▶[Active Directory ドメインと信頼関係] が表示される。

**❸** フォレストルートドメインのドメイン名を右クリックし、[プロパティ] をクリックする。
※本書では、次の値を使用する。
●ドメイン名：domain.local

　▶[＜ドメイン名＞のプロパティ] ダイアログが表示される。

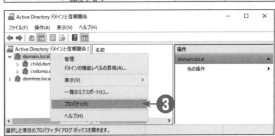

**❹** [信頼] タブをクリックする。

**❺** [新しい信頼] をクリックする。

　▶新しい信頼ウィザードが表示される。

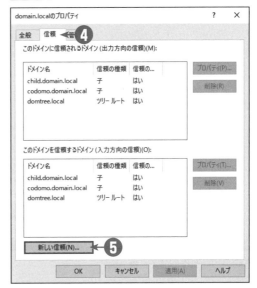

---

**ヒント**

### サーバーマネージャーが表示されない場合には

サーバーマネージャーは、[管理] → [サーバーマネージャーのプロパティ] で [ログオン時にサーバーマネージャーを自動的に起動しない] チェックボックスをオンにすると、次回ログオン時から自動的に表示されなくなります。サーバーマネージャーを表示するには、スタートボタンをクリックし、[サーバーマネージャー] タイルをクリックします。

**⑥**
［新しい信頼ウィザードの開始］ページで、［次へ］をクリックする。

**⑦**
［信頼の名前］ページで、［名前］ボックスにもう一方のフォレストルートドメインのドメイン名を入力する。
※本書では、次の値を使用する。
●ドメイン名：betsudomain.local

**⑧**
［次へ］をクリックする。

**⑨**
［信頼の種類］ページで、［フォレストの信頼］を選択する。

**⑩**
［次へ］をクリックする。

**⑪**
［信頼の方向］ページで、信頼の方向を選択する。
※本書では、次の値を使用する。
●双方向

**⑫**
［次へ］をクリックする。

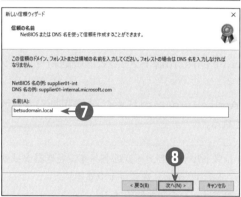
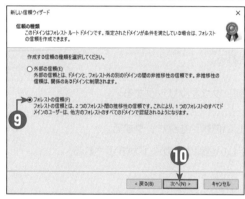
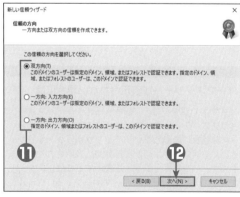

**ヒント**

**一方向の信頼を作成するには**

一方向の信頼を作成する場合は、設定しているフォレストが信頼される側になる［一方向：入力方向］、または設定しているフォレストが信頼する側になる［一方向：出力方向］を選択します。

⑬
[信頼の方向] ページで、信頼を作成するフォレスト
を選択する。
※本書では、次の値を使用する。
●このドメインと指定されたドメインの両方

⑭
[次へ] をクリックする。

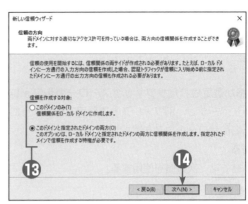

⑮
[ユーザー名とパスワード] ページで、[ユーザー名]
および [パスワード] ボックスに、指定されたフォ
レストで管理者権限のあるユーザーアカウントの
ユーザー名とパスワードを入力する。
※本書では、次の値を使用する。
●ユーザー名：Administrator
●パスワード：P@ssw0rd

⑯
[次へ] をクリックする。

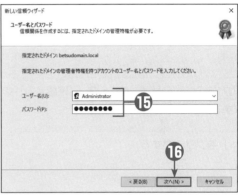

⑰
[出力方向の信頼認証レベル-ローカルフォレスト]
ページで、出力方向の信頼認証レベルを選択する。
※本書では、次の値を使用する。
●フォレスト全体の認証

⑱
[次へ] をクリックする。

⑲
[出力方向の信頼認証レベル-指定されたフォレス
ト] ページで、指定されたフォレストでの出力方向
の信頼認証レベルを選択する。
※本書では、次の値を使用する。
●フォレスト全体の認証

⑳
[次へ] をクリックする。

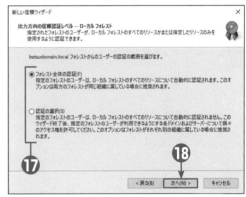

**ヒント**

**信頼の作成対象について**

[このドメインのみ] を選択すると、設定しているフォレ
ストだけで信頼が設定されます。この場合、もう一方の
フォレストでも信頼を設定する必要があります。また、
[このドメインと指定されたドメインの両方] を選択して
両方のフォレストに信頼関係を作成するには、もう一方
のフォレストで信頼関係を作成できる権限のあるユー
ザーアカウント情報が必要になります。

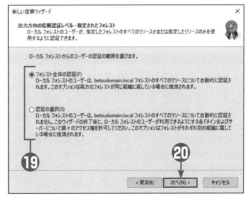

㉑
［信頼の選択の完了］ページで、［次へ］をクリックする。

㉒
［経路が選定されたサフィックス－ローカルフォレスト］ページで、別フォレストで利用できるようにする名前サフィックスを選択して［次へ］をクリックする。
※本書では、次の値を使用する。
● *.domain.local
● *.domtree.local

㉓
［信頼の作成完了］ページで、［次へ］をクリックする。

㉔
［出力方向の信頼の確認］ページで、［確認する］を選択する。

㉕
［次へ］をクリックする。

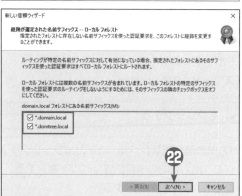

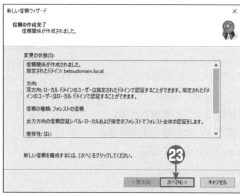

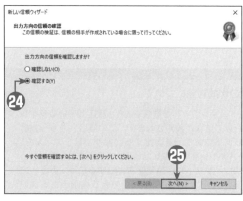

**ヒント**

**リソースへのアクセス許可について**

［フォレスト全体の認証］を選択した場合でも、外部フォレストのユーザーがローカルフォレスト、またはローカルフォレストのユーザーが外部フォレストのリソースにアクセスするには、フォレスト内の各リソースに対する適切なアクセス許可を持っている必要があります。
［認証の選択］を選択した場合は、ユーザーがアクセスするリソースサーバーで認証できるように構成する必要があります。

㉕ [入力方向の信頼の確認] ページで、[確認する] を
選択する。

㉖ [次へ] をクリックする。

㉗ [新しい信頼ウィザードの完了] ページで、[完了]
をクリックする。

　▶[<ドメイン名>のプロパティ] ダイアログに、作
　　成したフォレストの信頼が表示される。

㉘ [OK] をクリックする。

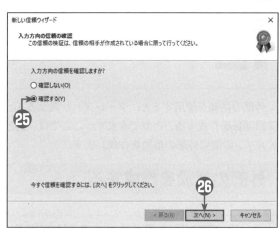

---

### ヒント

#### PowerShell で設定する

フォレスト信頼を設定するには、次のようにSystem.
DirectoryServices.ActiveDirectory 名前空間のForest
クラスを使用します。

```
$Forest = [System.DirectoryServices.
 ActiveDirectory.Forest]:: `
GetCurrentForest()
$Forest.CreateLocalSideOfTrustRelationship( `
"<ターゲットフォレスト名>", `
"<信頼の方向>", `
"<信頼のパスワード>")
```

---

### 注意

#### netdom コマンド

netdom trust では、ショートカットの信頼や外部の信頼
は作成できますが、フォレストの信頼は作成できません。

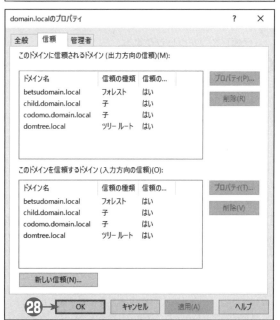

# 12 外部の信頼を作成するには

外部の信頼を使用すると、フォレストが異なるActive Directoryドメインサービス（AD DS）ドメイン間で信頼関係を作成することができます。ここでは、外部の信頼の例として、domain.localとbetsudomain.localドメインの間に外部の信頼を作成します。

## 外部の信頼を作成する

1. サーバーマネージャーで、[ツール] をクリックする。

2. [Active Directoryドメインと信頼関係] をクリックする。

   ➧[Active Directoryドメインと信頼関係] が表示される。

3. 外部の信頼を作成するドメインのドメイン名を右クリックし、[プロパティ] をクリックする。
   ※本書では、次の値を使用する。
   - ドメイン名：domain.local

   ➧[<ドメイン名>のプロパティ] ダイアログが表示される。

4. [信頼] タブをクリックする。

5. [新しい信頼] をクリックする。

   ➧新しい信頼ウィザードが表示される。

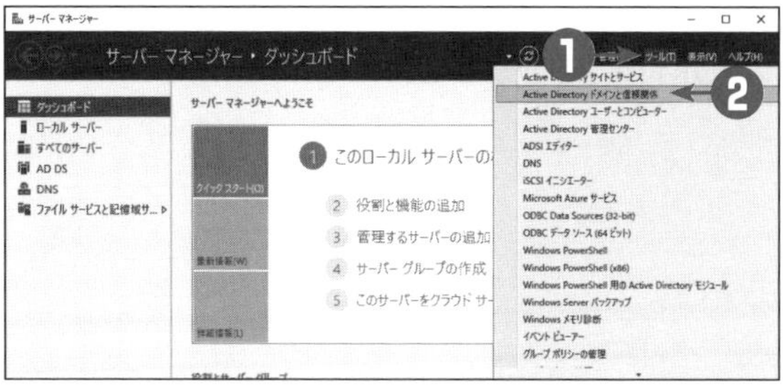


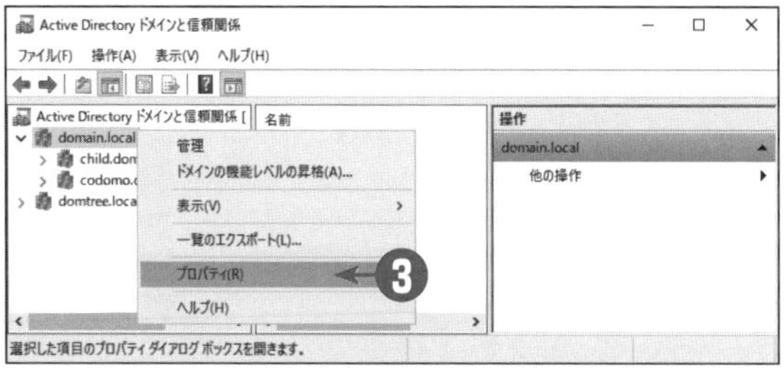


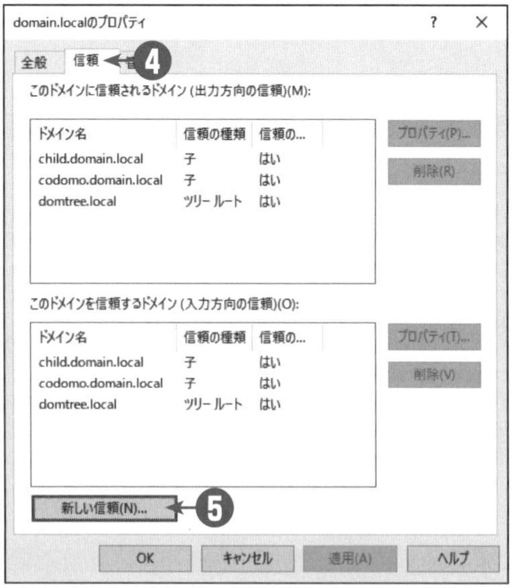


### ヒント

#### サーバーマネージャーが表示されない場合には

サーバーマネージャーは、[管理] → [サーバーマネージャーのプロパティ] で [ログオン時にサーバーマネージャーを自動的に起動しない] チェックボックスをオンにすると、次回ログオン時から自動的に表示されなくなります。サーバーマネージャーを表示するには、スタートボタンをクリックし、[サーバーマネージャー] タイルをクリックします。

**⑥**
［新しい信頼ウィザードの開始］ページで、［次へ］をクリックする。

**⑦**
［信頼の名前］ページで、［名前］ボックスにもう一方のドメインのドメイン名を入力する。
※本書では、次の値を使用する。
● ドメイン名：betsudomain.local

**⑧**
［次へ］をクリックする。

**⑨**
［信頼の種類］ページで、［外部の信頼］を選択する。

**⑩**
［次へ］をクリックする。

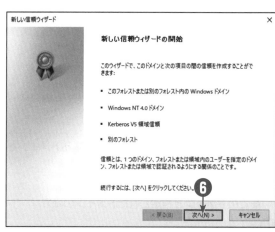

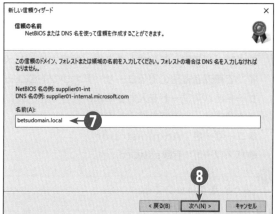

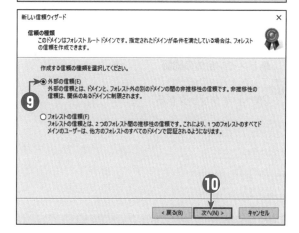

**ヒント**

### 一方向の信頼を作成するには

一方向の信頼を作成する場合は、設定しているドメインが信頼される側になる［一方向：入力方向］、または設定しているドメインが信頼する側になる［一方向：出力方向］を選択します。

⑪
[信頼の方向] ページで、信頼の方向を選択する。
※本書では、次の値を使用する。
● 双方向

⑫
[次へ] をクリックする。

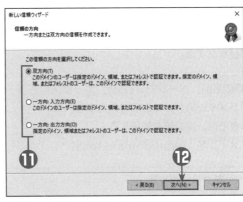

⑬
[信頼の方向] ページで、信頼を作成するドメインを
選択する。
※本書では、次の値を使用する。
● このドメインと指定されたドメインの両方

⑭
[次へ] をクリックする。

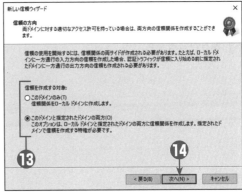

⑮
[ユーザー名とパスワード] ページで、[ユーザー名]
および [パスワード] ボックスに、指定されたドメ
インで管理者権限のあるユーザーアカウントのユー
ザー名とパスワードを入力する。
※本書では、次の値を使用する。
● ユーザー名：Administrator
● パスワード：P@ssw0rd

⑯
[次へ] をクリックする。

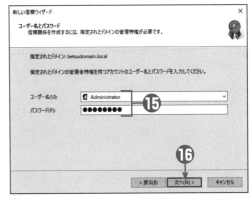

⑰
[出力方向の信頼認証レベル－ローカルドメイン]
ページで、出力方向の信頼認証レベルを選択する。
※本書では、次の値を使用する。
● ドメイン全体の認証

⑱
[次へ] をクリックする。

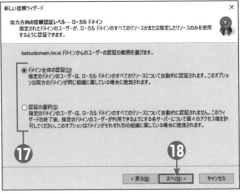

**ヒント**

**信頼の作成対象について**

[このドメインのみ] を選択すると、設定しているドメイ
ンだけで信頼が設定される。この場合、もう一方のド
メインでも信頼を設定する必要がある。また、[この
ドメインと指定されたドメインの両方] を選択して両方
のドメインに信頼関係を作成するには、もう一方のドメ
インで信頼関係を作成できる権限のあるユーザーアカ
ウント情報が必要になります。

⑲ ［出力方向の信頼認証レベル－指定されたドメイン］ページで、指定されたドメインでの出力方向の信頼認証レベルを選択する。
※本書では、次の値を使用する。
●ドメイン全体の認証

⑳ ［次へ］をクリックする。

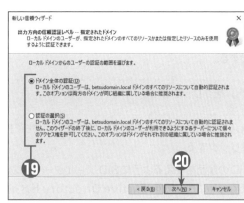

㉑ ［信頼の選択の完了］ページで、［次へ］をクリックする。

㉒ ［信頼の作成完了］ページで、［次へ］をクリックする。

㉓ ［出力方向の信頼の確認］ページで、［確認する］を選択する。

㉔ ［次へ］をクリックする。

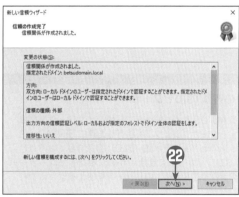

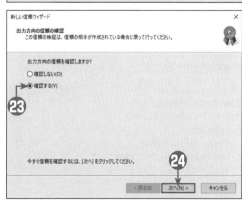

**ヒント**

## リソースへのアクセス許可について

［ドメイン全体の認証］を選択しても、外部ドメインのユーザーがローカルドメイン、またはローカルドメインのユーザーが外部ドメインのリソースにアクセスするには、フォレスト内の各リソースに対する適切なアクセス許可を持っている必要があります。
［認証の選択］を選択した場合は、ユーザーがアクセスするリソースサーバーで認証できるように構成する必要があります。

㉕
[入力方向の信頼の確認] ページで、[確認する] を選択する。

㉖
[次へ] をクリックする。

㉗
[新しい信頼ウィザードの完了] ページで、[完了] をクリックする。

▶SIDの履歴を使えるようにSIDフィルターを無効にできることを示す [Active Directory ドメインサービス] ダイアログが表示される。

㉘
[OK] をクリックする。

▶[<ドメイン名>のプロパティ] に、作成した外部の信頼が表示される。

㉙
[OK] をクリックする。

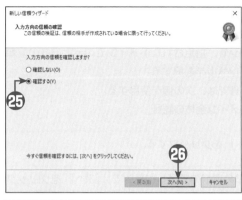

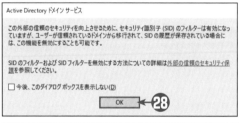

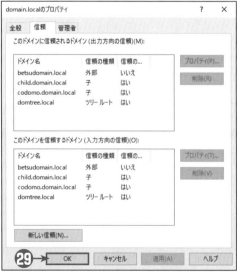

---

**注意**

**SIDの履歴 (SIDヒストリー)**

異なる AD DS ドメインからユーザーオブジェクトやコンピューターオブジェクトを移行した際に、元のAD DSドメインのセキュリティ ID (SID) を保持しておくことです。SIDフィルターを無効にすると、移行したユーザーが元の AD DS ドメインのリソースを使えるようになります。

**ヒント**

**コマンドで設定する**

外部の信頼を設定するには、次のコマンドを実行します (コマンドは1行で入力します)。

```
netdom trust domain.local
 /uo:domain¥administrator
 /po:P@ssw0rd
 /d:betsudomain.local
 /ud:betsudomain¥administrator
 /pd:P@ssw0rd
 /add
 /twoway
```

# 13 UPNサフィックスを追加するには

　UPN（ユーザープリンシパル名）とは、Active Directoryドメインサービス（AD DS）ドメインにログオンするときに使用できるログオン名です。ユーザープリンシパル名は「user@domain.local」のように、@記号でユーザー名とUPNサフィックスに区切られています。
UPNサフィックスとは、UPNの@以降の部分です。UPNサフィックスを使用すると、ユーザーがドメイン名以外の名前を使ってログオンできるようになります。たとえば、dom.localというUPNサフィックスを作成すると、ユーザーはuser@dom.localというUPNでログオンできます。UPNはフォレスト全体で利用できるため、UPNサフィックスを設定すると、ユーザーがどのドメインにユーザーアカウントがあるのかを気にすることなく、AD DSドメインにログオンできるようになります。

## UPNサフィックスを追加する

❶
サーバーマネージャーで、[ツール] をクリックする。

❷
[Active Directoryドメインと信頼関係] をクリックする。

▶ [Active Directoryドメインと信頼関係] が表示される。

❸
[Active Directoryドメインと信頼関係] を右クリックし、[プロパティ] をクリックする。

▶ [Active Directoryドメインと信頼関係のプロパティ] ダイアログが表示される。

---

**ヒント**

**UPNサフィックスを削除するには**

[Active Directoryドメインと信頼関係のプロパティ]ダイアログで、削除するUPNサフィックスを選択し、[削除] をクリックします。

**④**

[代わりのUPNサフィックス] ボックスにUPNサフィックスを入力する。

※本書では、次の値を使用する。

●UPNサフィックス：dom.local

**⑤**

[追加] をクリックする。

**⑥**

[OK] をクリックする。

**UPNサフィックスを使用する場合の注意**

UPNは、フォレスト単位の設定なので、フォレスト内で一意なUPNを設定する必要があります。そのため、フォレスト内の複数のドメインに同じ名前のユーザーアカウントがある場合は、同じUPNサフィックスは使えません。ドメインが複数ある場合でも、ユーザーアカウント名が一意な場合は、フォレスト内のすべてのユーザーで同じUPNサフィックスを使うことができます。

**ヒント**

**PowerShellで設定する**

UPNを追加するには、次のコマンドレットを実行します。

```
Set-ADForest `
-Identity domain.local `
-UPNSuffixes @{add="dom.local"}
```

# 14 ユーザーアカウントの UPNサフィックスを設定するには

ユーザーアカウントには、既定でドメイン名がUPNサフィックスとして設定されています。既定のUPNサフィックス以外を使ってログオンできるように設定することができます。

## ユーザーアカウントのUPNサフィックスを設定する

❶ サーバーマネージャーで、[ツール] をクリックする。

❷ [Active Directory管理センター]をクリックする。
　▶[Active Directory管理センター]が表示される。

❸ UPNサフィックスを変更したいユーザーアカウントを選択する。

❹ タスクウィンドウで、[プロパティ] をクリックする。
　▶ユーザーアカウントのプロパティダイアログが表示される。

❺ [ユーザー UPNログオン] ボックスの右側にあるボックスから、UPNサフィックスを選択する。

❻ [OK] をクリックする。
　▶ユーザーが新しいUPNサフィックスのUPNでログオンできるようになる。

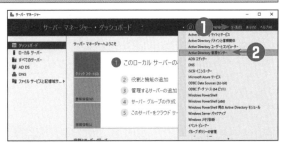

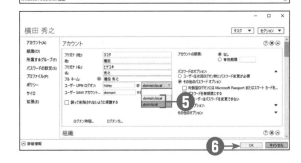

---

**ヒント**

### PowerShellで設定する

ユーザーアカウントのUPNサフィックスを設定するには、下記のコマンドレットを使用します。

```
Set-ADUser `
-Identity:"CN=User1,CN=Users,DC=domain,DC=local" `
-Server:"DC1.domain.local" `
-UserPrincipalName:"user1@dom.local"
```

**ヒント**

### サーバーマネージャーが表示されない場合には

サーバーマネージャーは、[管理] → [サーバーマネージャーのプロパティ] で [ログオン時にサーバーマネージャーを自動的に起動しない] チェックボックスをオンにすると、次回ログオン時から自動的に表示されなくなります。サーバーマネージャーを表示するには、スタートボタンをクリックし、[サーバーマネージャー] タイルをクリックします。

# オブジェクトの管理 第 **4** 章

この章では、ユーザー、グループ、コンピューターの各アカウントの構成方法、プリンター、共有フォルダーなどのオブジェクトの構成方法、ユーザープロファイル、フォルダーリダイレクト、オフラインファイル、Active Directoryドメインサービス（AD DS）の管理用コマンドラインユーティリティについて解説します。

# 1 組織単位を作成するには

組織単位（OU）を使用すると、部署やグループ、場所ごとにオブジェクトをまとめることができます。

## 組織単位を作成する

**①** サーバーマネージャーで、[ツール] をクリックする。

**②** [Active Directory管理センター]をクリックする。
　▶ [Active Directory管理センター] が表示される。

**③** ドメイン名をクリックする。

**④** タスクウィンドウの [<ドメイン名>（ローカル）] セクションで、[新規]をクリックし、[組織単位] を選択する。
　▶ OUを作成するためのウィンドウが表示される。

**⑤** [名前] ボックスに、作成したいOUの名前を入力する。

**⑥** [OK] をクリックする。

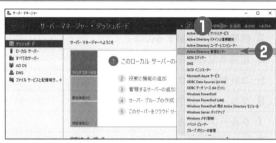
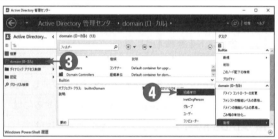

**参照**

組織単位にオブジェクトを移動する方法については
　　　　　　　　　　　　　　この章の **10**

**ヒント**

**組織単位の中に組織単位を作成するには**

組織単位を作成したい組織単位を選択し、[新規]、[組織単位] の順に選択します。

**組織単位の保護**

Windows Server 2008以降のAD DSでは、操作ミスなどでオブジェクトが削除されるのを防ぐために、[誤って削除されないように保護する] チェックボックスがオンになっています。

**ヒント**

**PowerShellで設定する**

組織単位を作成するには、下記のコマンドレットを使用します。

```
New-ADOrganizationalUnit `
-Name:"<OU名>" `
-Path:"<パスの識別名>" `
-ProtectedFromAccidentalDeletion:$true
```

# 2 組織単位を削除するには

不要になった組織単位（OU）は削除することができます。

## 組織単位を削除する

**❶** サーバーマネージャーで、［ツール］をクリックする。

**❷** ［Active Directory管理センター］をクリックする。

▶［Active Directory管理センター］が表示される。

**❸** 削除したいOUを選択する。

**❹** タスクウィンドウの［＜OU名＞］セクションで、［プロパティ］をクリックする。

▶OUのプロパティウィンドウが表示される。

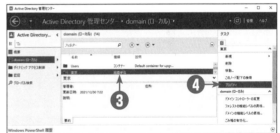

---

**ヒント**

### PowerShellで設定する

組織単位の保護を解除するには、下記のコマンドレットを使用します。

```
Set-ADObject `
-Identity:"<OUの識別名>" `
-ProtectedFromAccidentalDeletion:$false
```

**ヒント**

### PowerShellで設定する

組織単位を削除するには、下記のコマンドレットを使用します。

```
Remove-ADObject `
-Confirm:$false `
-Identity:" <OUの識別名>"
```

**ヒント**

### サーバーマネージャーが表示されない場合には

サーバーマネージャーは、［管理］→［サーバーマネージャーのプロパティ］で［ログオン時にサーバーマネージャーを自動的に起動しない］チェックボックスをオンにすると、次回ログオン時から自動的に表示されなくなります。サーバーマネージャーを表示するには、スタートボタンをクリックし、［サーバーマネージャー］タイルをクリックします。

**⑤**
[誤って削除されないように保護する]チェックボックスをオフにする。

**⑥**
[OK]をクリックする。

**⑦**
削除したいOUを選択する。

**⑧**
タスクウィンドウの[<OU名>]セクションで、[削除]をクリックする。

➡ [削除の確認]ダイアログが表示される。

**⑨**
[はい]をクリックする。

➡ OU内にユーザーや他のOUなどが含まれている場合は、それらのオブジェクトを削除してよいかどうかを確認する[サブツリーの削除の確認]ダイアログが表示される。

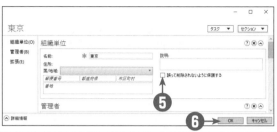

---

**ヒント**

### オブジェクトの保護

[誤って削除されないように保護する]チェックボックスがオンの場合、削除を試みても、オブジェクトを削除できません。

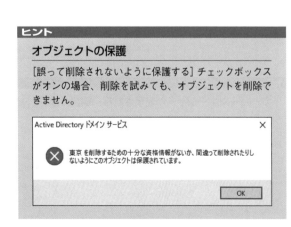

---

**ヒント**

### 保護されたオブジェクトを含むOUの削除

誤って削除されないように保護されているオブジェクトがOUに含まれている場合、[サブツリーの削除の確認]ダイアログで[はい]をクリックしてもOUは削除されません。OU内の保護されたオブジェクトも含めてOUを削除するには、[[サブツリーの削除]サーバーコントロールを使用する]チェックボックスをオンにします。

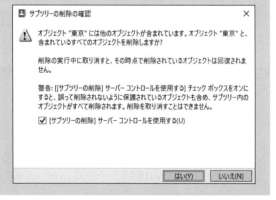

# 3 組織単位を移動するには

通常、組織単位（OU）は、移動することはありません。しかし、部署の統廃合などによりOUを移動しなければならない場合もあります。ここでは組織単位を移動する手順を説明します。

## 組織単位を移動する

**1**
サーバーマネージャーで、［ツール］をクリックする。

**2**
［Active Directory管理センター］をクリックする。

▶［Active Directory管理センター］が表示される。

**3**
移動したいOUを選択する。

**4**
タスクウィンドウの［＜OU名＞］セクションで、［プロパティ］をクリックする。

▶OUのプロパティウィンドウが表示される。

**⑤**
[誤って削除されないように保護する] チェックボックスをオフにする。

**⑥**
[OK] をクリックする。

**⑦**
移動したいOUを選択する。

**⑧**
タスクウィンドウの [＜OU名＞] セクションで、[移動] をクリックする。

➡ [移動] ダイアログが表示される。

**⑨**
OUの移動先のオブジェクトを選択する。

**⑩**
[OK] をクリックする。

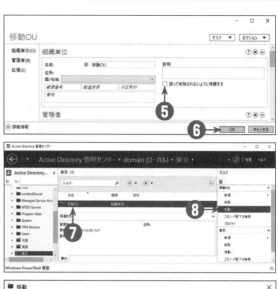

---

**ヒント**

### オブジェクトの保護

[誤って削除されないように保護する] チェックボックスがオンの場合、移動を試みても、オブジェクトを移動できません。

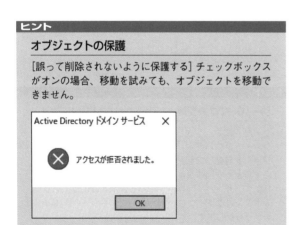

---

**ヒント**

### PowerShellで設定する

組織単位の保護を解除するには、下記のコマンドレットを使用します。

```
Set-ADObject `
-Identity:"＜OUの識別名＞" `
-ProtectedFromAccidentalDeletion:$false
```

**ヒント**

### PowerShellで設定する

組織単位を移動するには、下記のコマンドレットを使用します。

```
Move-ADObject `
-Identity:"＜OUの識別名＞ "
-TargetPath:"＜移動先の識別名＞"
```

# 4 組織単位の制御を委任するには

　組織単位（OU）は、特定のユーザーやグループに管理権限を委任できます。また、特定の管理権限だけを委任することもできます。ここでは、東京と大阪にオフィスがあり、ユーザーアカウントの管理権限を大阪の管理者に委任する状況を例にして説明します。

## 組織単位の制御を委任する

**❶** サーバーマネージャーで、[ツール] をクリックする。

**❷** [Active Directoryユーザーとコンピューター] をクリックする。

　▶ [Active Directoryユーザーとコンピューター] が表示される。

**❸** 制御を委任したいOUを右クリックし、[制御の委任] をクリックする。

　▶ オブジェクト制御の委任ウィザードが表示される。

**❹** [オブジェクト制御の委任ウィザードの開始] ページで、[次へ] をクリックする。

**❺** [ユーザーまたはグループ] ページで、[追加] をクリックする。

　▶ [ユーザー、コンピューターまたはグループの選択] ダイアログが表示される。

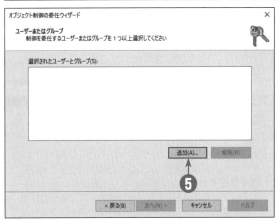

### ヒント

#### サーバーマネージャーが表示されない場合には

サーバーマネージャーは、[管理] → [サーバーマネージャーのプロパティ] で [ログオン時にサーバーマネージャーを自動的に起動しない] チェックボックスをオンにすると、次回ログオン時から自動的に表示されなくなります。サーバーマネージャーを表示するには、スタートボタンをクリックし、[サーバーマネージャー] タイルをクリックします。

**6**
［選択するオブジェクト名を入力してください］ボックスに、制御を委任するユーザー名またはグループ名を入力する。

**7**
［OK］をクリックする。

**8**
［ユーザーまたはグループ］ページで、［次へ］をクリックする。

**9**
［委任するタスク］ページで、［次の共通タスクの制御を委任する］を選択する。

**10**
ユーザーまたはグループに委任したい管理タスクのチェックボックスをオンにする。
※本書では、次の値を使用する。
●ユーザーアカウントの作成、削除、および管理

**11**
［次へ］をクリックする。

**12**
［オブジェクト制御の委任ウィザードの完了］ページで、［完了］をクリックする。

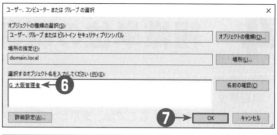

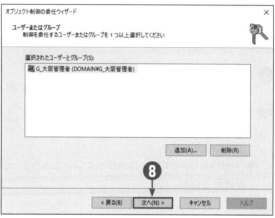

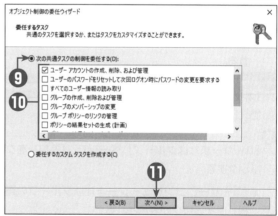

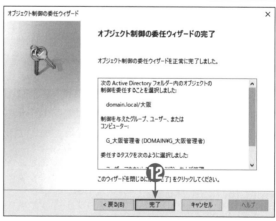

---

**ヒント**

**ユーザーやグループの選択**

ユーザー名またはグループ名を入力した後、［名前の確認］をクリックすると、適切なオブジェクトがある場合にはオブジェクトに下線が付きます。また、［詳細設定］をクリックし、［検索］をクリックしても、ユーザーまたはグループアカウントを選択できます。

---

**ヒント**

**委任するタスクをカスタマイズするには**

OUでの一般的な管理タスクは、ユーザーアカウント、グループアカウント、およびグループポリシーの管理です。そのため、共通タスクには、これらのオブジェクトの管理を委任するチェックボックスしかありません。コンピューターオブジェクトなどの他のオブジェクトの管理作業を委任したい場合には、［委任するカスタムタスクを作成する］を選択して［次へ］をクリックし、カスタムタスクを作成します。

# アカウントについて

「アカウント」という用語は、もともと英語で「銀行口座」という意味です。そのため、アカウントには銀行口座と同じように、ユーザー名やコンピューター名（口座開設者の名前）、パスワード（暗証番号）、およびアカウントを管理するためのセキュリティID(口座番号)があります。Active Directoryオブジェクトには、コードを実行したり、セキュリティを設定したりできるオブジェクトとしてアカウントがあります。Active Directoryドメインサービス（AD DS）で作成できる主なアカウントは、ユーザーアカウント、グループアカウント、およびコンピューターアカウントの3つです。

## ユーザーアカウント

ユーザーアカウントは、リソースを使うユーザーを識別するためのユーザーIDです。ユーザーアカウントは、ローカルユーザーアカウントとドメインユーザーアカウントの2つに大別できます。ローカルユーザーアカウントは、ローカルコンピューターのSAM（セキュリティアカウントマネージャー）データベースに作成するユーザーアカウントで、ローカルコンピューターにログオンしたり、ワークグループ環境でネットワークリソースにアクセスしたりするために使います。

ドメインユーザーアカウントは、Active Directoryデータベースに作成するユーザーアカウントです。ドメインユーザーアカウントはAD DSドメインで一元管理されているため、ユーザーがドメインにログオンするとドメインでアクセスが許可されているリソースを使えます。

また、ビルトインユーザーアカウントは、ローカルユーザーアカウントやドメインユーザーアカウントの管理を簡単にするために、もともと作成されているアカウントです。

AD DSドメインのビルトインユーザーアカウントには、代表的なものにAdministratorアカウントがあります。Administratorアカウントは、最初に作成されるドメイン全体の管理権限のあるアカウントです。フォレストルートドメインのAdministratorアカウントには、フォレスト全体の管理権限もあります。ただし、Administratorという名前は、Windowsネットワークの管理者アカウントとして一般的に知られているため、名前を変更することをお勧めします。

## コンピューターアカウント

AD DSドメインでは、ユーザーアカウントと同じように、コンピューターも認証や監査の対象になります。そのため、ドメインに参加するコンピューターには、コンピューターアカウントが必要になります。また、AD DSドメインでコンピューターを識別するため、各コンピューターに同じ名前を付けることはできません。

AD DSドメインにコンピューターアカウントを作成するには、管理者権限が必要になります。ただし、AD DSドメインでは、Authenticated Usersグループに、ドメインにコンピューターアカウントを10個まで作成する権限が与えられているため、正しく認証されたユーザーであればコンピューターアカウントを作成できます。また、コンピューターオブジェクト作成のアクセス許可を持っているユーザーは、任意の数だけコンピューターアカウントを作成できます。

AD DSドメインのコンピューターアカウントは、一度作成されると正しく認証できるようになります。しかし、クライアントコンピューターを古いバックアックから復元したときには、クライアントコンピューターを正しく認証できないという問題が発生します。このような場合には、コンピューターアカウントをリセットする必要があります。

## グループアカウント

　グループアカウントとは、簡単にアクセス許可を設定できるように、ユーザーアカウントをまとめるためのアカウントです。グループアカウントで複数のユーザーをまとめると、アクセス許可管理が簡単になります。たとえば、10人のユーザーに共有フォルダーへのアクセス許可を設定するときに、グループアカウントを使用しない場合、共有フォルダーに各ユーザーアカウントを追加してアクセス許可を設定する必要があります。グループアカウントを使用した場合、グループのメンバーになっているユーザーアカウントにグループアカウントのアクセス許可が適用されます。そのため、グループアカウントに一度アクセス許可を割り当てるだけで済みます。

### グループの種類とスコープ

　グループを作成するときには、「グループの種類」と「グループのスコープ」を設定する必要があります。グループの種類とはグループの使用目的のことで、グループのスコープとはグループの適用範囲のことです。

#### ● グループの種類

　グループの種類には、「配布グループ」と「セキュリティグループ」の2つがあります。配布グループは、セキュリティを設定できないグループで、電子メールの配信先をまとめるために使います。これは、電子メールのメーリングリスト機能に似ています。ただし、配布グループは、電子メールサーバーと連携する必要があります。また、サードパーティの電子メールサーバーには、独自のメーリングリストの機能があるため、AD DSドメインで配布グループが使われることはあまりありません。

　セキュリティグループは、グループ内のメンバーにアクセス許可を設定するために使うグループです。また、セキュリティグループは、別のセキュリティグループをメンバーにすることもできます。これをグループの「入れ子」または「ネスト」と呼びます。グループを入れ子にすると、アクセス許可の管理が簡単になります。たとえば、グループAにプリンターから印刷するためのアクセス許可が設定されており、グループBにプリンターを使う複数のユーザーがまとめられている場合は、グループBをグループAのメンバーにするだけでユーザーにアクセス許可を与えることができます。ただし、どのグループをメンバーにできるかは、グループのスコープによって決まります。

#### ● グループのスコープ

　グループのスコープには、「ドメインローカルグループ」、「グローバルグループ」、「ユニバーサルグループ」の3つがあります。どのグループでもユーザーアカウントをまとめたり、アクセス許可を設定したりできますが、これらのグループはAD DSドメインでの利用目的によって分けられています。

　ドメインローカルグループは、主にプリンターなどのリソースにアクセス許可を与えるために使用します。また、グローバルグループは、主にユーザーをまとめるために使用します。ユニバーサルグループは、主にフォレストに複数のドメインがある環境で、別のドメインのグローバルグループをまとめるために使用します。

　たとえば、プリンターから印刷するためのアクセス許可（A）をユーザーに割り当てる場合には、まず、ID（I）をグローバルグループ（G）に追加します。次に、グローバルグループ（G）をドメインローカルグループ（DL）に追加します。最後に、ドメインローカルグループ（DL）にプリンターから印刷するためのアクセス許可を与えます。この方法は、それぞれの頭文字をとって「IGDLA」と呼ばれています。以前のグループ戦略では「AGDLP」と呼ばれていました。IGDLAにより、さまざまな部署のユーザーがプリンターから印刷するような場合でも、ユーザーごとまたは部署ごとにアクセス許可を設定する必要がなくなります。この場合、部署ごとにまとめられたグローバルグループをドメインローカルグループに追加するだけで、適切なアクセス許可を与えることができます。

**グループとアクセス許可（IGDLA）**

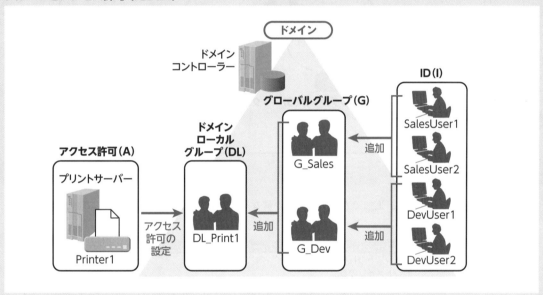

　複数のドメインがある環境では、ユニバーサルグループを使うと効率的に管理が行えます。グローバルグループでは、同じドメインのグローバルグループを入れ子にすることはできますが、別のドメインのグローバルグループを入れ子にすることはできません。また、ドメインローカルグループには、別ドメインのグローバルグループを追加できるため、フォレスト内ではユニバーサルグループを必ず使う必要はありません。ただし、一般的には、管理負荷を分散するためにドメインを分けているため、あるドメインの管理者が別のドメインのグローバルグループやドメインローカルグループを管理するということは通常考えられません。この場合、ユニバーサルグループ（U）を使うと、各ドメインのグローバルグループをまとめることができます。この方法は、「IGUDLA」と呼ばれています。以前のグループ戦略では「AGUDLP」と呼ばれていました。

### グループとアクセス許可（IGUDLA）

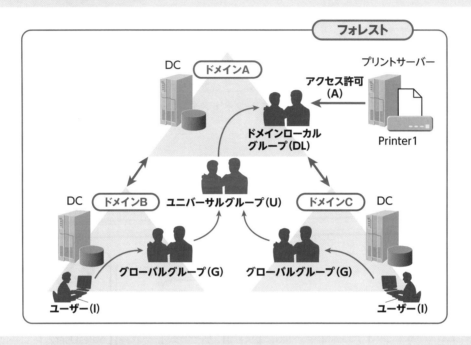

　各グループのスコープでは、追加できるメンバーが異なります。各グループのスコープに追加できるメンバーは、次のとおりです。

| グループのスコープ | 追加できるメンバー | どこでグループを使えるか（利用対象） |
|---|---|---|
| ドメインローカルグループ | フォレストのI+G+U<br>同じドメインのDL | ドメイン内 |
| グローバルグループ | 同じドメインのI+G | フォレスト全体 |
| ユニバーサルグループ | フォレストのI+G+U | フォレスト全体 |

- ・DL： ドメインローカルグループ
- ・G： グローバルグループ
- ・U： ユニバーサルグループ
- ・I： ID（ユーザーアカウントと<br>　コンピューターアカウント）

## グループ管理サービスアカウント

　Windows Server 2012以降のActive Directoryドメインサービス（AD DS）では、サービスを実行するためのサービスアカウントに対して「グループ管理サービスアカウント（gMSA）」という新機能が追加されました。

### Windows Server 2008 以前のサービスアカウント

　Windows Server 2008以前のサービスアカウントでは、既定で作成されているサービスアカウント（LocalSystemなど）を使用するか、通常のアカウントをサービスアカウントとして使用していました。通常のアカウントをサービスアカウントとして使用する場合、パスワードを変更するとシステムを壊しかねないため、パスワードを変更できないようにする必要がありました。

## Windows Server 2008 R2 の管理サービスアカウント（MSA）

　Windows Server 2008 R2 から、管理サービスアカウント（MSA）が導入されました。MSA は、コンピューターアカウントやLocalSystemアカウントのように定期的にパスワードを自動的に変更します。また、サービスプリンシパル名（SPN）も自動的に更新します。そのため、セキュリティの観点からは、攻撃者がMSAのパスワードを入手した場合でも、そのパスワードを不正利用できるのは特定の期間に制限されます。また、MSAに最小の権限だけを与えておけば、攻撃者がサービスの脆弱性を利用する可能性を減らせます。管理の観点からは、各サービスに対して、パスワードを自動的に変更できるサービスアカウントを作成できます。

　しかし、MSA は、個々のサーバーでしか利用できませんでした。そのため、複数のサーバーで構成するサービス（フェイルオーバークラスター構成のDBやネットワーク負荷分散構成のIISなど）では、MSA を利用できませんでした。

## Windows Server 2012 からのグループ管理サービスアカウント（gMSA）

　Windows Server 2012以降では、「グループ管理サービスアカウント（gMSA）」が導入されました。複数のサーバーで構成するサービスに接続する場合、相互認証をサポートする認証プロトコルではサービスのすべてのインスタンスで同じサービスアカウントを使用する必要があります。gMSA をサービスアカウントとして使用すると、Windows Serverがサービスアカウントのパスワードを管理するため、管理者がアカウントのパスワードを管理する必要がありません。gMSA を利用する利点は、次のとおりです。

・gMSA は、複数のサーバーで構成するサービスに単一のIDソリューションを提供する。
・gMSA を使用すると、サービスでgMSAオブジェクトを構成できる。
・gMSAのパスワード管理はWindowsが処理する。

### ● gMSA の要件
gMSA を作成および使用するには、次の要件があります。

・少なくとも1台のWindows Server 2012以降のドメインコントローラー
・管理用のサーバーやワークステーションにActive Directory PowerShell
　Windows Server 2012以降の管理用メンバーサーバーの場合、Windows PowerShellにActive Directoryモジュールをインストールします。Windows 8以降のドメインに参加している管理用ワークステーションの場合、リモートサーバー管理ツール（RSAT）をインストールし、Windows PowerShellのActive Directoryモジュールをインストールします。
・Windows Server 2008 R2以上のドメインの機能レベル
　パスワードとSPNの自動管理を機能させるには、AD DSドメインの機能レベルをWindows Server 2008 R2以上にします。

# 5 ユーザーアカウントを作成するには

ドメインを利用するユーザーごとにユーザーアカウントを作成します。

## ユーザーアカウントを作成する

**❶** サーバーマネージャーで、[ツール] をクリックする。

**❷** [Active Directory管理センター]をクリックする。
- ➡ [Active Directory管理センター] が表示される。

**❸** ユーザーアカウントを作成したい組織単位 (OU) を選択する。

**❹** タスクウィンドウで、[新規]、[ユーザー] の順にクリックする。
- ➡ ユーザーを作成するためのウィンドウが表示される。

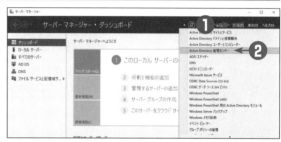

**ヒント**

### アカウントの削除

アカウントを削除するには、アカウントを選択し、タスクウィンドウで [削除] をクリックします。

**ヒント**

### サーバーマネージャーが表示されない場合には

サーバーマネージャーは、[管理] → [サーバーマネージャーのプロパティ] で [ログオン時にサーバーマネージャーを自動的に起動しない] チェックボックスをオンにすると、次回ログオン時から自動的に表示されなくなります。サーバーマネージャーを表示するには、スタートボタンをクリックし、[サーバーマネージャー] タイルをクリックします。

**ヒント**

### Windows PowerShell履歴

アカウントの作成後、PowerShell履歴ウィンドウを参照すると、アカウントを作成するためのPowerShellコマンドレットが表示されます。

**ヒント**

### ログオン名の入力

[ユーザー UPNログオン] ボックスにログオン名を入力すると、[ユーザー SAMアカウント名ログオン] ボックスにも自動的に同じログオン名が入力されます。

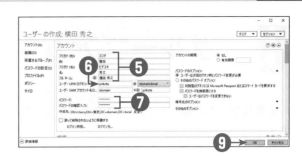

**⑤**
［姓］および［名］ボックスに、ユーザーの姓名を入力する。

**⑥**
［ユーザー UPNログオン］ボックスに、ユーザーログオン名を入力する。

**⑦**
［パスワード］および［パスワードの確認入力］ボックスに、ユーザーのパスワードを入力する。

**⑧**
必要に応じ、ユーザーアカウントのその他の情報を設定する。

**⑨**
［OK］をクリックする。

> **参照**
>
> 複数のアカウントを一度に作成するには
>
> この章のコラム「**AD DSの管理コマンド**」

# PowerShellでユーザーアカウントを作成する

**❶**
スタートボタンをクリックし、［Windows PowerShell］タイルをクリックする。

**❷**
PowerShellで、次のコマンドレットを入力する。

```
New-ADUser `
-Company:"<会社名> " `
-Department:"<部署名>" `
-DisplayName:"<表示名>" `
-GivenName:"<名>" `
-Name:"<名前> " `
-OfficePhone:"<電話番号>" `
-Path:"<アカウントを作成するOUの識別名> " `
-SamAccountName:"<ログオン名>" `
-Surname:"<姓>" `
-Title:"<役職> " `
-Type:"user" `
-UserPrincipalName:"<ユーザープリンシパル名>" `
-AccountPassword (ConvertTo-SecureString
     -AsPlainText"<パスワード>" -Force) `
-Enable:1
```

> **ヒント**
>
> **行継続文字**
>
> 各行の後にある「`」は、行の継続を示しています。「`」を省略して1行で書くことも可能です。

# 6 グループアカウントを作成するには

必要に応じて、他のアカウントをまとめたり、アクセス許可を設定したりするグループアカウントを作成します。

## グループアカウントを作成する

**❶**
サーバーマネージャーで、[ツール] をクリックする。

**❷**
[Active Directory管理センター]をクリックする。

▶ [Active Directory管理センター] が表示される。

**❸**
グループアカウントを作成したい組織単位 (OU) を選択する。

**❹**
タスクウィンドウで、[新規]、[グループ] の順にクリックする。

▶ グループを作成するためのウィンドウが表示される。

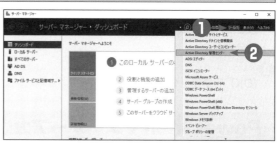

### ヒント

**サーバーマネージャーが表示されない場合には**

サーバーマネージャーは、[管理] → [サーバーマネージャーのプロパティ] で [ログオン時にサーバーマネージャーを自動的に起動しない] チェックボックスをオンにすると、次回ログオン時から自動的に表示されなくなります。サーバーマネージャーを表示するには、スタートボタンをクリックし、[サーバーマネージャー] タイルをクリックします。

### ヒント

**グループ名の入力**

[グループ名] ボックスにグループ名を入力すると、[グループ名（SAMアカウント名）] ボックスにもグループ名が自動的に入力されます。

### ヒント

**グループを管理しやすくするには**

グループにスコープがわかる名前を付けると、管理が簡単になります。たとえば、グループ名の最初にドメインローカルグループのときは「DL_」、グローバルグループのときは「G_」、ユニバーサルグループのときは「U_」などを付けます。

⑤
　[グループ名] ボックスに、グループ名を入力する。

⑥
　[グループの種類] で、グループの種類を選択する。

⑦
　[グループのスコープ] で、グループのスコープを選
　択する。

⑧
　[OK] をクリックする。

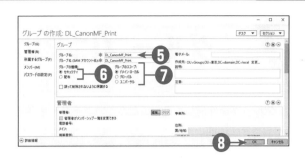

**参照**

グループのスコープと種類については
　　　　　この章のコラム「アカウントについて」

# PowerShellでグループアカウントを作成する

①
　スタートボタンをクリックし、[Windows PowerShell]
　タイルをクリックする。

②
　PowerShellで、次のコマンドレットを入力する。

```
New-ADGroup `
-GroupCategory:"<グループの種類>" `
-GroupScope:"<グループのスコープ>" `
-Name:"<グループ名>" `
-Path:"<グループを作成するOUの識別名>" `
-SamAccountName:"<グループのNetBIOS名>"
```

**ヒント**

**行継続文字**

各行の後にある「`」は、行の継続を示しています。「`」
を省略して1行で書くことも可能です。

**ヒント**

**グループの種類**

-GroupCategoryには、グループの種類に応じて次の値
を入力します。
・配布グループ：Distribution
・セキュリティグループ：Security

**ヒント**

**グループのスコープ**

-GroupScopeには、グループのスコープに応じて次の
値を入力します。
・ドメインローカル：DomainLocal
・グローバル：Global
・ユニバーサル：Universal

# 7 グループにアカウントを追加するには

グループを作成したら、まとめたいユーザーや他のグループを追加します。

## グループにアカウントを追加する

**1** サーバーマネージャーで、[ツール] をクリックする。

**2** [Active Directory管理センター]をクリックする。
➡ [Active Directory管理センター]が表示される。

**3** アカウントを追加したいグループを選択する。

**4** タスクウィンドウで、[プロパティ] をクリックする。
➡ グループのプロパティウィンドウが表示される。

**5** [メンバー] セクションで、[追加] をクリックする。
➡ [ユーザー、連絡先、コンピューター、サービスア
カウントまたはグループの選択] ダイアログが表
示される。

### ヒント

#### アカウントの選択方法

名前の一部を入力した場合、[名前の確認] をクリックす
ると正式なユーザー名が表示されます。入力した文字に
該当するユーザーが複数存在する場合には、[複数の名
前が見つかりました] ダイアログが表示されるので、目
的のユーザーを選択して [OK] をクリックします。複数
のユーザーを選択する場合は、Ctrl キーを押しながらユー
ザー名をクリックします。
また、複数のユーザーを追加する場合には、各ユーザー
をセミコロン（;）で区切ります。
さらに、[詳細設定] をクリックして [検索] をクリック
すると、アカウントの一覧から目的のアカウントを選択
することもできます。

**❻** [選択するオブジェクト名を入力してください] ボックスに追加したいアカウント名を入力する。

**❼** [名前の確認] をクリックする。

**❽** [OK] をクリックする。

**❾** グループのプロパティウィンドウで、[OK]をクリックする。

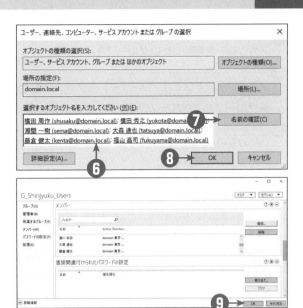

**ヒント**

**別の方法でグループにアカウントを追加するには**

ユーザー、グループ、またはコンピューターアカウントを選択し、タスクウィンドウで [グループに追加]（グループの場合は [別のグループに追加]）をクリックします。

# PowerShellでグループにアカウントを追加する

**❶** スタートボタンをクリックし、[Windows PowerShell] タイルをクリックする。

**❷** PowerShellで、次のコマンドレットを入力する。

```
Set-ADGroup `
-Add:@{'Member'="<追加するメンバーの識別名>", `
              "<追加するメンバーの識別名>"} `
-Identity:"<グループの識別名>"
```

**ヒント**

**行継続文字**

各行の後にある「`」は、行の継続を示しています。「`」を省略して1行で書くことも可能です。

# グループからアカウントを削除する

**❶** サーバーマネージャーで、[ツール] をクリックする。

**❷** [Active Directory管理センター]をクリックする。

▶ [Active Directory管理センター] が表示される。

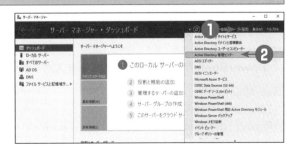

**③**
アカウントを削除したいグループを選択する。

**④**
タスクウィンドウで、[プロパティ] をクリックする。

➡ グループのプロパティウィンドウが表示される。

**⑤**
[メンバー] セクションで、グループから削除したい
アカウントを選択する。

**⑥**
[削除] をクリックする。

**⑦**
[OK] をクリックする。

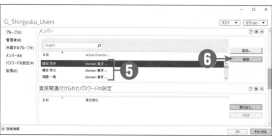

---

**ヒント**

### 別の方法でグループからアカウントを削除するには

ユーザー、グループ、またはコンピューターアカウント
を選択し、[プロパティ] をクリックします。[所属する
グループ] セクションで、アカウントを削除したいグルー
プを選択して、[削除] をクリックします。

---

**ヒント**

### サーバーマネージャーが表示されない場合には

サーバーマネージャーは、[管理] → [サーバーマネー
ジャーのプロパティ] で [ログオン時にサーバーマネー
ジャーを自動的に起動しない] チェックボックスをオン
にすると、次回ログオン時から自動的に表示されなくな
ります。サーバーマネージャーを表示するには、スター
トボタンをクリックし、[サーバーマネージャー] タイル
をクリックします。

---

# PowerShell でグループからアカウントを削除する

**①**
スタートボタンをクリックし、[Windows PowerShell]
タイルをクリックする。

**②**
PowerShellで、次のコマンドレットを入力する。

```
Set-ADGroup `
-Identity:"<グループの識別名> " `
-Remove:@{'Member'="<削除するメンバーの識別名>"}
```

---

**ヒント**

### 行継続文字

各行の後にある「`」は、行の継続を示しています。「`」
を省略して1行で書くことも可能です。

# 8 コンピューターアカウントを作成するには

　コンピューターアカウントは、管理者またはユーザーがコンピューターからAD DSドメインに参加すると自動的に作成されます。ただし、ユーザーはコンピューターアカウントを10個までしか作成できません。これは、Active Directoryドメインサービス（AD DS）の仕様です。また、ドメインに参加した直後からグループポリシーによるセキュリティ設定が適用されるように、管理者が事前にコンピューターアカウントを作成しておくこともできます。

## コンピューターアカウントを作成する

**❶** サーバーマネージャーで、[ツール]をクリックする。

**❷** [Active Directory管理センター]をクリックする。

　➡[Active Directory管理センター]が表示される。

**❸** アカウントを作成したい組織単位を選択する。

**❹** タスクウィンドウで、[新規]、[コンピューター]の順にクリックする。

　➡コンピューターアカウントを作成するウィンドウが表示される。

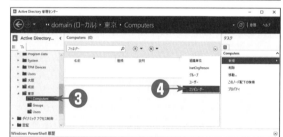

❺
[コンピューター名] ボックスに、コンピューター名を入力する。

❻
[OK] をクリックする。

**コンピューター名の入力**

[コンピューター名] ボックスにログオン名を入力すると、[コンピューター（NetBIOS）名] ボックスにも自動的に同じコンピューター名が入力されます。

**ドメインにコンピューターを参加させる権限**

[変更] をクリックすると、ドメインにコンピューターを参加させることのできるユーザーやグループを指定できます。ただし、管理者は既にこの権限を持っています。

# PowerShellでコンピューターアカウントを作成する

❶
スタートボタンをクリックし、[Windows PowerShell] タイルをクリックする。

❷
PowerShellで、次のコマンドレットを入力する。

```
New-ADComputer `
 -Enabled:$true `
 -Name:"<コンピューター名>" `
 -Path:"<コンピューターアカウントを作成するOUの識別名>" `
 -SamAccountName:"<コンピューター（NetBIOS）名>"
```

**行継続文字**

各行の後にある「`」は、行の継続を示しています。「`」を省略して1行で書くことも可能です。

# 9 グループ管理サービスアカウントを作成するには

グループ管理サービスアカウント（gMSA）を作成すると、複数のコンピューターで実行するサービスで同じサービスアカウントを使用できるようになります。なお、gMSAはPowerShellを使用して作成します。

## gMSAを準備および作成する

**❶**

PowerShellで、次のコマンドレットを入力して、サーバー用のグループを作成する。

```
New-ADGroup `
-GroupCategory:"<グループの種類>" `
-GroupScope:"<グループのスコープ>" `
-Name:"<グループ名>" `
-Path:"<グループを作成するOUの識別名>" `
-SamAccountName:"<グループのNetBIOS名>"
```

**❷**

PowerShellで、次のコマンドレットを入力して、サーバー用のグループにサーバーを追加する。

```
Set-ADGroup
-Add:@{'Member'="<サーバーの識別名>", `
                "<サーバーの識別名>"} `
-Identity:"<グループの識別名>"
```

**❸**

PowerShellで、次のコマンドレットを入力して、ルートキーを作成する。

```
Add-KdsRootKey `
-EffectiveTime((get-date).addhours(-10))
```

▶ルートキーが作成される。

**❹**

PowerShellで、次のコマンドレットを入力して、gMSAを作成する。

```
New-ADServiceAccount <gMSA名> `
-DNSHostName <サービスのFQDN> `
-PrincipalsAllowedToRetrieveManagedPassword
<gMSAを使うホスト名またはグループ名>
```

**注意**

### ルートキーがアクティブになるタイミング

Add-KdsRootKeyコマンドレットでは、-EffectiveImmediatelyでルートキーが直ちに有効になるように指定できますが、アクティブになるまでに10時間かかります。そのため、-EffectiveTime((get-date).addhours(-10))で10時間戻して直ちに有効にします。

**参照**

### GUIツールでグループを作成するには

この章の**6**

### GUIツールでグループにメンバーを追加するには

この章の**7**

**ヒント**

### パスワードの変更期間

gMSAのパスワードは、既定で30日ごとに変更されます。パスワードの変更期間を変更するには、-ManagedPasswordIntervalInDaysパラメーターで指定します。

# gMSAを使うホストでサービスを設定する

**❶**
サーバーマネージャーで、[ツール] をクリックする。

**❷**
[サービス] をクリックする。
▶ [サービス] が表示される。

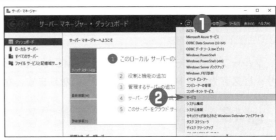

**❸**
gMSAを利用したいサービスを右クリックし、[プロパティ] をクリックする。
▶ [<サービス>のプロパティ]ダイアログが表示される。

**❹**
[ログオン] タブをクリックする。

**❺**
[アカウント] をクリックする。

**❻**
[参照] をクリックする。
▶ [ユーザーの選択] ダイアログが表示される。

**❼**
[場所] をクリックする。
▶ [場所] ダイアログが表示される。

**❽**
ドメイン名または [ディレクトリ全体] をクリックする。

**❾**
[OK] をクリックする。

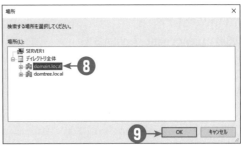

**ヒント**

### サーバーマネージャーが表示されない場合には

サーバーマネージャーは、[管理] → [サーバーマネージャーのプロパティ] で [ログオン時にサーバーマネージャーを自動的に起動しない] チェックボックスをオンにすると、次回ログオン時から自動的に表示されなくなります。サーバーマネージャーを表示するには、スタートボタンをクリックし、[サーバーマネージャー] タイルをクリックします。

⑩ [選択するオブジェクト名を入力してください] ボックスに、gMSAの名前を入力する。

⑪ [名前の確認] をクリックする。

⑫ [OK] をクリックする。

⑬ [パスワード] および [パスワードの確認入力] ボックスを空にする。

⑭ [OK] をクリックする。

　▶ [サービス] ダイアログが表示される。

⑮ [OK] をクリックする。

　▶ 再起動するまで無効なことを示す [サービス] ダイアログが表示される。

⑯ [OK] をクリックする。

⑰ 対応するサービスを再起動する。

⑱ gMSAを使用する各サーバーでサービスを設定する。

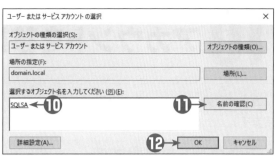

**ヒント**

**gMSAアカウント名**

gMSAアカウント名を直接入力するには、gMSAアカウント名の後に＄記号を付けます。

# 10 アカウントを移動するには

ユーザーアカウントやグループアカウントなどは、人事異動や組織構造の変化に合わせて、移動することができます。

## アカウントを移動する

**❶** サーバーマネージャーで、[ツール] をクリックする。

**❷** [Active Directory管理センター]をクリックする。
　　➡ [Active Directory管理センター]が表示される。

**❸** 移動したいアカウントを選択する。

**❹** タスクウィンドウで、[移動] をクリックする。
　　➡ [移動] ダイアログが表示される。

**❺** 移動先のOUを選択する。

**❻** [OK] をクリックする。

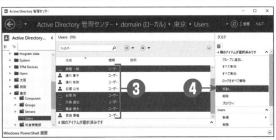

### ヒント

**サーバーマネージャーが表示されない場合には**

サーバーマネージャーは、[管理] → [サーバーマネージャーのプロパティ] で [ログオン時にサーバーマネージャーを自動的に起動しない] チェックボックスをオンにすると、次回ログオン時から自動的に表示されなくなります。サーバーマネージャーを表示するには、スタートボタンをクリックし、[サーバーマネージャー] タイルをクリックします。

## PowerShellでアカウントを移動する

**❶** スタートボタンをクリックし、[Windows PowerShell] タイルをクリックする。

**❷** PowerShellで、次のコマンドレットを入力する。

```
Move-ADObject `
-Identity:"<アカウントの識別名>" `
-TargetPath:"<移動先OUの識別名>"
```

### ヒント

**行継続文字**

各行の後にある「`」は、行の継続を示しています。「`」を省略して1行で書くことも可能です。

# 11 ユーザーアカウントのプロパティを設定するには

　ユーザーアカウントには、電話番号や部署などの情報を設定できます。Active Directory管理センターを使用した場合はユーザーアカウントの作成時にプロパティを設定できますが、後でユーザーアカウントのプロパティを編集することもできます。ユーザーアカウントは特に設定を変更しなくても使えますが、設定しておくとユーザーの電話番号や電子メールアドレスを調べられるようになります。

## 複数のユーザーアカウントのプロパティを設定する

**❶**
サーバーマネージャーで、[ツール] をクリックする。

**❷**
[Active Directory管理センター]をクリックする。

　➡ [Active Directory管理センター] が表示される。

**❸**
設定したいすべてのユーザーアカウントを、Shift または Ctrl キーを押しながらクリックする。

**❹**
タスクウィンドウで、[プロパティ] をクリックする。

　➡ [複数のユーザー] ウィンドウが表示される。

**❺**
必要な設定を行う。

※本書では次の値を使用する。

部署：外食事業部

電子メール：temp@domain.local

**❻**
[OK] をクリックする。

## 各ユーザーアカウントのプロパティを設定する

**❶** サーバーマネージャーで、[ツール] をクリックする。

**❷** [Active Directory管理センター]をクリックする。

▶[Active Directory管理センター] が表示される。

**❸** 設定したいユーザーアカウントを選択する。

**❹** タスクウィンドウで、[プロパティ] をクリックする。

▶ユーザーのプロパティウィンドウが表示される。

**❺** 必要な設定を行う。

※本書では次の値を使用する。

事業所：じょうきげん

**❻** [OK] をクリックする。

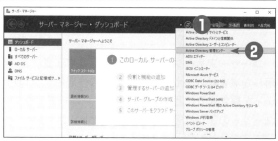

> **ヒント**
>
> **ユーザー以外のアカウントのプロパティも設定できる**
>
> 設定できる項目はユーザーと比較すると限られていますが、コンピューターやグループなど、ユーザー以外のアカウントもプロパティを設定することができます。

## PowerShellでユーザーアカウントのプロパティを設定する

**❶** スタートボタンをクリックし、[Windows PowerShell] タイルをクリックする。

**❷** PowerShellで、次のコマンドレットを入力する。

```
Set-ADUser `
-EmailAddress:"<電子メールアドレス>" `
-Fax:" <FAX番号>" `
-Identity:"<ユーザーアカウントの識別名> " `
-Office:"<事業所>" `
-OfficePhone:"<電話番号>" `
-Department:"<部署名>"
```

> **ヒント**
>
> **行継続文字**
>
> 各行の後にある「`」は、行の継続を示しています。「`」を省略して1行で書くことも可能です。

# 12 Active Directoryオブジェクトをフィルターして表示するには

　Active Directoryドメインサービス（AD DS）には、多くのオブジェクトが存在します。オブジェクト数が少ない場合は問題になりませんが、オブジェクト数が多くなるとオブジェクトを探すだけでも時間がかかるようになります。フィルターを使用して表示されるオブジェクトを絞り込むと、目的のオブジェクトを簡単に見つけられるようになります。

## オブジェクトをフィルターする

**❶** サーバーマネージャーで、[ツール] をクリックする。

**❷** [Active Directory管理センター]をクリックする。

　▶ [Active Directory管理センター]が表示される。

**❸** フィルター処理したいオブジェクトが含まれているOUを選択する。

**❹** 管理の一覧にある［フィルター］ボックスに、フィルター表示させたいオブジェクトに含まれる語句を入力する。

※本書では次の値を使用する。

●武田

　▶ 管理の一覧に「武田」という語句の含まれるオブジェクトが表示される。

---

**ヒント**

### サーバーマネージャーが表示されない場合には

サーバーマネージャーは、[管理] → [サーバーマネージャーのプロパティ] で [ログオン時にサーバーマネージャーを自動的に起動しない] チェックボックスをオンにすると、次回ログオン時から自動的に表示されなくなります。サーバーマネージャーを表示するには、スタートボタンをクリックし、[サーバーマネージャー] タイルをクリックします。

# 検索条件を指定してオブジェクトをフィルターする

**1** サーバーマネージャーで、[ツール] をクリックする。

**2** [Active Directory管理センター]をクリックする。
▶ [Active Directory管理センター]が表示される。

**3** フィルター処理したいオブジェクトが含まれている OUを選択する。

**4** 管理の一覧の右側にある下向き矢印（∨）をクリックする。
▶ [条件の追加] が表示される。

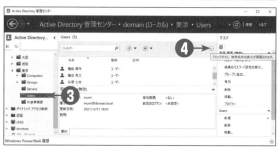

**5** [条件の追加] をクリックし、条件を指定する。
※本書では次の値を使用する。
● 無効または有効なアカウントを持つユーザー

**6** [追加] をクリックする。
▶ 管理の一覧に指定した条件を満たすアカウントが表示される。

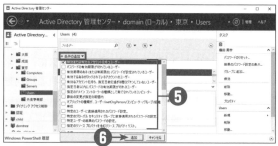

**7** フィルター処理を必要とする作業が完了したら、[すべてクリア] をクリックする。

**ヒント**

### サーバーマネージャーが表示されない場合には

サーバーマネージャーは、[管理] → [サーバーマネージャーのプロパティ] で [ログオン時にサーバーマネージャーを自動的に起動しない] チェックボックスをオンにすると、次回ログオン時から自動的に表示されなくなります。サーバーマネージャーを表示するには、スタートボタンをクリックし、[サーバーマネージャー] タイルをクリックします。

**ヒント**

### クエリの保存

[フィルター] ボックスの右側にある [クリックして検索クエリを保存] ボタンをクリックすると、検索条件を存できます。保存した検索条件は [クリックすると、保存されている検索クエリを表示できます] ボタンをクリックして表示できます。

# 13 AD DSドメインに共有フォルダーを公開するには

Active Directoryドメインサービス（AD DS）ドメインに共有フォルダーを公開すると、管理者やユーザーがディレクトリサービスで共有フォルダーを簡単に見つけられるようになります。

## フォルダーを共有する

**❶**
エクスプローラーを使用して共有するフォルダーを作成する。

※本書では、次の値を使用する。
- ●フォルダー名：営業日報

**❷**
共有するフォルダーを右クリックし、[アクセスを許可する]、[特定のユーザー] の順にクリックする。

➡[ネットワークアクセス] ウィンドウが表示される。

**❸**
[ネットワーク上の共有相手となるユーザーを選択してください] ページで、フォルダーを共有したいユーザーまたはグループ名を入力する。

**❹**
[追加] をクリックする。

**❺**
追加したグループまたはユーザーのアクセス許可のレベルを設定する。

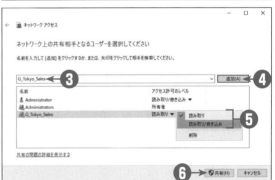

**❻**
[共有] をクリックする。

**❼**
[ユーザーのフォルダーは共有されています] ページで、[終了] をクリックする。

---

**ヒント**

### ユーザーやグループを探すには

[ネットワーク上の共有相手となるユーザーを選択してください] ページで、▼をクリックして [ユーザーの検索] を選択します。[ユーザーまたはグループの選択] ダイアログで、[詳細設定] をクリックし、[検索] をクリックします。

# AD DSドメインに共有フォルダーを公開する

**①** サーバーマネージャーで、[ツール] をクリックする。

**②** [Active Directoryユーザーとコンピューター] を
クリックする。

　▶[Active Directoryユーザーとコンピューター]
　　が表示される。

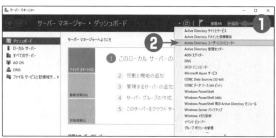

**③** 共有フォルダーを公開したい組織単位を右クリック
し、[新規作成]、[共有フォルダー] の順にクリック
する。

　▶[新しいオブジェクト－共有フォルダー]ダイアロ
　　グが表示される。

**④** [名前]ボックスにActive Directoryで公開すると
きに使用する共有フォルダーの名前を入力し、[ネッ
トワークパス] ボックスに共有フォルダーのUNC
（汎用名前付け規則）パスを入力する。

**⑤** [OK] をクリックする。

　▶共有フォルダーオブジェクトが作成される。

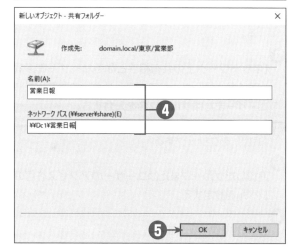

**ヒント**

**サーバーマネージャーが表示されない場合には**

サーバーマネージャーは、[管理] → [サーバーマネー
ジャーのプロパティ] で [ログオン時にサーバーマネー
ジャーを自動的に起動しない] チェックボックスをオン
にすると、次回ログオン時から自動的に表示されなくな
ります。サーバーマネージャーを表示するには、スター
トボタンをクリックし、[サーバーマネージャー] タイル
をクリックします。

**⑥** 公開した共有フォルダーオブジェクトを右クリック
し、[プロパティ]をクリックする。

　▶ [<共有フォルダー名>のプロパティ]ウィンドウ
　　が表示される。

**⑦** [全般]タブで、[キーワード]をクリックする。

　▶ [キーワード]ダイアログが表示される。

**⑧** [新しい値]ボックスにキーワードを入力する。

**⑨** [追加]をクリックする。

**⑩** 必要な数だけキーワードを追加する。

**⑪** [OK]をクリックする。

**⑫** [<共有フォルダー名>のプロパティ]ダイアログ
で、[OK]をクリックする。

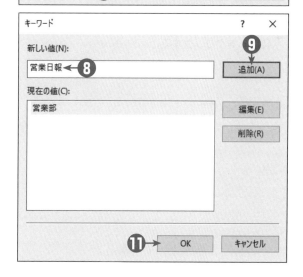

**ヒント**

**キーワードで検索するには**

キーワードを設定すると、そのキーワードでオブジェク
トを検索することができるようになります。

# 14 AD DSドメインにプリンターを 公開するには

Active Directoryドメインサービス（AD DS）ドメインに共有プリンターを公開すると、ユーザーがプリンターを簡単に検索できるようになります。AD DSドメインに参加しているWindows Server 2003以降のコンピューターでは、プリンターのプロパティダイアログでAD DSドメインにプリンターを公開できます。

## プリンターをAD DSドメインに公開する

**❶**
スタートボタンをクリックし、［コントロールパネル］をクリックする。

▶［コントロールパネル］ウィンドウが表示される。

**❷**
［デバイスとプリンターの表示］をクリックする。

**❸**
Active Directoryに公開したい共有プリンターを右クリックし、［プリンターのプロパティ］をクリックする。

▶［＜プリンター名＞のプロパティ］ダイアログが表示される。

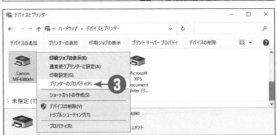

**❹**
［共有］タブで、［ディレクトリに表示する］チェックボックスをオンにする。

**❺**
［OK］をクリックする。

---

**ヒント**

**プリンターが共有されていない場合は**

［共有］タブで、［このプリンターを共有する］チェックボックスをオンにします。

# 15 AD DSドメインのオブジェクトを検索するには

　Active Directoryドメインサービス（AD DS）ドメインでは、ユーザーアカウントやプリンターなどのオブジェクトを検索できます。たとえば、ユーザーアカウントを検索すると、そのユーザーの電話番号や電子メールアカウントを調べることができます。

## ユーザーアカウントを検索する

**1** AD DSドメインに参加しているWindows 11コンピューターで、スタートボタンをクリックする。

**2** [すべてのアプリ] をクリックする。

**3** [Windowsツール] をクリックする。

**④**
ナビゲーションウィンドウで、[ネットワーク]をクリックする。

**⑤**
[ネットワーク]タブの[Active Directoryの検索]をクリックする。

▶ [ユーザー、連絡先およびグループを検索します]ウィンドウが表示される。

**⑥**
[検索]ボックスの▼をクリックし、[ユーザー、連絡先およびグループ]を選択する。

**⑦**
[場所]ボックスの▼をクリックし、検索したいユーザーが登録されているドメインを選択する。

**⑧**
[名前]ボックスに検索したいユーザーの名前を入力する。

**⑨**
[検索開始]をクリックする。

▶ ダイアログの下部に検索結果が表示される。

**⑩**
検索結果の一覧から目的のユーザーをダブルクリックし、ユーザーの詳細情報を確認する。

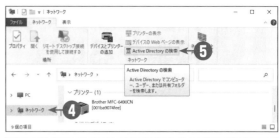

**ヒント**

**オブジェクトが登録されているドメインがわからない場合には**

[全部のディレクトリ]を選択すると、ディレクトリ全体を検索できます。

**ヒント**

**Active Directoryの検索ウィンドウを表示する方法**

次のコマンドを実行すると、Active Directoryを検索するウィンドウを表示できます。

```
rundll32 dsquery.dll,OpenQueryWindows
```

## 共有フォルダーを検索する

**❶**
Windowsツールで、［ネットワーク］をクリック
する。

**❷**
［ネットワーク］タブの［Active Directoryの検
索］をクリックする。

▶［ユーザー、連絡先およびグループを検索します］
ウィンドウが表示される。

**❸**
［検索］ボックスの▼をクリックし、［共有フォル
ダー］を選択する。

**❹**
［場所］ボックスの▼をクリックし、共有フォルダー
が登録されているドメインを選択する。

**❺**
［名前］ボックスにアクセスしたい共有フォルダーの
公開名を入力するか、［キーワード］ボックスにキー
ワードを入力する。

**❻**
［検索開始］をクリックする。

▶ダイアログの下部に検索結果が表示される。

**❼**
検索結果の一覧から目的の共有フォルダーをダブル
クリックして、共有フォルダーにアクセスする。

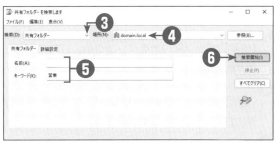

---

**ヒント**

### 共有フォルダーにアクセスするには

共有フォルダーにアクセスするには、その共有フォル
ダーに対するアクセス許可が必要です。

## プリンターを検索する

**❶**
Windowsツールで、[ネットワーク]をクリック
する。

**❷**
[ネットワーク]タブの[Active Directoryの検
索]をクリックする。

➡ [ユーザー、連絡先およびグループを検索します]
ウィンドウが表示される。

**❸**
[検索]ボックスの▼をクリックし、[プリンター]
を選択する。

**❹**
[場所]ボックスの▼をクリックし、プリンターが登
録されているドメインを選択する。

**❺**
必要に応じて、[プリンター]タブで、[名前]、[場
所]、[モデル]ボックスに、プリンターの名前、場
所、または機種を入力する。

**❻**
必要に応じて、[機能]タブで、プリンターの機能を
指定する。

**❼**
[検索開始]をクリックする。

➡ ダイアログの下部に検索結果が表示される。

**❽**
検索結果の一覧から目的のプリンターを右クリック
して、適切なコマンドを選択する。
● 使用しているコンピューターにプリンターをイン
ストールする場合は、[接続]をクリックする。
● プリンターの状態を確認したり、印刷ジョブを操
作する場合は、[開く]をクリックする。

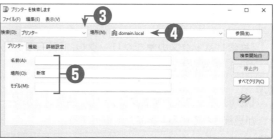

---

**ヒント**

### プリンターを場所で検索できるようにするには

プリンターの場所情報を設定すると、プリンターの物理
的な場所がわかるようになるため、ユーザーが近い場所
にあるプリンターを探せるようになります。

## Windows Admin Center

### Windows Admin Centerとは

　Windows Admin Center（WAC）は、Windows ServerおよびWindowsクライアントを管理するための機能をWebブラウザーベースのアプリにまとめたものです。本書執筆時点では、WACはリモートサーバー管理ツール（RSAT）を補完する機能があります。WACはWindows Serverの新機能（ハイブリッドクラウドのシナリオとハイパーコンバージドインフラストラクチャの管理など）を管理できますが、既存のWindows Server 2012以降の管理もサポートしています。

　ただし、WACは、従来の管理ツールやRSATに完全に置き換わるものではありません。WACでは一般的なシナリオの多くを管理できますが、実際の管理ではWACのみでは管理できない項目もあるため、従来のMicrosoft管理コンソール（MMC）やActive Directory管理センターも利用しなければなりません。

　WACの主な管理ソリューションには、次のものがあります。

- ・リソースとリソース使用率の表示
- ・証明書の管理
- ・デバイスの管理
- ・イベントビューアー
- ・エクスプローラー
- ・ファイアウォール管理
- ・インストールされたアプリの管理
- ・ローカル ユーザーとグループの構成
- ・ネットワーク設定
- ・プロセスの表示/終了およびプロセスダンプの作成

- ・レジストリの編集
- ・スケジュールされたタスクの管理
- ・Windowsサービスの管理
- ・役割と機能の有効化/無効化
- ・Hyper-V仮想マシンと仮想スイッチの管理
- ・記憶域の管理
- ・記憶域レプリカの管理
- ・Windows Updatesの管理
- ・PowerShellコンソール
- ・リモートデスクトップ接続

## Windows Admin CenterでのActive Directoryの管理

　Windows Admin Center（WAC）をインストールしただけでは、Active Directory ドメインサービス（ADDS）を管理できません。ADDS、DNSサーバー、DHCPサーバーなど、Widows Serverの中心的な管理タスクを実行するには、WACに拡張機能をインストールする必要があります。なお、WACでADDSを管理するには、Active Directory 拡張機能をインストールする必要があります。

　本書執筆時点では、WACにActive Directory拡張機能をインストールした後、WACでADDSの一部の管理タスクを実行できます。WACで実行できるADDSの管理タスクは、次のとおりです。


・OUの作成、
・ユーザーの作成、編集、削除
・グループの作成、編集、削除

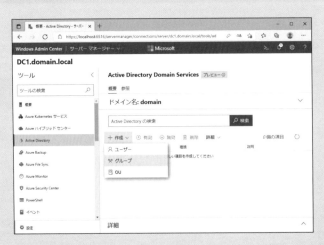

# 16 Windows Admin Centerを インストールするには

Windows Admin Centerでは、複数のWindows ServerやWindowsクライアントコンピューターを集中管理できます。ここでは、Windows 11にWindows Admin Centerをインストールする方法を紹介します。

## Windows Admin Centerをインストールする

**❶**
「https://www.microsoft.com/evalcenter/
evaluate-windows-admin-center」にアクセスし、Windows Admin Centerをダウンロードする。

**❷**
エクスプローラーを開き、ダウンロードした
Windows Admin Centerのインストールファイルをダブルクリックする。

→ [Windows Admin Centerセットアップ]ウィザードが表示される。

**❸**
[これらの条件に同意します]チェックボックスをオンにする。

**❹**
[次へ]をクリックする。

**❺**
[Microsoft Updateを使用して、コンピューターの安全性を確保し、最新の状態に維持する]ページで、Microsoft Updateを使用するかしないかを選択する。
※本書では、次の値を使用する。
● 更新プログラムを確認するときにMicrosoft Updateを使用する

**❻**
[次へ]をクリックする。

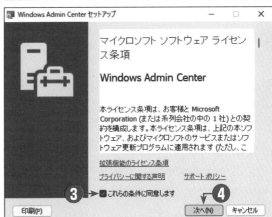
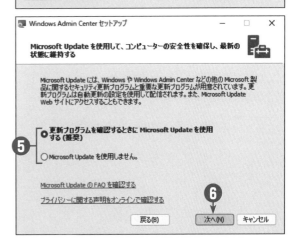

**❼**

［診断データをMicrosoftに送信する］ページで、
［次へ］をクリックする。

**❽**

［Windows Admin CenterをWindows 10にイ
ンストールする］ページで、［次へ］をクリックす
る。

**❾**

［Windows Admin Centerをインストール中］
ページで、Windows Admin Centerサイトのポー
トおよびオプションを指定する。

**❿**

［インストール］をクリックする。

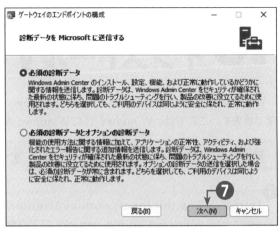

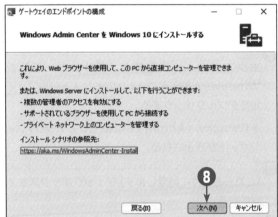

⑪ [もう一つあります] ページで、[完了] をクリックする。

⑫ Windows Admin Centerを開始する。

▶ [認証用の証明書の選択] ダイアログが表示される。

⑬ 証明書を選択し、[OK] をクリックする。

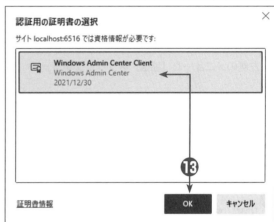

# 17 Windows Admin CenterにActive Directory拡張機能をインストールするには

Windows Admin Center で Active Directory を管理するには、Windows Admin Center に Active Directory 拡張機能をインストールする必要があります。

## Active Directory拡張機能をインストールする

**❶**
Windows Admin Center を開始する。

**❷**
Windows Admin Centerで、[設定]をクリックする。

**❸**
左側のメニューで[拡張]をクリックする。

**❹**
[利用可能な拡張機能]タブで、[Active Directory]を選択する。

**❺**
[インストール]をクリックする。

➡[インストール中]ダイアログが表示される。

**❻**
[OK]をクリックする。

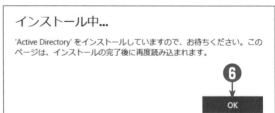

インストール中...

'Active Directory' をインストールしていますので、お待ちください。このページは、インストールの完了後に再度読み込まれます。

# 18 Windows Admin Centerに Windows Serverを追加するには

Windows Admin CenterでWindows Serverを管理するには、Windows Admin CenterにWindows Server
を追加する必要があります。

## Windows Admin CenterにWindows Serverを追加する

**1** Windows Admin Centerを開始する。

**2** Windows Admin Centerで、[＋追加] をクリックする。

➡[リソースの追加または作成] が表示される。

**3** [サーバー] セクションで、[追加] をクリックする。

**4** [Active Directoryの検索] をクリックする。

**5** 検索ボックスに、ドメインコントローラーのコンピューター名を入力する。

**6** [検索] をクリックする。

➡検索結果として、ドメインコントローラー名が表示される。

**7** 追加するドメインコントローラーのチェックボックスをオンにする。

**8** [追加] をクリックする。

➡Windows Admin Centerにドメインコントローラーが追加される。

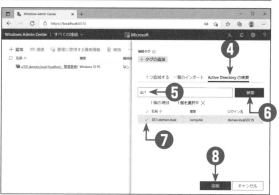

# 19 Windows Admin Center で Windows Server の資格情報を設定するには

Windows Admin Center で Windows Server に接続するには、接続するための資格情報を設定する必要があります。

## Windows Server の資格情報を追加する

**❶**
Windows Admin Center を開始する。

**❷**
ドメインコントローラーのチェックボックスをオンにする。

**❸**
[管理に使用する資格情報] をクリックする。

➡ [資格情報を指定してください] が表示される。

**❹**
[この接続では別のアカウントを使用する] をクリックする。

**❺**
[ユーザー名] ボックスに、ドメイン管理者のユーザー名を入力する。

**❻**
[パスワード] ボックスに、ドメイン管理者のパスワードを入力する。

**❼**
[続行] をクリックする。

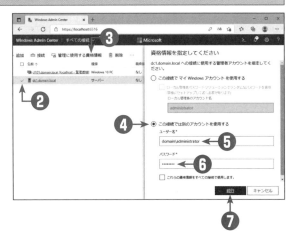

# 20 Windows Admin Center で OU を管理するには

　Windows Admin Center では、Active Directory の組織単位（OU）、ユーザー、グループを管理できます。ここでは、OU を作成する方法を紹介します。なお、Windows Admin Center では OU を作成できますが、削除することはできません。

## OU を作成する

**❶**
Windows Admin Center を開始する。

**❷**
Windows Admin Center で、ドメインコントローラーのサーバー名をクリックする。

**❸**
［ツール］で、［Active Directory］をクリックする。

**❹**
［＋作成］をクリックし、［OU］をクリックする。

▶ ［組織単位の追加］が表示される。

**❺**
［名前］ボックスに、OU の名前を入力する。

**❻**
［変更］をクリックする。

▶ ［パスの選択］が表示される。

**❼** OUを作成するパスを指定し、[選択] をクリックする。

**❽** [組織単位の追加] （前ページの手順❻の画面）で、[作成] をクリックする。

　▶組織単位が作成される。

# 21 Windows Admin Center で ユーザーを管理するには

Windows Admin Center では、Active Directory の組織単位（OU）、ユーザー、グループを管理できます。ここでは、ユーザーを作成および削除する方法を紹介します。

## ユーザーを作成する

**❶** Windows Admin Center を開始する。

**❷** Windows Admin Center で、ドメインコントローラーのサーバー名をクリックする。

**❸** ［ツール］で、［Active Directory］をクリックする。

**❹** ［＋作成］をクリックし、［ユーザー］をクリックする。

　➡［ユーザーの追加］が表示される。

**❺** ［名前］ボックスに、ユーザーの名前を入力する。

**❻** ［SAMアカウント名］ボックスに、ユーザーのSAMアカウント名を入力する。

**❼** ［パスワード］ボックスに、ユーザーのパスワードを入力する。

**❽** ［名前（名）］ボックスに、ユーザーの名を入力する。

**❾** ［名前（姓）］ボックスに、ユーザーの姓を入力する。

**❿** ［変更］をクリックする。

　➡［パスの選択］が表示される。

⑪
ユーザーを作成するパスを指定し、[選択]をクリックする。

⑫
[ユーザーの追加](前ページの手順⑩の画面)で、[作成]をクリックする。

➡ ユーザーが作成される。

## ユーザーを有効化する

❶
Windows Admin Centerを開始する。

❷
Windows Admin Centerで、ドメインコントローラーのサーバー名をクリックする。

❸
[ツール]で、[Active Directory]をクリックする。

❹
[参照]をクリックする。

❺
有効化したいユーザーアカウントのあるOUを選択する。

❻
有効化したいユーザーアカウントのユーザー名をクリックする。

❼
[有効]をクリックする。

## ユーザーを削除する

**❶** Windows Admin Centerを開始する。

**❷** Windows Admin Centerで、ドメインコントローラーのサーバー名をクリックする。

**❸** [ツール] で、[Active Directory] をクリックする。

**❹** [参照] をクリックする。

**❺** 削除したいユーザーアカウントのあるOUを選択する。

**❻** 削除したいユーザーアカウントのユーザー名をクリックする。

**❼** [詳細] をクリックする。

**❽** [削除] をクリックする。

　▶ [ユーザーの削除] が表示される。

**❾** [確認] をクリックする。

# 22 Windows Admin Centerで グループを管理するには

Windows Admin Centerでは、Active Directoryの組織単位（OU）、ユーザー、グループを管理できます。ここでは、グループの作成および削除する方法を紹介します。

## グループを作成する

**①** Windows Admin Centerを開始する。

**②** Windows Admin Centerで、ドメインコントローラーのサーバー名をクリックする。

**③** ［ツール］で、［Active Directory］をクリックする。

**④** ［＋作成］をクリックし、［グループ］をクリックする。

▶ ［グループの追加］が表示される。

**⑤** ［名前］ボックスに、グループの名前を入力する。

**⑥** ［グループのスコープ］ボックスで、グループのスコープを選択する。

**⑦** ［SAMアカウント名］ボックスに、グループのSAMアカウント名を入力する。

**⑧** ［変更］をクリックする。

▶ ［パスの選択］が表示される。

**⑨** グループを作成するパスを指定し、[選択]をクリックする。

**⑩** [グループの追加](前ページの手順⑧の画面)で、[作成]をクリックする。

　▶ グループが作成される。

## グループにメンバーを追加する

**①** Windows Admin Centerを開始する。

**②** Windows Admin Centerで、ドメインコントローラーのサーバー名をクリックする。

**③** [ツール]で、[Active Directory]をクリックする。

**④** [参照]をクリックする。

**⑤** メンバーを追加したいグループのあるOUを選択する。

**⑥** メンバーを追加したいグループのグループ名をクリックする。

**⑦** [詳細]をクリックする

**⑧** [プロパティ]をクリックする。

**9** [メンバーシップ] をクリックする。

**10** [＋追加] をクリックする。

➡ [グループメンバーシップの追加] が表示される。

**11** [ユーザー SamAccountName] ボックスに、追加したいメンバーのSAMアカウント名を入力する。

**12** [グループメンバーシップの追加] で、[追加] をクリックする。

**13** [保存] をクリックする。

**14** [閉じる] をクリックする。

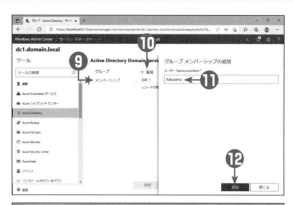

## グループを削除する

**❶** Windows Admin Centerを開始する。

**❷** Windows Admin Centerで、ドメインコントローラーのサーバー名をクリックする。

**❸** [ツール] で、[Active Directory] をクリックする。

**❹** [参照] をクリックする。

**❺** 削除したいグループのあるOUを選択する。

**❻** 削除したいグループのグループ名をクリックする。

**❼** [詳細] をクリックする。

**❽** [削除] をクリックする。

　➡ [グループの削除] が表示される。

**❾** [確認] をクリックする。

## コラム C 異なるコンピューターでの同じ環境の使用

デスクトップ環境の設定や［ドキュメント］フォルダーの場所などは、各ユーザーのユーザープロファイルに定義されています。通常、ユーザープロファイルはユーザーのローカルコンピューターに格納されます。そのため、ユーザーが別のコンピューターにログオンすると、別のデスクトップ環境が表示されます。

**ローカルユーザープロファイル**

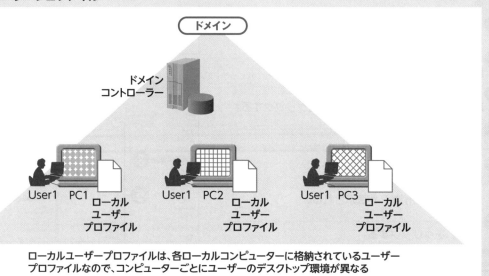

ローカルユーザープロファイルは、各ローカルコンピューターに格納されているユーザープロファイルなので、コンピューターごとにユーザーのデスクトップ環境が異なる

これらのローカルコンピューターに格納されるユーザープロファイルのことを、「ローカルユーザープロファイル」と呼びます。

**移動ユーザープロファイル**

Active Directoryドメインサービス（AD DS）では、「移動ユーザープロファイル」を使ってユーザープロファイルを一元管理できます。移動ユーザープロファイルを使うと、ユーザーはネットワーク上のどのコンピューターにログオンしても、同じデスクトップ環境を使えるようになります。

移動ユーザープロファイルを使用しているユーザーがネットワーク上のコンピューターにログオンしたときには、デスクトップ環境、［ドキュメント］フォルダー内のファイル、［スタート］メニューの設定などのプロファイル情報がサーバーからローカルコンピューターにコピーされます。また、ユーザーがログオフすると、ユーザープロファイルがサーバーにコピーされ、常に最新の状態のユーザープロファイルが格納されます。

なお、移動ユーザープロファイルは、移動ユーザープロファイルを使用するように設定した後、対象のユーザーが最初にログオンしたときに作成されます。また、移動ユーザープロファイルの設定は、ユーザーがログオフしたときにサーバーにコピーされます。

**移動ユーザープロファイル**

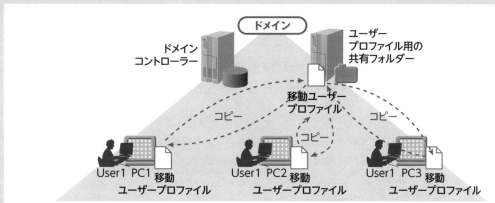

移動ユーザープロファイルは、ログオン/ログオフするたびにユーザープロファイルが
コピーされるため、どのコンピューターでも同じデスクトップ環境が使える

## フォルダーリダイレクト

　移動ユーザープロファイルを使用している場合、ネットワーク上のどのコンピューターでも同じデスクトップ環境を利用できます。しかし、使用する場合には注意が必要です。たとえば、[ドキュメント]フォルダーに10GBのファイルがあることを考えてみてください。ユーザープロファイルには、[ドキュメント]フォルダーも含まれるため、ログオンおよびログオフするたびに10GBのファイルがコピーされることになります。この場合、ネットワークに高い負荷がかかり、パフォーマンスが低下してしまいます。

**移動ユーザープロファイルとフォルダーリダイレクト**

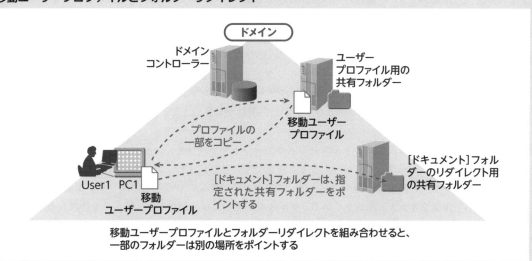

移動ユーザープロファイルとフォルダーリダイレクトを組み合わせると、
一部のフォルダーは別の場所をポイントする

　そこで、移動ユーザープロファイルを設定するときには、「フォルダーリダイレクト」と組み合わせて設定します。フォルダーリダイレクトとは、特殊なフォルダーをネットワーク上の共有フォルダーにリダイレクトする機能です。特殊なフォルダーとは、ユーザープロファイル内にある［ドキュメント］フォルダーや［スタートメニュー］フォルダーのことです。移動ユーザープロファイルとフォルダーリダイレクトを組み合わせて使うことにより、ユーザープロファイルの一部のフォルダーは、ログオン／ログオフ時にコピーされる代わりに、共有フォルダーをポイントするようになります。これにより、移動ユーザープロファイルを設定したときのネットワークトラフィックの増加を防ぐことができます。

　特に［ドキュメント］フォルダーには、多くのユーザーデータが保存される可能性があります。そのため、［ドキュメント］フォルダーのリダイレクトには、十分な空きディスク容量のある、移動ユーザープロファイルとは別のサーバーを使うことをお勧めします。

　リダイレクトできるフォルダーは、クライアントOSのバージョンによって異なります。Windows Server 2022のフォルダーリダイレクトでは、Windows Server 2003以前やWindows XP以前で使用するユーザープロファイル(v1)、Windows Server 2008/2008 R2やWindows Vista/7のユーザープロファイル(v2)、Windows Server 2012やWindows 8のユーザープロファイル(v3)、Windows Server 2012 R2やWindows 8.1のユーザープロファイル(v4)、Windows Server 2016やWindows 10のユーザープロファイル(v5)、Windows Server 2019以降やWindows 11以降のユーザープロファイル(v6)に対応しています。なお、Windows Vista以降のユーザープロファイル(v2)では、リダイレクトするフォルダーをWindows XP以前(v1)よりも細かく設定できます。フォルダーリダイレクトにおいて、Windows Vista以降とWindows XP以前での項目の違いを、表にまとめました。

| Windows Vista 以降 | Windows XP 以前 |
| --- | --- |
| AppData（Roaming） | Application Data |
| デスクトップ | デスクトップ |
| スタートメニュー | スタートメニュー |
| ドキュメント | マイドキュメント |
| Pictures | マイピクチャ |
| Music | 設定項目なし |
| Videos | 設定項目なし |
| お気に入り | 設定項目なし |
| 連絡先 | 設定項目なし |
| ダウンロード | 設定項目なし |
| リンク | 設定項目なし |
| 検索 | 設定項目なし |
| 保存されたゲーム | 設定項目なし |

## オフラインファイル

　移動ユーザープロファイルとフォルダーリダイレクトを設定すると、サーバーの共有フォルダーに毎回アクセスすることになります。そのため、ユーザーがノートパソコンなどを使ってオフラインで作業する場合、［ドキュメント］フォルダーにアクセスできないなどの問題が発生します。この問題を回避するには、「オフラインファイル」を使います。

　オフラインファイルとは、共有フォルダーのドキュメントやデータを、ユーザーがオフラインでも使えるようにローカルコンピューターにキャッシュする技術です。これにより、ノートパソコンを持って外出したときや、ネットワークの障害でファイルサーバーにアクセスできないときでも、ユーザーが継続して自分のドキュメントで作業できます。オフラインでファイルを変更したり、新規ドキュメントを作成した場合でも、オンラインになったときに同期され、最新の状態になります。

　また、オフラインファイルが有効な場合、コンピューターは最初にローカルにキャッシュされているオフラインファイルの使用を試みます。オフラインファイルでは、変更したファイルのみが同期されるため、フォ

ルダーリダイレクトを使用した場合でもネットワークトラフィックを削減できます。

### フォルダーリダイレクトとオフラインファイル

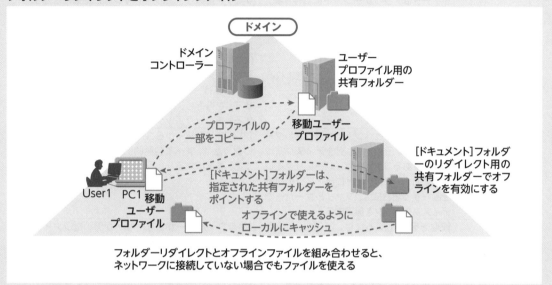

フォルダーリダイレクトとオフラインファイルを組み合わせると、
ネットワークに接続していない場合でもファイルを使える

　なお、オフラインファイルは、ファイルサーバーの共有フォルダーで設定します。Windows Server 2008以降の共有フォルダーでは、既定でオフラインファイルが有効になっていますが、キャッシュの方法として、クライアントが手動で指定したファイルだけがオフラインで使用できるように設定されています。ユーザーが使ったファイルを自動的にオフラインでも使えるように設定するには、キャッシュオプションとして［共有フォルダーからユーザーが開いたファイルとプログラムは、すべて自動的にオフラインで利用可能にする］を選択する必要があります。キャッシュオプションを変更するには、共有フォルダーの［プロパティ］ダイアログの［共有］タブで、［詳細な共有］をクリックし、［キャッシュ］をクリックします。

　リダイレクトできるフォルダーの説明とオフラインファイルのキャッシュオプションの設定については、次の表を参考にしてください。

| リダイレクト可能なフォルダー | フォルダーリダイレクトの説明 | キャッシュオプション |
|---|---|---|
| AppData (Roaming) | プログラム固有のデータ（ユーザー辞書など）が含まれる。このフォルダーに含まれるデータはアプリケーションに依存する | ［共有フォルダーからユーザーが開いたファイルとプログラムは、すべて自動的にオフラインで利用可能にする］を選択し、［パフォーマンスが最適になるようにする］チェックボックスをオンにする |
| デスクトップ | デスクトップ上のファイル、フォルダー、ショートカットなどが含まれる | デスクトップが読み取り専用の場合にだけ、［共有フォルダーからユーザーが開いたファイルとプログラムは、すべて自動的にオフラインで利用可能にする］ |
| スタートメニュー | プログラムへのショートカットが含まれる | ［共有フォルダーからユーザーが開いたファイルとプログラムは、すべて自動的にオフラインで利用可能にする］を選択し、［パフォーマンスが最適になるようにする］チェックボックスをオンにする |
| ドキュメント | ユーザーのドキュメントとサブフォルダーが含まれる。そのため、空きディスク領域が十分にあるファイルサーバーにリダイレクトする。ユーザーごとにディスクの容量を制限する場合には、ファイルサーバーでディスククォータを設定する | ［共有フォルダーからユーザーが開いたファイルとプログラムは、すべて自動的にオフラインで利用可能にする］を選択する |
| Pictures | 管理を簡素化するには、［ドキュメントフォルダーの設定に従う］に設定する | ［共有フォルダーからユーザーが開いたファイルとプログラムは、すべて自動的にオフラインで利用可能にする］を選択する |
| Music | 管理を簡素化するには、［ドキュメントフォルダーの設定に従う］に設定する | ［共有フォルダーからユーザーが開いたファイルとプログラムは、すべて自動的にオフラインで利用可能にする］を選択する |
| Videos | 管理を簡素化するには、［ドキュメントフォルダーの設定に従う］に設定する | ［共有フォルダーからユーザーが開いたファイルとプログラムは、すべて自動的にオフラインで利用可能にする］を選択する |
| お気に入り | Internet Explorerの「お気に入り」の内容が含まれる | ［共有フォルダーからユーザーが開いたファイルとプログラムは、すべて自動的にオフラインで利用可能にする］を選択する |
| 連絡先 | アドレス帳フォルダーの連絡先の内容が含まれる | ［共有フォルダーからユーザーが開いたファイルとプログラムは、すべて自動的にオフラインで利用可能にする］を選択する |
| ダウンロード | ダウンロードフォルダーの内容が含まれる | ［共有フォルダーからユーザーが開いたファイルとプログラムは、すべて自動的にオフラインで利用可能にする］を選択し、［パフォーマンスが最適になるようにする］チェックボックスをオンにする |
| リンク | ユーザーのドキュメントフォルダー、ピクチャ、ミュージックなどへのショートカットが含まれる | ［共有フォルダーからユーザーが開いたファイルとプログラムは、すべて自動的にオフラインで利用可能にする］を選択する |
| 検索 | 検索フォルダーに保存されている検索条件が含まれる | ［共有フォルダーからユーザーが開いたファイルとプログラムは、すべて自動的にオフラインで利用可能にする］を選択する |
| 保存されたゲーム | 保存したゲームフォルダーの内容が含まれる | ［共有フォルダーからユーザーが開いたファイルとプログラムは、すべて自動的にオフラインで利用可能にする］を選択し、［パフォーマンスが最適になるようにする］チェックボックスをオンにする |

# 23 移動ユーザープロファイル用の共有フォルダーを作成するには

移動ユーザープロファイルを使用するには、サーバーに共有フォルダーを作成する必要があります。

## 移動ユーザープロファイル用の共有フォルダーを作成する

**❶** タスクバーで［エクスプローラー］アイコンをクリックする。

**❷** エクスプローラーで、移動ユーザープロファイル用のフォルダーを作成する。
※本書では、次の値を使用する。
●フォルダー名：Profiles

**❸** 移動ユーザープロファイル用のフォルダーを右クリックし、［プロパティ］をクリックする。

▶［＜フォルダー名＞のプロパティ］ダイアログが表示される。

**❹** ［共有］タブをクリックし、［詳細な共有］をクリックする。

▶［詳細な共有］ダイアログが表示される。

**❺** ［このフォルダーを共有する］チェックボックスをオンにする。

**❻** 必要に応じ、［共有名］ボックスで共有名を変更する。

**❼** ［アクセス許可］をクリックする。

▶［＜フォルダー名＞のアクセス許可］ダイアログが表示される。

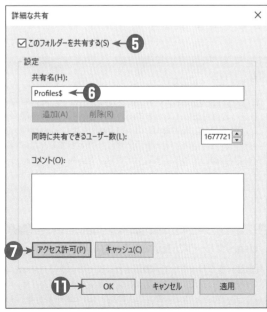

> **ヒント**
>
> **共有フォルダーを非表示にしてセキュリティを高めるには**
>
> 共有名の最後に＄記号を付けると、その共有フォルダーは隠し共有フォルダーになり、ユーザーがネットワークを参照したときに共有フォルダーとして表示されなくなり、簡易的なセキュリティを設定できます。ただし、隠し共有フォルダーは、単に表示されなくなるだけでアクセス自体は可能なので、適切なアクセス許可を設定して保護する必要があります。

**⑧**
[グループ名またはユーザー名] ボックスで、アクセス許可を設定するユーザーまたはグループを選択する。

**⑨**
[アクセス許可] ボックスで、[フルコントロール] の [許可] チェックボックスをオンにする。

**⑩**
[OK] をクリックする。

**⑪**
[詳細な共有] ダイアログ（前ページの手順⑦の画面）で、[OK] をクリックする。

**⑫**
[<フォルダー名>のプロパティ] ダイアログで、[セキュリティ] タブをクリックし、[詳細設定] をクリックする。
 ▶ [<フォルダー名>のセキュリティの詳細設定] ダイアログが表示される。

**⑬**
[特殊] アクセス許可の [Users（<ドメイン名>¥Users）] を選択する。

**⑭**
[表示] をクリックする。
 ▶ [<フォルダー名>のアクセス許可エントリ] ダイアログが表示される。

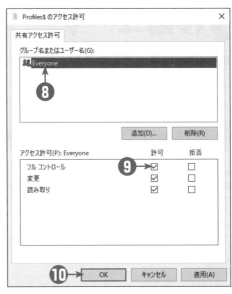

---

**ヒント**

### セキュリティについて

ここでは Everyone グループにフルコントロールの共有アクセス許可を与えていますが、セキュリティ要件の厳しい環境では、Authenticated Users または Users グループにフルコントロールアクセス許可を与えてください。また、部門や地域ごとにリダイレクトされたユーザーデータを管理する場合は、対応するユーザーがメンバーに含まれるグループにフルコントロールアクセス許可を与えます。

---

**ヒント**

### Users グループが表示されていない場合には

[追加] をクリックして、表示されるダイアログで Users グループを選択するか、フォルダーをリダイレクトするユーザーがメンバーになっているグループを選択します。

**⑮**
[高度なアクセス許可を表示する] をクリックする。

**⑯**
[フォルダーの作成/データの追加] チェックボック
スがオンになっていることを確認する。

**⑰**
[閉じる] をクリックする。

**⑱**
[<フォルダー名>のセキュリティの詳細設定] ダイ
アログで、[OK] をクリックする。

**⑲**
[<フォルダー名>のプロパティ] ダイアログで、[閉
じる] をクリックする。

# 24 移動ユーザープロファイルを設定するには

共有フォルダーの準備が整ったら、移動ユーザープロファイルを設定できます。

## 移動ユーザープロファイルを設定する

**❶** サーバーマネージャーで、[ツール] をクリックする。

**❷** [Active Directory管理センター]をクリックする。
→[Active Directory管理センター] が表示される。

**❸** 移動ユーザープロファイルを設定するユーザーアカウントを選択する。

**❹** タスクウィンドウで、[プロパティ] をクリックする。
→[＜ユーザー名＞] ウィンドウが表示される。

**❺** [プロファイル] セクションで、[プロファイルパス] ボックスに、「＜共有フォルダーのUNCパス＞¥%username%」と入力する。 ヒント参照
※本書では、次の値を使用する。
●プロファイルパス：
¥¥DC1¥Profiles$¥%username%

**❻** [OK] をクリックする。

# 25 フォルダーリダイレクト用の 共有フォルダーを作成するには

フォルダーリダイレクト機能を使用するには、対象のフォルダーを格納する共有フォルダーを作成する必要があります。

## フォルダーリダイレクト用の共有フォルダーを作成する

**❶**
タスクバーで［エクスプローラー］アイコンをクリックする。

**❷**
エクスプローラーで、フォルダーリダイレクト用のフォルダーを作成する。
※本書では、次の値を使用する。
●フォルダー名：UserData

**❸**
フォルダーリダイレクト用のフォルダーを右クリックし、［プロパティ］をクリックする。
▶［＜フォルダー名＞のプロパティ］ダイアログが表示される。

**❹**
［共有］タブをクリックし、［詳細な共有］をクリックする。
▶［詳細な共有］ダイアログが表示される。

**❺**
［このフォルダーを共有する］チェックボックスをオンにする。

**❻**
［共有名］ボックスで共有名の最後に＄記号を付ける（ここでは UserData＄）。 ヒント参照

**❼**
［キャッシュ］をクリックする。
▶［オフラインの設定］ダイアログが表示される。

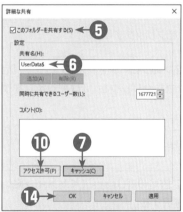

**ヒント**

### 共有フォルダーを非表示にしてセキュリティを高めるには

共有名の最後に＄記号を付けると、その共有フォルダーは隠し共有フォルダーになり、ユーザーがネットワークを参照したときに共有フォルダーとして表示されなくなり、簡易的なセキュリティを設定できます。ただし、隠し共有フォルダーは、単に表示されなくなるだけでアクセス自体は可能なので、適切なアクセス許可を設定して保護する必要があります。

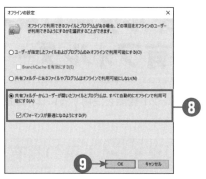

**8**
[共有フォルダーからユーザーが開いたファイルと
プログラムは、すべて自動的にオフラインで利用可
能にする]を選択し、[パフォーマンスが最適になる
ようにする]チェックボックスがオンになっている
ことを確認する。

**9**
[OK]をクリックする。

**10**
[詳細な共有]ダイアログ(前ページの手順**7**の画
面)で、[アクセス許可]をクリックする。

　▶[<フォルダー名>のアクセス許可]ダイアログが
　表示される。

**11**
[グループ名またはユーザー名]ボックスで、アクセ
ス許可を設定するユーザーまたはグループを選択
する。

**12**
[アクセス許可]ボックスで、[フルコントロール]
の[許可]チェックボックスをオンにする。

**13**
[OK]をクリックする。

**14**
[詳細な共有]ダイアログ(前ページの手順**7**の画
面)で、[OK]をクリックする。

**15**
[<フォルダー名>のプロパティ]ダイアログで、[セ
キュリティ]タブをクリックし、[詳細設定]をク
リックする。

　▶[<フォルダー名>のセキュリティの詳細設定]ダ
　イアログが表示される。

**16**
[特殊]アクセス許可の[Users(<ドメイン名>
¥Users)]を選択する。

**17**
[表示]をクリックする。

　▶[<フォルダー名>のアクセス許可エントリ]が表
　示される。

⑱ [高度なアクセス許可を表示する] をクリックする。

⑲ [フォルダーの作成/データの追加] チェックボックスがオンになっていることを確認する。

⑳ [閉じる] をクリックする。

㉑ [<フォルダー名>のセキュリティの詳細設定] ダイアログで、[OK] をクリックする。

㉒ [<フォルダー名>のプロパティ] ダイアログで、[閉じる] をクリックする。

**ヒント**

**セキュリティについて**

ここではEveryone グループにフルコントロールの共有アクセス許可を与えていますが、セキュリティ要件の厳しい環境では、Authenticated Users または Users グループにフルコントロールアクセス許可を与えてください。また、部門や地域ごとにリダイレクトされたユーザーデータを管理する場合は、対応するユーザーがメンバーに含まれるグループにフルコントロールアクセス許可を与えます。

**ヒント**

**Usersグループが表示されていない場合には**

[追加] をクリックして、表示されるダイアログでUsers グループを選択するか、フォルダーをリダイレクトするユーザーがメンバーになっているグループを選択します。

# 26 ユーザーフォルダーを リダイレクトするには

ユーザーフォルダーは、グループポリシーを使ってリダイレクトします。ここでは、Windows 11の［ドキュメント］フォルダーを例に、フォルダーをリダイレクトする手順を説明します。

## ユーザーフォルダーをリダイレクトする

**1** サーバーマネージャーで、［ツール］をクリックする。

**2** ［グループポリシーの管理］をクリックする。

▶［グループポリシーの管理］が表示される。

**3** ［フォレスト］、［ドメイン］、［＜ドメイン名＞］の順に展開する。

**4** ［グループポリシーオブジェクト］を右クリックし、［新規］をクリックする。

▶［新しいGPO］ダイアログが表示される。

**5** ［名前］ボックスに、グループポリシーオブジェクト（GPO）のわかりやすい名前を入力する。
※本書では、次の値を使用する。
●名前：フォルダーリダイレクト

**6** ［OK］をクリックする。

**7** ［グループポリシーの管理］で、［フォレスト］、［ドメイン］、［＜ドメイン名＞］、［グループポリシーオブジェクト］の順に展開する。

**8** 作成したグループポリシーオブジェクト（GPO）をクリックする。

**9** ［セキュリティフィルター処理］で、［追加］をクリックする。

▶［ユーザー、コンピューターまたはグループの選択］ダイアログが表示される。

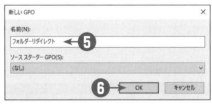

⑩ [選択するオブジェクト名を入力してください] ボックスに、「Domain Computers」と入力する。

⑪ [OK] をクリックする。

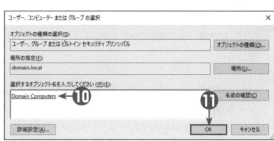

⑫ 作成したグループポリシーオブジェクト（GPO）を右クリックし、[編集] をクリックする。
▶ [グループポリシー管理エディター]スナップインが表示される。

⑬ [ユーザーの構成]、[ポリシー]、[Windowsの設定]、[フォルダーリダイレクト] の順に展開する。

⑭ [ドキュメント] を右クリックし、[プロパティ] をクリックする。
▶ [ドキュメントのプロパティ]ダイアログが表示される。

⑮ [ターゲット] タブで、[設定] ボックスの▼をクリックし、[基本－全員のフォルダーを同じ場所にリダイレクトする] を選択する。

⑯ [対象のフォルダーの場所] ボックスの▼をクリックし、[ルートパスの下に各ユーザーのフォルダーを作成する] を選択する。

⑰ [ルートパス] ボックスに、フォルダーリダイレクト用に作成した共有フォルダーへのパスを入力する。
※本書では、次の値を使用する。
●ルートパス：¥¥dc1¥UserData$

⑱ [OK] をクリックする。

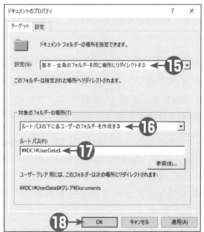

⑲ [警告] ダイアログで、[はい] をクリックする。

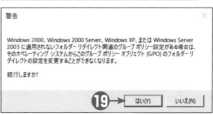

**ヒント**

**サーバーマネージャーが表示されない場合には**

サーバーマネージャーは、[管理] → [サーバーマネージャーのプロパティ] で [ログオン時にサーバーマネージャーを自動的に起動しない] チェックボックスをオンにすると、次回ログオン時から自動的に表示されなくなります。サーバーマネージャーを表示するには、スタートボタンをクリックし、[サーバーマネージャー] タイルをクリックします。

⑳ [グループポリシー管理エディター] スナップインを閉じる。

㉑ [グループポリシーの管理] で、フォルダーリダイレクトを適用したいユーザーを含む組織単位を右クリックし、[既存のGPOのリンク] をクリックする。

▶ [GPOの選択] ダイアログが表示される。

㉒ [グループポリシーオブジェクト] ボックスで、フォルダーリダイレクトが設定されているGPOを選択する。

㉓ [OK] をクリックする。

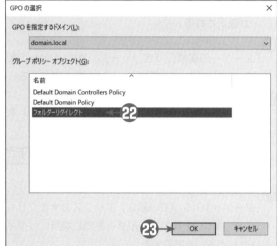

参照
グループポリシーの詳細については
第5章

 **AD DSの管理コマンド**

　Active Directory ドメインサービス（AD DS）は、Windowsオペレーティングシステムに統合されたディレクトリサービスであり、ほとんどの管理操作をスナップインなどのグラフィカルユーザーインターフェイス（GUI）で行えます。ただし、多数のユーザーを一度に作成する場合などは、GUIよりもコマンドラインユーティリティやスクリプトを使った方が効率的な場合もあります。たとえば、10,000人のユーザーをGUIで作成することを想定してください。1つのユーザーアカウントを作成してプロパティを設定する作業を2分と仮定すると、20,000分（約333時間、1日8時間の作業で約41日）かかります。たとえ10人の管理者で作業を行っても、約4日もかかってしまいます。

　もし、社員名簿などのデータが存在する場合には、その名簿をCSV形式のファイルに変換できれば、AD DSドメインに一括でインポートすることができます。そのため、1人で作業していて、CSVファイルの変換に1日、編集に2日かかったとしても、3日あれば10,000人のユーザーアカウントを作成できることになります。

　AD DSでは、GUI以外にも複数のツールでアカウントを作成および設定できます。アカウントを作成する代表的なツールには、ディレクトリサービス用コマンドラインユーティリティ、csvdeコマンドラインユーティリティ、ldifdeコマンドラインユーティリティ、Windows Script Host（WSH）、Windows Server 2008 R2から標準でインストールされるWindows PowerShellがあります。

## ディレクトリサービス用コマンドラインユーティリティ

　ディレクトリサービス用コマンドラインユーティリティは、ディレクトリサービスを管理するためのプログラムで、Windows Server 2003以降で利用できます。ディレクトリサービス用コマンドラインユーティリティは、すべて「ds」で始まり、「dsadd」、「dsget」、「dsquery」、「dsmod」、「dsmove」、「dsrm」の6つがあります。ds以降の文字を見ると何をするツールかわかります。たとえば、dsaddは、ディレクトリサービスにオブジェクトを追加します。各コマンドの概要は、次のとおりです。

| コマンド | 説明 |
| --- | --- |
| dsadd | ディレクトリサービスにオブジェクトを追加する |
| dsget | オブジェクトの情報を表示する |
| dsquery | 指定した条件のオブジェクトを見つける |
| dsmod | オブジェクトの属性を変更する |
| dsmove | オブジェクトを移動する |
| dsrm | オブジェクトを削除する |

　dsaddコマンドラインユーティリティでは、ユーザーアカウント、コンピューターアカウント、グループアカウント以外にも、組織単位を追加できます。たとえば、dsaddコマンドを使ってdomain.localというドメインにHQという組織単位を作成し、その組織単位内にuser1というユーザーを作成するには、次のコマンドを実行します。

```
dsadd ou "ou=HQ,dc=domain,dc=local"
dsadd user "cn=user1,ou=HQ,dc=domain,dc=local" -pwd ＜user1のパスワード＞
```

### 識別名とは

　上記の例で、"ou=HQ,dc=domain,dc=local"と"cn=user1,ou=HQ,dc=domain,dc=local"は、オブジェクトの識別名（DN）です。「識別名」とは、LDAPでオブジェクトを表す名前です。AD DSでは、LDAPプロトコルを使ってディレクトリデータベースにオブジェクトを作成したり、変更を加えたり、検索したりしています。LDAPでは、識別名を使ってディレクトリデータベース内のオブジェクトを識別しています。したがって、コマンドラインユーティリティやスクリプトでは、識別名を使ってオブジェクトを指定する必要があります。

　識別名は、DNS名と同じように、左側がより詳細な情報で、右側がより上位の情報になっています。識別名には、3つの要素があります。「cn=」で示す値は、オブジェクトの共通名（CN）で、ユーザーやコンピューターなどのオブジェクト名になります。「ou=」で示す値は、組織単位（OU）です。上記の例では1つしかありませんが、組織単位の階層に応じて複数のouの値を指定できます。ただし、AD DSのインストール時に既定で作成されているUsersやComputersなどのコンテナーオブジェクトは、ou=ではなくcn=で指定します。「dc=」で示す値は、ドメインコンポーネント（DC）で、DNSドメイン名をdc=とコンマ（,）で区切ったものです。なお、識別名の各要素は、コンマ（,）で区切る必要があります。また、オブジェクト名や組織単位名にスペースが含まれる場合には、識別名を二重引用符（"）で囲む必要があります。

## csvdeコマンドラインユーティリティ

　csvdeコマンドラインユーティリティでは、CSVファイルからAD DSドメインにデータをインポートしてオブジェクトを作成できます。また、既存のActive DirectoryオブジェクトをCSVファイルにエクスポートすることもできます。CSV形式のファイルは、Excelなどの表計算プログラムで編集できるため、属性を設定して大量のユーザーを作成するときに便利です。ただし、csvdeコマンドラインユーティリティでは、ユーザーオブジェクトを作成することはできますが、オブジェクトを変更することはできません。

　たとえば、domain.localというドメインのHQという組織単位に、user1というユーザーを作成するには、次の文字列が含まれたCSVファイルを作成します。

```
DN,objectClass,sAMAccountName,userPrincipalName,displayName,userAccountControl
"cn=user1,ou=HQ,dc=domain,dc=local",user,user1,user1@domain.local,user1,514
```

　上記の例の各属性の説明は、次のとおりです。

| 属性 | 説明 |
| --- | --- |
| DN | 識別名 |
| objectClass | オブジェクトクラス（ユーザーはuser、グループはgroupなど） |
| sAMAccountName | ユーザーログオン名 |
| userPrincipalName | ユーザープリンシパル名 |
| displayName | ユーザーの表示名 |
| userAccountControl | アカウントの有効化/無効化（512=有効なユーザー、514=無効なユーザー） |

　前述の例でuserAccountControlを514に指定して、ユーザーアカウントを無効にしているのは、AD DSの既定のパスワードポリシーを回避するためです。AD DSの既定のパスワードポリシーでは、7文字以上の複雑なパスワードが要求されます。しかし、csvdeコマンドラインユーティリティは複雑なパスワードに対応していません。そのため、無効な状態でユーザーアカウントを作成する必要があります。なお、無効なユーザーアカウントは、手動またはWindows Script Hostで有効にできます。

　csvdeコマンドラインユーティリティを使用してCSVファイルからユーザーアカウントをインポートするには、次のコマンドを実行します

```
csvde -i -f ＜CSVファイル名＞
```

## LDIFDEコマンドラインユーティリティ

　ldifdeコマンドラインユーティリティは、LDIF形式のファイルからオブジェクトを作成できます。また、csvdeコマンドラインユーティリティとは異なり、オブジェクトを編集することもできます。なお、LDIF形式のファイルは行区切りのファイルです。

　たとえば、ldifdeコマンドラインユーティリティでuser1の電子メールアドレス属性を設定するには、次のLDIFファイルを作成します。

```
dn: CN=user1,OU=HQ,DC=domain,DC=local
changetype: modify
add: mail
mail: user1@domain.local
-
```

　changetype:は、オブジェクトに対する操作です。ユーザーアカウントを作成する場合は、changetype: addになります。add:はどのオブジェクトに属性を追加するかを示しています。既にオブジェクト属性が設定されている場合は、add:ではなくreplace:を使用します。mail:は、電子メールアドレス属性を示します。また、最後の行にあるハイフン（-）は、変更個所の終了を表すターミネーターです。

　LDIFファイルを使って、オブジェクトの追加、削除、属性の変更を行うには、次のコマンドを実行します。

```
ldifde -i -f <LDIFファイル>
```

## Windows Script Host

　Windows Script Host（WSH）では、ldifdeコマンドラインユーティリティと同じようにユーザーアカウントの作成や属性の設定が行えます。Windows Script Hostでは、VBScript（.vbs）またはJScript（.js）スクリプトファイルを使います。たとえば、HQという組織単位内の無効になっているuser1というユーザーアカウントに、P@ssw0rdというパスワードを設定して、アカウントを有効にするには、次のスクリプトファイルを作成します（この例では、VBScriptを使用しているので、拡張子.vbsを付けます）。

```
Set objUser = GetObject _
 ("LDAP://cn=user1,ou=hq,dc=domain,dc=local")
objUser.SetPassword "P@ssw0rd"

Set objUser = GetObject _
 ("LDAP://cn=user1,ou=hq,dc=domain,dc=local")
objUser.AccountDisabled = FALSE
objUser.SetInfo
```

　その後、コマンドプロンプトで、次のコマンドを実行します。

```
wscript.exe <スクリプトファイル名>
```

　ここでは、一例しか紹介していませんが、Windows Script Hostでは、さまざまな管理作業が行えます。スクリプトファイルの詳細な作成方法については、「Microsoftのテクニカルドキュメント」（https://docs.microsoft.com/ja-jp）を参照してください。このWebサイトでは、サンプルスクリプトやスクリプトの作成ツールなどが紹介されています。

## Windows PowerShell用の Active Directory モジュール

Windows Server 2008 R2以降に標準でインストールされる Windows PowerShell (PowerShell) には、Active Directory ドメインサービス(AD DS)を管理するためのモジュールが付属しています。「PowerShell」は、Windows OS用の新しいコマンドラインシェルで、Windows OSに標準で付属しているコマンドプロンプトよりも Windows OS を細かく制御できます。また PowerShell では、従来のコマンドプロンプトでは満たされなかった完全な対話型の環境もサポートされます。これは、PowerShell のプロンプトでコマンドを入力すると、コマンドが処理され、その出力がシェルウィンドウに表示されるということです。

PowerShell で実行するコマンドは、コマンドではなく「コマンドレット」(または Cmdlet) と呼びます。PowerShell では、コマンドプロンプトなどと同じように、PowerShell を開始した後でプロンプトにコマンドレットを入力して実行します。PowerShell のコマンドレットの形式は「動詞ー名詞」という表現で統一されています。動詞はコマンドレットで何をするかを決定し、名詞ではコマンドレットの作業対象を決定します。コマンドレットの動詞と名詞は、必ずハイフン (-) で区切られます。たとえば、コマンドレットにはオブジェクトを取得する場合の「Get」、値や状態を設定する場合の「Set」、追加する場合の「Add」、削除する場合の「Remove」などの動詞があります。PowerShell のコマンドレットの動詞の例は、次の表のとおりです。

| 動詞 | コマンドレット | 説明 |
| --- | --- | --- |
| Get | Get-ADComputer | コンピューターオブジェクトを取得する |
| | Get-ADGroup | グループオブジェクトを取得する |
| | Get-ADUser | ユーザーオブジェクトを取得する |
| Set | Set-ADComputer | コンピューターオブジェクトを修正する |
| | Set-ADGroup | グループオブジェクトを修正する |
| | Set-ADUser | ユーザーオブジェクトを修正する |
| Add | Add-ADGroupMember | グループにメンバーを追加する |
| | Add-ADPrincipalGroupMembership | ユーザーやコンピューターなどのオブジェクトをグループのメンバーにする |
| Remove | Remove-ADComputer | コンピューターオブジェクトを削除する |
| | Remove-ADGroup | グループオブジェクトを削除する |
| | Remove-ADUser | ユーザーオブジェクトを削除する |
| New | New-ADComputer | コンピューターオブジェクトを作成する |
| | New-ADGroup | グループオブジェクトを作成する |
| | New-ADUser | ユーザーオブジェクトを作成する |
| Disable | Disable-ADAccount | Active Directory アカウントを無効にする |
| Enable | Enable-ADAccount | Active Directory アカウントを有効にする |
| Move | Move-ADObject | Active Directory オブジェクトを別のコンテナーまたはドメインに移動する |
| Rename | Rename-ADObject | オブジェクトの名前を変更する |
| Search | Search-ADAccount | ユーザー、コンピューター、サービスアカウントを取得する |
| Unlock | Unlock-ADAccount | ロックアウトされたアカウントのロックを解除する |

たとえば、Sales OUに P@ssw0rd というパスワードで町田沙耶香というユーザーオブジェクトを作成するには、次のコマンドレットを実行します。

```
New-ADUser `
-Name "町田 沙耶香" `
-SamAccountName "machida" `
-GivenName "沙耶香" `
-Surname "町田" `
-DisplayName "町田 沙耶香" `
-Path 'OU=営業,OU=東京,DC=domain,DC=local' `
-AccountPassword (ConvertTo-SecureString -AsPlainText "P@ssw0rd" -Force) `
-Enabled 1
```

　上記の例で、各行の最後にある「`」は、行の継続を示しています。「`」を省略して1行で書くことも可能です。

## CSVファイルを使用したアカウント作成

　PowerShellスクリプトでは、Import-CSVコマンドレットとNew-ADUserを組み合わせることで、CSVファイルからアカウントを作成することもできます。CSVファイルからアカウントを作成するには、PowerShellスクリプトファイル（.ps1）とCSV形式のファイルが必要になります。次にユーザーアカウントの情報が格納されているCSVファイルの例を示します。

```
名前,姓,名,ログオン名,パスワード,パス,部署
石川 竜弥,石川,竜弥,isikawa,P@ssw0rd,"OU=営業部,OU=東京,DC=domain,DC=local",営業部
佐々木 茂,佐々木,茂,sasaki,P@ssw0rd,"OU=営業部,OU=東京,DC=domain,DC=local",営業部
```

　次に上記のCSVファイルからユーザーアカウントを作成するためのPowerShellスクリプトの例を示します。

```
Import-CSV -Encoding Default Users.csv | Foreach-Object {
  $args = @{
    Name=$_."名前"
    DisplayName=$_."名前"
    Surname=$_."姓"
    GivenName=$_."名"
    UserPrincipalName=$_."ログオン名" + "@domain.local"
    SamAccountName=$_."ログオン名"
    AccountPassword=ConvertTo-SecureString -AsPlainText $_."パスワード"
      -Force
    Path=$_."パス"
    Department=$_."部署"
    Enabled=$True
  };
  New-ADUser @args;
}
```

**コラム C**

# 複数のパスワードポリシー

Windows 2000やWindows Server 2003のActive Directoryでは、ドメインに1つのパスワードポリシーとアカウントロックアウトポリシーしか指定できませんでした。そのため、複数のパスワード設定が必要な場合には、複数のドメインを構築する必要がありました。

Windows Server 2008以降のActive Directoryドメインサービス（AD DS）では、ドメインに複数のパスワードポリシーとアカウントロックアウトポリシーを設定できるようになりました。複数のパスワード設定が必要な場合でも、Windows Server 2003のActive Directoryのようにドメインを分ける必要はありません。そのため、複数のパスワード設定のためだけにドメインを構築および管理するコストを削減できます。

通常、AD DSドメインのパスワードポリシーやアカウントロックアウトポリシーは、グループポリシーを使用して設定します。グループポリシーで設定するパスワードポリシーやアカウントロックアウトポリシーは、既定のポリシーとして利用できます。しかし、複数のパスワードポリシーやアカウントロックアウトポリシーを設定する場合には、グループポリシーでは設定できません。

## パスワード設定オブジェクト

ドメインで複数のパスワードポリシーやアカウントロックアウトポリシーを設定したい場合には、Active Directoryオブジェクトとして、「パスワード設定オブジェクト（PSO）」を作成する必要があります。パスワード設定オブジェクトは、Active Directory管理センターで作成できます。また、Active Directoryサービスインターフェイスエディター（ADSIエディター）やPowerShellを使用して作成することもできます。

## パスワード設定オブジェクトの適用

パスワード設定オブジェクト（PSO）は、どのパスワード設定オブジェクトを使用するかをユーザーごとに設定できますが、ユーザーごとに設定すると管理が大変になります。パスワード設定オブジェクトを複数のユーザーに簡単に適用するには、同じパスワード設定オブジェクトを使うユーザーをグローバルグループのメンバーにします。そして、グローバルグループにパスワード設定オブジェクトを割り当てます。

**パスワード設定オブジェクトの適用**

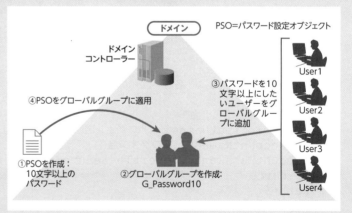

## パスワード設定オブジェクトの注意事項

AD DSドメインでパスワード設定オブジェクトを使用して複数のパスワードポリシーやアカウントロックアウトポリシーを設定するときには、ドメインの機能レベルを確認する必要があります。パスワード設定オブジェクト（PSO）を使用するには、ドメインの機能レベルがWindows Server 2008以上になっていなければなりません。

# 27 異なるパスワードポリシーを 適用するには

ドメインの機能レベルがWindows Server 2008以降のActive Directoryドメインサービス（AD DS）ドメインでは、ドメインに複数のパスワードポリシーを作成できます。

## パスワード設定オブジェクトを作成する

**❶** サーバーマネージャーで、[ツール] をクリックする。

**❷** [Active Directory管理センター]をクリックする。

　▶[Active Directory管理センター]が表示される。

**❸** ナビケーションウィンドウで、[ツリービュー] タブをクリックする。

**❹** [＜ドメイン名＞]、[System] を展開し、[Password Settings Container] を選択する。

**❺** タスクウィンドウで、[新規]、[パスワードの設定]の順にクリックする。

　▶[パスワードの設定の作成] ウィンドウが表示される。

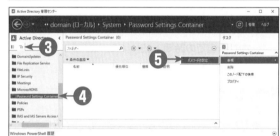

---

### サーバーマネージャーが表示されない場合には

サーバーマネージャーは、[管理] → [サーバーマネージャーのプロパティ] で [ログオン時にサーバーマネージャーを自動的に起動しない] チェックボックスをオンにすると、次回ログオン時から自動的に表示されなくなります。サーバーマネージャーを表示するには、スタートボタンをクリックし、[サーバーマネージャー] タイルをクリックします。

### PSOの優先順位

PSOの優先順位は、低い方が優先順位が高くなります。たとえば、10と50の優先順位のPSOがあり、各PSOがユーザーに適用される場合、優先順位の高いPSOの値が有効になります。

### パスワードの長さ

ユーザーがパスワードを設定するときの最小のパスワード長です。値には、0〜255までを指定できます。

### パスワードの履歴

同じパスワードを使えるようになるまで、何回パスワードを変更する必要があるかをカウントします。

### 複雑なパスワード

複雑なパスワードとは、「大文字」、「小文字」、「数字」、「記号」の4種類のうち、3種類以上を使うパスワードを示します。

**6**

目的のパスワード設定およびロックアウト設定を入力する。

※本書では、次の値を使用する。

- 名前：パスワード10文字
- 優先順位：10
- パスワードの最小の長さ：10
- 記録するパスワードの数：30
- パスワードは要求する複雑さを満たす：オン
- 暗号化を元に戻せる状態でパスワードを保存する：オフ
- 誤って削除されないように保護する：オン
- ユーザーがパスワードを変更できない期間：1
- ユーザーによるパスワードの変更が必要な残りの日数：42
- 適用するアカウントロックアウトポリシー：オン
- 許可される失敗したログオン試行回数：10
- 失敗したログオン試行回数のカウントがリセットされるまでの時間：15
- 期間：30

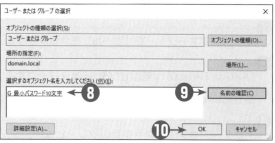

**7**

[追加] をクリックする。

▶ [ユーザーまたはグループの選択] ダイアログが表示される。

**8**

[選択するオブジェクト名を入力してください] ボックスに、PSOを適用したいユーザーまたはグループを入力する。

**9**

[名前の確認] をクリックする。

**10**

[OK] をクリックする。

**11**

[パスワードの設定の作成：＜PSO名＞] ウィンドウで、[OK] をクリックする。

**ヒント**

**ロックアウトの期間**

ユーザーアカウントがロックされて使えなくなってから、再びログオンを試せるようになるまでの期間です。

**ヒント**

**最小パスワード有効期間**

ユーザーがパスワードを変更できるようになるまでの期間です。

**最大パスワード有効期間**

ユーザーがパスワードを使い続けられる（パスワードを変更しなければならない）期間です。

**許可される失敗したログオン試行回数**

ユーザーがパスワードを間違え続けたときに、アカウントがロックされて使えなくなるまでの回数です。

**失敗したログオン試行回数のカウントがリセットされるまでの時間**

ユーザーアカウントがロックされる前に、ログオン試行をやめた場合、パスワードを間違った回数をリセットして「0」に戻すまでの時間です。

## AD DSの監査

　Active Directory ドメインサービス（AD DS）の監査とは、AD DSに対する変更をログ（セキュリティログ）に記録しておくことです。AD DSの変更をログに記録しておくと、ユーザーアカウントなどのActive Directoryオブジェクトが作成された日時や、Active Directoryオブジェクトが変更された日時を後で確認できるようになります。そのため、Active Directoryオブジェクトが不正に変更されていないかどうかを追跡できるようになります。

　Windows 2000やWindows Server 2003のActive Directoryでも、Active Directoryオブジェクトに対する変更を記録できましたが、変更された値までは確認できませんでした。そのため、変更されたオブジェクトが何かは確認できましたが、変更前の値がわからないため、元の値に戻すことが困難でした。

　Windows Server 2008以降のAD DSでは、オブジェクトの値が変更されたときに、変更前の値と変更後の値を記録できるようになりました。これにより、セキュリティログを見て、変更されたActive Directoryオブジェクトの値を確認して、元に戻せるようになります。

### 監査ポリシー

　監査ポリシーは、監査の機能を有効にするか無効にするかの設定です。ディレクトリサービス用の監査ポリシーは、「ローカルポリシー￥監査ポリシー￥ディレクトリサービスのアクセスの監査」で設定できます。「ディレクトリサービスのアクセスの監査」を有効にすると、Active Directoryオブジェクトに対する操作が行われたときに、セキュリティログにイベントを記録できるようになります。

### 監査エントリ

　「ディレクトリサービスのアクセスの監査」を有効にしても、監査の機能を有効にしただけなので、多くの情報はセキュリティログに記録されません。ユーザーの操作がセキュリティログに記録されるようにするには、監査したいオブジェクトごとに「監査エントリ」を追加する必要があります。Active Directoryオブジェクトの監査エントリでは、だれに対して、どの操作を監査するのかを指定します。たとえば、ある組織単位で、すべてのユーザーのすべての操作をセキュリティログに記録したい場合は、その組織単位でEveryoneグループに対してフルコントロールの監査エントリを追加します。

　なお、Windows Server 2008以降のAD DSの既定では、すべてのユーザー（Everyoneグループ）に対して、gPLink（グループポリシーオブジェクトのリンク）とgPOptions（グループポリシーオプション）の書き込みの成功を監査する監査エントリがあります。

　監査ポリシーおよび監査エントリの設定には、「成功」と「失敗」の2つがあります。これらは、操作が成功したときにセキュリティログにそのイベントを記録するのか、失敗したときにセキュリティログにイベントを記録するのか、または成功と失敗の両方の操作に対してイベントを記録するのかを決定します。

### 属性の変更前と変更後の値の追跡

　「ディレクトリサービスのアクセスの監査」（DSアクセス）を有効にし、Active Directoryオブジェクトに監査エントリを設定すると、ユーザーが操作を行ったときに、監査エントリに応じたユーザー操作がセキュリティログにイベントが書き込まれます。ただし、各Active Directoryオブジェクトの値の変更内容は、セキュリティログに記録されません。

Active Directoryオブジェクトの属性に対する変更前と変更後の値をセキュリティログに記録したい場合は、「DSアクセス」のサブカテゴリを有効にする必要があります。Windows Server 2008以降の「DSアクセス」には、次の4つのサブカテゴリがあります。

・ディレクトリサービスアクセスの監査
・ディレクトリサービスの変更の監査
・ディレクトリサービスレプリケーションの監査
・詳細なディレクトリサービスレプリケーションの監査

Active Directoryオブジェクトの値に対する変更を追跡するには、「ディレクトリサービスの変更の監査」サブカテゴリを有効にします。なお、「ディレクトリサービスの変更の監査」サブカテゴリでは、オブジェクトの作成、変更、移動、および削除の取り消しの操作を追跡できます。

## セキュリティログの確認

監査ポリシーで有効にしたイベントの記録は、セキュリティログに書き込まれます。セキュリティログには、ディレクトリサービスの変更以外にも、ログオン／ログオフに関するイベントやフォルダー／ファイルへのアクセスに関するイベントなど、さまざまなイベントが書き込まれます。ディレクトリサービスの変更で書き込まれたイベントを簡単に確認する1つの方法は、特定のイベントIDでカスタムビューを作成することです。ディレクトリサービスの変更の監査が有効な場合、Active Directoryオブジェクトの値が変更されたときには、次の表に示すイベントIDのイベントがセキュリティログに書き込まれます。

| イベントID | 説明 |
|---|---|
| 5136 | ディレクトリ内の属性が正しく変更されたときに記録される |
| 5137 | ディレクトリ内にオブジェクトが作成されたときに記録される |
| 5138 | ディレクトリ内のオブジェクトの削除が取り消されたときに記録される |
| 5139 | オブジェクトがドメイン内で移動されたときに記録される |
| 5141 | オブジェクトが削除されたときに記録される |

# 28 オブジェクトの変更を追跡するには

Active Directoryドメインサービス（AD DS）の監査では、ユーザー、グループ、コンピューターなどの
Active Directoryオブジェクトに対する変更を追跡することもできます。ここでは、ユーザーオブジェクトの変
更を例に、Active Directoryオブジェクトへの変更を追跡できるようにする設定を説明します。

## 監査ポリシーおよびサブカテゴリを有効にする

**1** サーバーマネージャーで、［ツール］をクリックする。

**2** ［グループポリシーの管理］をクリックする。

　▶［グループポリシーの管理］が表示される。

**3** ［フォレスト］、［ドメイン］、［＜ドメイン名＞］、［グ
ループポリシーオブジェクト］の順に展開する。

**4** ［Default Domain Controllers Policy］を右ク
リックし、［編集］をクリックする。

　▶［グループポリシー管理エディター］が表示さ
れる。

**5** ［コンピューターの構成］、［ポリシー］、［Windows
の設定］、［セキュリティの設定］、［ローカルポリ
シー］、［監査ポリシー］の順に展開する。

**6** ［ディレクトリサービスのアクセスの監査］を右ク
リックし、［プロパティ］をクリックする。

　▶［ディレクトリサービスのアクセスの監査のプロ
パティ］ダイアログが表示される。

**参照**

グループポリシーの詳細については

**第5章**

**7**

[セキュリティポリシーの設定]タブで、[これらの
ポリシーの設定を定義する]チェックボックスをオ
ンにする。

**8**

[成功]チェックボックスをオンにする。

**9**

[OK]をクリックする。

**10**

[コンピューターの構成]、[ポリシー]、[Windows
の設定]、[セキュリティの設定]、[監査ポリシーの
詳細な設定]、[監査ポリシー]、[DSアクセス]の順
に展開する。

**11**

[ディレクトリサービスの変更の監査]を右クリック
し、[プロパティ]をクリックする。

➡[ディレクトリサービスの変更の監査のプロパ
ティ]ダイアログが表示される。

**12**

[次の監査イベントを構成する]チェックボックスを
オンにする。

**13**

[成功]チェックボックスをオンにする。

**14**

[OK]をクリックする。

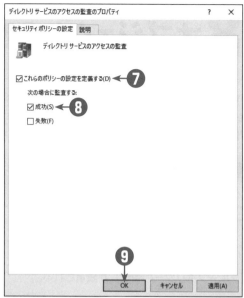

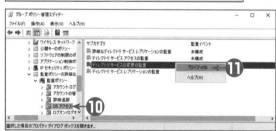

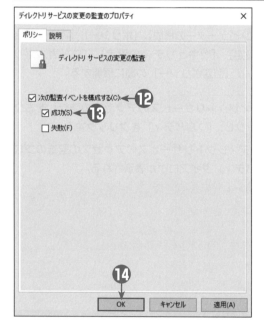

---

**ヒント**

**グループポリシー設定の適用**

変更したグループポリシー設定をすぐに適用したい場合
は、gpupdate /forceコマンドを実行します。

# Active Directoryオブジェクトで監査を有効にする

**①** サーバーマネージャーで、[ツール] をクリックする。

**②** [Active Directory管理センター]をクリックする。

　▶[Active Directory管理センター]が表示される。

**③** 変更を追跡したいActive Directoryオブジェクト
を含む組織単位（OU）を選択する。

**④** タスクウィンドウで、[プロパティ] をクリックする。

　▶オブジェクトのプロパティウィンドウが表示される。

**⑤** [拡張] セクションで、[セキュリティ] タブをクリックする。

**⑥** [詳細設定] をクリックする。

　▶[＜オブジェクト名＞のセキュリティの詳細設定]
ウィンドウが表示される。

**⑦** [監査] タブをクリックし、[追加] をクリックする。

　▶[＜オブジェクト名＞の監査エントリ]ウィンドウ
が表示される。

---

**ヒント**

## サーバーマネージャーが表示されない場合には

サーバーマネージャーは、[管理] → [サーバーマネー
ジャーのプロパティ] で [ログオン時にサーバーマネー
ジャーを自動的に起動しない] チェックボックスをオン
にすると、次回ログオン時から自動的に表示されなくな
ります。サーバーマネージャーを表示するには、スター
トボタンをクリックし、[サーバーマネージャー] タイル
をクリックします。

**8**
[プリンシパルの選択] をクリックする。

▶ [ユーザー、コンピューター、サービスアカウント、またはグループの選択] ダイアログが表示される。

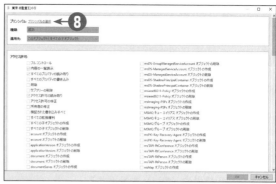

**9**
[選択するオブジェクト名を入力してください] ボックスに追加したいオブジェクト名を入力する。
※本書では、次の値を使用する。
●Authenticated Users

**10**
[名前の確認] をクリックする。

**11**
[OK] をクリックする。

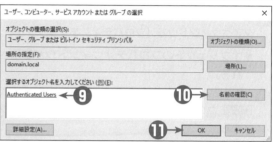

**12**
[<オブジェクト名>の監査エントリ] ウィンドウで、[適用先] ボックスの▼をクリックし、変更を監査したいオブジェクトを選択する。
※本書では、次の値を使用する。
●適用先：子ユーザーオブジェクト

**13**
[プロパティ] セクションで、[すべてのプロパティの書き込み] チェックボックスをオンにする。

**14**
[OK] をクリックする。

**15**
[<オブジェクト名>のセキュリティの詳細設定] ウィンドウで、[OK] をクリックする。

**16**
オブジェクトのプロパティウィンドウ（前ページの手順⑥の画面）で、[キャンセル] をクリックする。

**ヒント**

**[キャンセル] のクリック**

ここで [キャンセル] をクリックしているのは、オブジェクトの拡張しか変更していないので、[OK] をクリックできないためです。

# 29 オブジェクトの変更を確認するには

Active Directoryドメインサービス（AD DS）の監査では、ユーザー、グループ、コンピューターなどの
Active Directoryオブジェクトに対する変更を追跡することもできます。ここでは、ユーザーオブジェクトの変
更を例に、Active Directoryオブジェクトへの変更を確認する手順を説明します。

## ユーザーオブジェクトのプロパティを変更する

**❶** サーバーマネージャーで、［ツール］をクリックする。

**❷** ［Active Directory管理センター］をクリックする。
➡ ［Active Directory管理センター］が表示される。

**❸** 変更を追跡したいActive Directoryオブジェクト
を選択する。

**❹** タスクウィンドウで、［プロパティ］をクリックする。
➡ オブジェクトのプロパティウィンドウが表示される。

**❺** 必要に応じてプロパティを変更する。
※本書では、次の値を使用する。
● 姓：「武田」から「真辺」へ変更

**❻** ［OK］をクリックする。

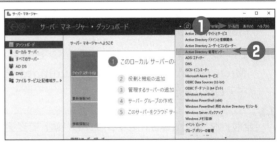
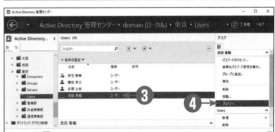

### ヒント

**サーバーマネージャーが表示されない場合には**

サーバーマネージャーは、［管理］→［サーバーマネージャーのプロパティ］で［ログオン時にサーバーマネージャーを自動的に起動しない］チェックボックスをオンにすると、次回ログオン時から自動的に表示されなくなります。サーバーマネージャーを表示するには、スタートボタンをクリックし、［サーバーマネージャー］タイルをクリックします。

# 変更される前と後の値を確認する

**①** サーバーマネージャーで、[ツール] をクリックする。

**②** [イベントビューアー] をクリックする。

▶[イベントビューアー] が表示される。

**③** [Windowsログ]、[セキュリティ] の順に展開する。

**④** オブジェクトの変更を示すイベント（イベントID：5136）をダブルクリックする。

▶[イベントプロパティ－イベント＜イベントID＞, Microsoft Windows security auditing] ダイアログが表示される。

**⑤** [全般] タブで、[属性] セクションの [値] で変更後の値を確認する。

**⑥** 右側にある、下向き矢印をクリックする。

**⑦** 変更前の値を確認する。

**⑧** [閉じる] をクリックする。

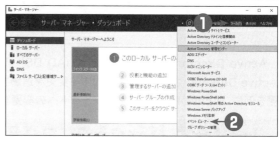

---

**ヒント**

### サーバーマネージャーが表示されない場合には

サーバーマネージャーは、[管理] → [サーバーマネージャーのプロパティ] で [ログオン時にサーバーマネージャーを自動的に起動しない] チェックボックスをオンにすると、次回ログオン時から自動的に表示されなくなります。サーバーマネージャーを表示するには、スタートボタンをクリックし、[サーバーマネージャー] タイルをクリックします。

---

**ヒント**

### 変更前と変更後のどちらかを確認するには

[属性] セクションの下部にある [操作] セクションで、[種類] が [値が削除されました] の場合は変更前の値で、[値が追加されました] の場合は変更後の値です。

# ダイナミックアクセス制御

　Windows Server 2012以降には、今までのNTFSアクセス許可に加え、さらに細かくアクセス制限が行える「ダイナミックアクセス制御」（Dynamic Access Control：DAC）という機能があります。ダイナミックアクセス制御では、ユーザーオブジェクトやコンピューターオブジェクトの属性を確認して、「だれ」が「どのコンピューター」からアクセスできるかを制御できます。たとえば、ファイルサーバー上のNTFSアクセス許可で、すべてのユーザー（Domain Users）に対して「読み取り」アクセス許可を設定している場合でも、ダイナミックアクセス制御ではユーザーの部署属性や役職属性などに応じて、ファイルを変更できるようにしたり、アクセスを拒否したりできます。

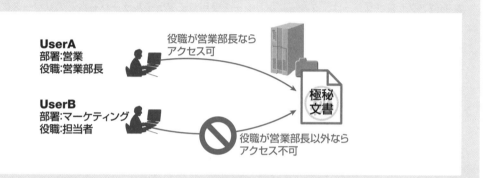

　ダイナミックアクセス制御では、ユーザーやコンピューターの属性に応じたアクセスを制御するために、「集約型アクセスポリシー」を使用します。集約型アクセスポリシーには、だれがどのコンピューターからアクセスできるのかを定義する「集約型アクセス規則」が含まれています。集約型アクセス規則は、「要求」や「リソースプロパティ」と呼ばれる要素で構成されています。

## 要求の種類

　要求の種類では、ユーザーやコンピューターのどの属性を参照するかを定義します。要求の種類は、集約型アクセス規則を設定するための要素として使用されます。要求の種類には、ユーザーオブジェクトの属性に対応する「ユーザー要求」とコンピューターオブジェクトの属性に対応する「デバイス要求」があります。

## リソースプロパティ

　リソースプロパティは、ファイルサーバー上の共有フォルダーなどのリソースに追加する情報です。たとえば、リソースプロパティでは、ファイルに「極秘文書」などの文字がある場合にファイルの重要度（機密性）を「高」に設定したり、これらの文字が含まれないファイルに対しては「低」に設定したりするための重要度（機密性）を定義できます。

## 集約型アクセス規則

　集約型アクセス規則は、リソースの状態に応じて、ユーザーオブジェクトやコンピューターオブジェクトの属性がどの状態のときにアクセスできるのかを設定する規則です。たとえば、リソース（ドキュメント）の重要度（機密性）が「高」の状態のときに、ユーザーの役職属性が「営業部長」であればのアクセスを許

可したり、特定のコンピューターの説明属性が「営業部長PC」であればアクセスを許可したりできます。また、状態が合致した場合のアクセス許可も定義できます。

## 集約型アクセスポリシー

共有フォルダーなどのリソースに設定できるのは集約型アクセスポリシーだけです。集約型アクセス規則はリソースに直接設定できません。また、集約型アクセスポリシーでは、複数の集約型アクセス規則をまとめることができるため、1つのリソースにさまざまな集約型アクセス規則を適用できるようになります。なお、集約型アクセスポリシーは、グループポリシーを使用してファイルサーバーなどのリソースに展開します。

# 30 ダイナミックアクセス制御を設定するには

Windows Server 2012以降のダイナミックアクセス制御（DAC）では、Active Directoryドメインサービス（AD DS）のオブジェクトの属性を使用して、NTFSアクセス許可よりも細かいアクセス制御を行えます。ここでは、ユーザーオブジェクトの役職（title）属性を使用して、ドメインコントローラーでDACを設定する方法を紹介します。

なお、ファイルサーバー上にある共有フォルダーには、「極秘文書」という文字列を含む極秘文書.txtと「通常文書」という文字列を含む通常文書.txtがあります。ここでは、極秘文書.txtへのアクセスを、役職が「営業部長」のユーザーのみアクセスできるようにダイナミックアクセス制御を設定します。

## ダイナミックアクセス制御を準備する

**①** サーバーマネージャーで、[ツール] をクリックする。

**②** [グループポリシーの管理] をクリックする。

　▶[グループポリシーの管理] が表示される。

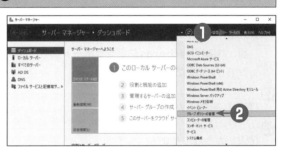

**③** [フォレスト]、[ドメイン]、[＜ドメイン名＞]、[グループポリシーオブジェクト] の順に展開する。

**④** [Default Domain Policy] を右クリックし、[編集] をクリックする。

　▶[グループポリシー管理エディター] が表示される。

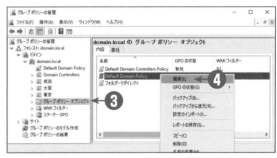

**⑤** [コンピューターの構成]、[ポリシー]、[管理テンプレート]、[システム]、[KDC] の順に展開する。

**⑥** [KDCで信頼性情報、複合認証、およびKerberos防御をサポートする] を右クリックし、[編集] をクリックする。

　▶[KDCで信頼性情報、複合認証、およびKerberos防御をサポートする] ウィンドウが表示される。

**⑦**

[有効] をクリックする。

**⑧**

[ダイナミックアクセス制御の信頼性情報と複合認証およびKerberos防御オプション] ボックスで、[サポート] を選択する。

**⑨**

[OK] をクリックする。

**⑩**

ナビゲーションペインで、[Kerberos] をクリックする。

**⑪**

[Kerberosクライアントで信頼性情報、複合認証、およびKerberos防御をサポートする] を右クリックし、[編集] をクリックする。

▶ [Kerberosクライアントで信頼性情報、複合認証、およびKerberos防御をサポートする] ウィンドウが表示される。

**⑫**

[有効] をクリックする。

**⑬**

[OK] をクリックする。

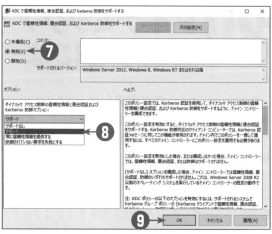

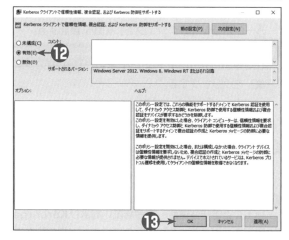

---

**参照**

**グループポリシーの詳細については**

**第5章**

# 要求の種類を設定する

**❶** サーバーマネージャーで、［ツール］をクリックする。

**❷** ［Active Directory管理センター］をクリックする。
　➡［Active Directory 管理センター］が表示される。

**❸** ［Active Directory管理センターの開始］セクションで、［ダイナミックアクセス制御］をクリックする。

**❹** ユーザー要求を作成するために、［要求の種類を作成する］をクリックする。
　➡［要求の種類の作成］ウィンドウが表示される。

**❺** ソース属性一覧から、［title］を選択する。

**❻** ［表示名］ボックスに、「DACTitle」と入力する。

**❼** ［コンピューター］チェックボックスをオフにする。

**❽** ［OK］をクリックする。

**ヒント**

**サーバーマネージャーが表示されない場合には**

サーバーマネージャーは、［管理］→［サーバーマネージャーのプロパティ］で［ログオン時にサーバーマネージャーを自動的に起動しない］チェックボックスをオンにすると、次回ログオン時から自動的に表示されなくなります。サーバーマネージャーを表示するには、スタートボタンをクリックし、［サーバーマネージャー］タイルをクリックします。

## リソースプロパティを設定する

**❶**
[Active Directory管理センター] で、[リソース
プロパティを作成する] をクリックする。

▶[リソースプロパティの作成] ウィンドウが表示さ
れる。

**❷**
[表示名] ボックスに、「RP機密性」と入力する。

**❸**
[提案された値] セクションで、[追加] をクリック
する。

▶[提案された値の追加] ダイアログが表示される。

**❹**
[値] ボックスに「1000」と入力する。

**❺**
[表示名] ボックスに、「低」と入力する。

**❻**
[OK] をクリックする。

**❼**
手順❸〜❻を繰り返し、次の値を追加する。
- ●値：2000、表示名：中
- ●値：3000、表示名：高

**❽**
[リソースプロパティの作成] ウィンドウで、[OK]
をクリックする。

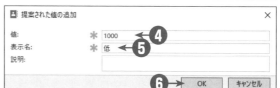

## 集約型アクセス規則を作成する

**❶**
[Active Directory管理センター] で、[集約型ア
クセス規則を作成する] をクリックする。

▶[集約型アクセス規則の作成] ウィンドウが表示さ
れる。

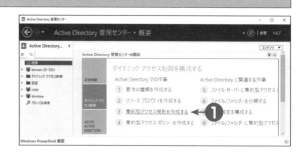

**2**
［名前］ボックスに、「CAR極秘文書アクセス」と入力する。

**3**
［ターゲットリソース］セクションで、［編集］をクリックする。

▶［集約型アクセス規則］ウィンドウが表示される。

**4**
［新しい条件の追加］をクリックする。

**5**
次のように条件を設定する。

●リソース－RP機密性－次の値と等しい－値－高

**6**
［OK］をクリックする。

**7**
［アクセス許可］セクションで、［次のアクセス許可を現在のアクセス許可として使用する］を選択する。

**8**
［編集］をクリックする。

▶［アクセス許可のセキュリティの詳細設定］ウィンドウが表示される。

**9**
［追加］をクリックする。

▶［アクセス許可のアクセス許可エントリ］ウィンドウが表示される。

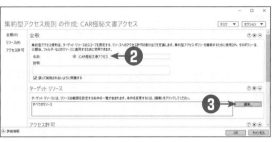

⑩ [プリンシパルの選択] をクリックする。

　▶ [ユーザー、コンピューター、サービスアカウント
　　 またはグループの選択] ダイアログが表示される。

⑪ [選択するオブジェクト名を入力してください] ボッ
　 クスに、「Authenticated Users」と入力する。

⑫ [名前の確認] をクリックする。

⑬ [OK] をクリックする。

⑭ [基本のアクセス許可] セクションで、[変更] チェッ
　 クボックスをオンにする。

　▶ [変更]、[読み取りと実行]、[読み取り]、[書き込
　　 み] チェックボックスがオンになる。

⑮ [条件の追加] をクリックする。

⑯ 次のように条件を設定する。
　● ユーザー－DACTitle－次の値と等しい－値－営
　　 業部長

⑰ [OK] をクリックする。

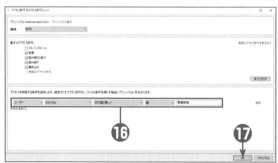

⑱ [アクセス許可のセキュリティの詳細設定] ウィンド
　 ウで、[OK] をクリックする。

⑲ [集約型アクセス規則の作成] ウィンドウで、[OK] をクリックする。

# 集約型アクセスポリシーを作成する

❶ [Active Directory管理センター] で、[集約型アクセスポリシーを作成する] をクリックする。

▶[集約型アクセスポリシーの作成] ウィンドウが表示される。

❷ [名前] ボックスに、「CAP極秘文書保護」と入力する。

❸ [メンバー集約型アクセス規則] セクションで、[追加] をクリックする。

▶[集約型アクセス規則の追加] ダイアログが表示される。

❹ [1つ以上の集約型アクセス規則を選択してください。] ボックスで、[CAR極秘文書アクセス] を選択する。

❺ [>>] をクリックする。

❻ [OK] をクリックする。

❼ [集約型アクセスポリシーの作成] ウィンドウで、[OK] をクリックする。

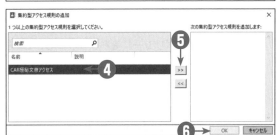

## グループポリシーで集約型アクセスポリシーを公開する

**❶** サーバーマネージャーで、[ツール] をクリックする。

**❷** [グループポリシーの管理] をクリックする。

➡ [グループポリシーの管理] が表示される。

**❸** ファイルサーバーおよびコンピューターアカウントが含まれる組織単位を右クリックし、[このドメインにGPOを作成し、このコンテナーにリンクする] をクリックする。

➡ [新しいGPO] ダイアログが表示される。

**❹** [名前] ボックスに、「DACポリシー」と入力する。

**❺** [OK] をクリックする。

**❻** [DACポリシー] を右クリックし、[編集] をクリックする。

➡ [グループポリシー管理エディター] が表示される。

**❼** [コンピューターの構成]、[ポリシー]、[Windowsの設定]、[セキュリティの設定]、[ファイルシステム] の順に展開する。

**❽** [集約型アクセスポリシー] を右クリックし、[集約型アクセスポリシーの管理] をクリックする。

➡ [集約型アクセスポリシー構成]ダイアログが表示される。

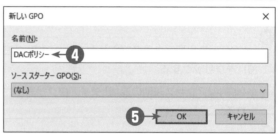

### 参照

グループポリシーの詳細については

**第5章**

⑨
[使用可能な集約型アクセスポリシー]ボックスで、[CAP極秘文書保護]を選択する。

⑩
[追加]をクリックする。

⑪
[OK]をクリックする。

⑫
[コンピューターの構成]、[ポリシー]、[管理用テンプレート]、[システム]、[アクセス拒否アシスタンス]の順に展開する。

⑬
[アクセス拒否エラーのメッセージをカスタマイズする]を右クリックし、[編集]をクリックする。

➡[アクセス拒否エラーのメッセージをカスタマイズする]ウィンドウが表示される。

⑭
[有効]を選択する。

⑮
[アクセスが拒否されたユーザーに次のメッセージを表示する]ボックスに、「DACによりアクセスが拒否されています。」と入力する。

⑯
[次の設定]をクリックする。

➡[クライアントですべてのファイルの種類についてアクセス拒否アシスタンスを有効にする]ポリシー設定が表示される。

⑰
[有効]をクリックする。

⑱
[OK]をクリックする。

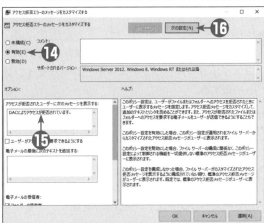

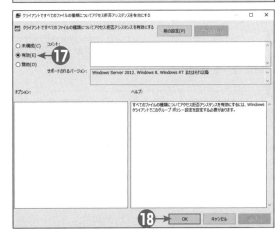

# 31 ダイナミックアクセス制御用にファイルサーバーを設定するには

　Windows Server 2012以降のダイナミックアクセス制御（DAC）は、Active Directoryドメインサービス（AD DS）での設定以外に、リソース（ファイルサーバーなど）での設定も必要になります。ここでは、ファイルサーバーでファイルサーバーリソースマネージャー（FSRM）を使用して「Document」フォルダー内のファイルを分類し、DACの集約型アクセスポリシーを使用してフォルダー内のファイルへのアクセスを制御する方法を紹介します。

## ダイナミックアクセス制御用にファイルサーバーを設定する

❶ スタートボタンをクリックし、[Windows PowerShell]タイルをクリックする。

❷ PowerShellで、次のコマンドを入力して、グループポリシーを更新する。

```
gpupdate /force
```

❸ PowerShellで、次のコマンドレットを入力して、ファイルサーバーリソースマネージャーをインストールする。

```
Install-WindowsFeature `
FS-FileServer,FS-Resource-Manager `
-IncludeManagementTools
```

❹ PowerShellで、次のコマンドを入力して、ファイルサーバーリソースマネージャーを開く。

```
Fsrm.msc
```

❺ [ファイルサーバーリソースマネージャー]で、[分類管理]を展開する。

❻ [分類プロパティ]を右クリックし、[最新の情報に更新]をクリックする。

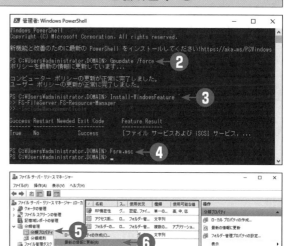

**ヒント**

**行継続文字**

各行の後にある「`」は、行の継続を示しています。「`」を省略して1行で書くことも可能です。

**ヒント**

**グループポリシー設定の適用**

変更したグループポリシー設定をすぐに適用したい場合は、gpupdate /forceコマンドを実行します。

**⑦**
[分類規則] を右クリックし、[分類規則の作成] を
クリックする。

▶ [分類規則の作成] ダイアログが表示される。

**⑧**
[規則名] ボックスに、「極秘文書分類」と入力する。

**⑨**
[スコープ] タブをクリックする。

**⑩**
[追加] をクリックする。

▶ [フォルダーの参照] ダイアログが表示される。

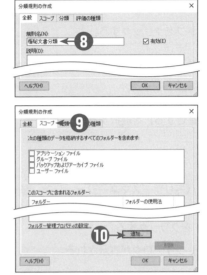

**⑪**
[Document] を選択する。

**⑫**
[OK] をクリックする。

**⑬**
[分類] タブをクリックする。

**⑭**
[分類方法] セクションで、[コンテンツ分類子] を
選択する。

**⑮**
[プロパティ] セクションで、[RP機密性] および
[高] を選択する。

**⑯**
[構成] をクリックする。

▶ [分類パラメーター] ウィンドウが表示される。

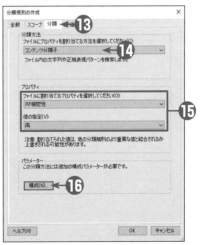

㉗
[正規表現] ドロップダウンリストをクリックし、[文字列] をクリックする。

⑱
[式] ボックスに、「極秘文書」と入力する。

⑲
[OK] をクリックする。

⑳
[評価の種類] タブをクリックする。

㉑
[既存のプロパティ値を再評価する] チェックボックスをオンにする。

㉒
[既存の値を上書きする] を選択する。

㉓
[OK] をクリックする。

㉔
[ファイルサーバーリソースマネージャー] で、[分類規則] を右クリックし、[すべての規則で今すぐ分類を実行する] をクリックする。

▶ [分類の実行] ダイアログが表示される。

㉕
[分類の完了を待つ] を選択する。

㉖
[OK] をクリックする。

▶ Webブラウザーが起動し、「自動分類レポート」が表示される。

㉗
自動分類レポートでファイルが分類されたことを確認する。

㉘
Webブラウザーを閉じる。

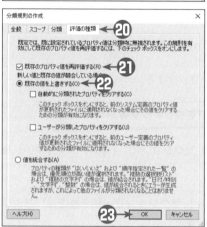

㉙ エクスプローラーを開き、[Document] フォルダーを右クリックし、[プロパティ] をクリックする。

▶ [Documentのプロパティ] ダイアログが表示される。

㉚ [セキュリティ] タブをクリックする。

㉛ [詳細設定] をクリックする。

▶ [ドキュメントのセキュリティの詳細設定] ウィンドウが表示される。

㉜ [集約型ポリシー] タブをクリックする。

㉝ [変更] をクリックする。

㉞ [CAP極秘文書保護] を選択する。

㉟ [OK] をクリックする。

㊱ [Documentのプロパティ] ダイアログで、[OK] をクリックする。

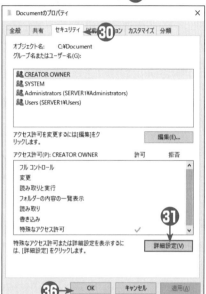

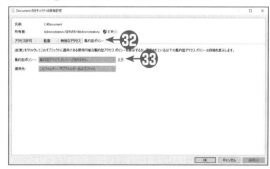

# 32 ダイナミックアクセス制御の動作を確認するには

　ここでは役職属性が「営業部長」になっている「Shusaku」ユーザーアカウントと役職属性のない「Taizou」ユーザーアカウントでサインインして、ダイナミックアクセス制御（DAC）のクライアントの動作を確認します。

## ダイナミックアクセス制御の動作を確認する

**❶** クライアントコンピューターに、Shusakuとしてサインインする。

**❷** タスクバーで、［エクスプローラー］アイコンをクリックする。

**❸** エクスプローラーのアドレスバーに、「¥¥＜ファイルサーバー名＞¥Document」と入力し、Enter キーを押す。
※本書では、次の値を使用する。
● ファイルサーバー名：Server1

**❹** 「極秘文書」という文字列を含む極秘文書.txtを開き、内容を変更できることを確認する。

**❺** 「通常文書」という文字列を含む通常文書.txtを開き、内容を変更できることを確認する。

**❻** クライアントコンピューターに、Taizouとしてサインインする。

**❼** タスクバーで、［エクスプローラー］アイコンをクリックする。

**❽** エクスプローラーのアドレスバーに、「¥¥＜ファイルサーバー名＞¥Document」と入力し、Enter キーを押す。
※本書では、次の値を使用する。
● ファイルサーバー名：Server1

**❾** 「極秘文書」という文字列を含む極秘文書.txtを開けないことを確認する。

**❿** 「通常文書」という文字列を含む通常文書.txtを開き、内容を変更できることを確認する。

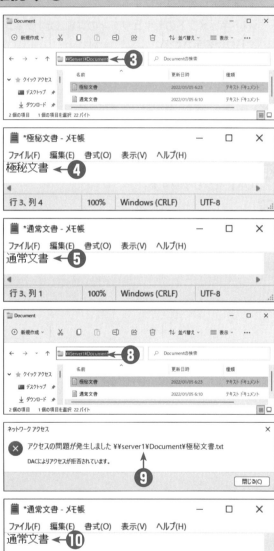

# グループポリシーの構成

第 **5** 章

グループポリシーを使用すると、さまざまなオブジェクトを要件に応じて簡単に管理することができます。この章では、グループポリシーの概念、[グループポリシーの管理] コンソール（GPMC）を使用したグループポリシーの構成方法について解説します。

## コラム グループポリシーの概念

「グループポリシー」は、Active Directoryドメインサービス（AD DS）の主要な機能の1つであり、複数のユーザーやコンピューターに共通の設定を適用します。グループポリシーを使用すると、ドメイン内のユーザーの操作を制御したり、メンバーサーバーやコンピューターの動作を制限したりできます。たとえば、ユーザーがクライアントコンピューターの設定を勝手に変更できないようにコントロールパネルを無効にしたり、クライアントコンピューターにアプリケーションやService Packを自動的にインストールしたり、ユーザーのパスワードの長さをドメイン内で統一したりできます。また、Administratorアカウントのアカウント名の変更や、ログオンオプションなどのセキュリティオプションも設定できます。

### グループポリシーオブジェクト

グループポリシーは、AD DSの機能の名称であり、この機能を実現しているのが「グループポリシーオブジェクト（GPO）」です。GPOとは、グループポリシーで使う、ユーザーやコンピューターの設定が定義されているActive Directoryオブジェクトです。いわば、コンピューター環境を設定するための構成ファイルのようなものです。GPOには、大きく分けて「ローカルGPO」と「非ローカルGPO」の2種類があります。

### ローカルGPO

Windows 2000以降のWindowsオペレーティングシステムには、Active Directoryドメインに参加していないコンピューターでも、各コンピューターに「ローカルGPO」と呼ばれるGPOがあります。ローカルGPOは、ワークグループ環境のスタンドアロンサーバーやクライアントコンピューターで設定するGPOで、コンピューターごとに設定する必要があります。ただし、Active Directoryドメイン環境では、非ローカルGPOがローカルGPOの設定を上書きする可能性があります。

### 非ローカルGPO

非ローカルGPOは、Active Directoryドメインに作成されるGPOで、Active Directoryドメインのユーザーやコンピューターのポリシー設定を一元管理できます。また、非ローカルGPOは、AD DSのサイト、ドメイン、組織単位（OU）にリンクできるため、一部のユーザーやコンピューターだけに適用できます。たとえば、100台のコンピューターにポリシー設定を適用する場合、ワークグループ環境では100台のコンピューターでそれぞれローカルGPOを設定する必要があります。しかし、Active Directoryドメイン環境では、ポリシー設定を適用したいコンピューターを1つのOUにまとめ、1つのGPOを作成してポリシー設定を定義し、そのGPOをOUにリンクするだけで100台のコンピューターにポリシー設定を適用できます。なお、GPOをサイトやドメイン、OUに関連付けることを「リンク」と呼び、GPOのポリシー設定をユーザーやコンピューターに反映することを「適用」と呼びます。

Active Directoryドメインには、既定で2つの非ローカルGPOがあります。1つは、Active DirectoryドメインにリンクされているGPOで、ドメイン内のすべてのユーザーとコンピューターに適用される「Default Domain Policy」です。もう1つは、Domain Controllers OUにリンクされているGPOで、ドメインコントローラーだけに適用される「Default Domain Controllers Policy」です。

## グループポリシーの概要

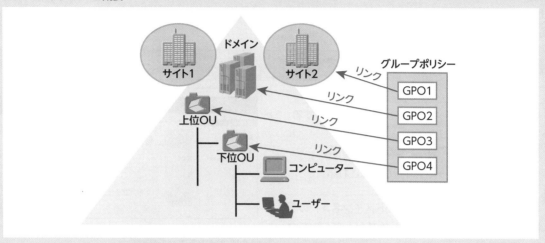

## [グループポリシーの管理] コンソール

　[グループポリシーの管理] コンソール（GPMC）は、AD DS ドメイン環境でグループポリシーを一元管理するためのツールです。GPMCは、AD DSのサイト、ドメイン、OUのGPOを1つのツールで管理するためのインターフェイスを提供します。また、GPMCでは、複数のドメインを管理することもできます。

　GPMCでは、ドメインやOUにリンクされているGPOを、直感的に管理できます。GPMCの主な機能は、次のとおりです。

- ・グループポリシーを管理するためのインターフェイス
- ・GPOのバックアップと復元
- ・GPOのインポート、エクスポート、コピー、貼り付け
- ・GPOの適用結果を確認またはシミュレートするためのHTML形式のレポート機能

## スターター GPO

　「スターター GPO」とは、GPO を作成する際に使用できるテンプレートのようなものです。組織の規則で決まっているポリシー設定をスターター GPO として登録しておくと、同じポリシー設定を繰り返す必要がなくなります。たとえば、省エネ対策のため「コンピューターを5分以上使っていない場合は、ディスプレイとハードディスクをオフにする」、および情報漏えい対策のため「リムーバブルディスクへの書き込みを禁止する」という会社の規則がある場合、スターター GPO にこれらの規則に対応するポリシー設定を登録しておけば、GPO を作成するときにこれらのポリシー設定を指定する必要がなく、単にスターター GPO を指定するだけで済みます。なお、スターター GPO では、GPOのポリシー設定すべてではなく、GPOの管理用テンプレートの部分だけを設定できます。

# 1 ドメインのGPOを表示するには

ドメインのグループポリシーオブジェクト（GPO）は、[グループポリシーの管理]コンソール（GPMC）で表示したり管理したりできます。

## ドメイン内のGPOを表示する

**❶**

サーバーマネージャーで、[ツール]をクリックする。

**❷**

[グループポリシーの管理]をクリックする。

▶ [グループポリシーの管理]が表示される。

**❸**

[フォレスト]、[ドメイン]、[<ドメイン名>]の順に展開し、[グループポリシーオブジェクト]をクリックする。

▶ 右ペインに、現在ドメインにあるGPOが表示される。

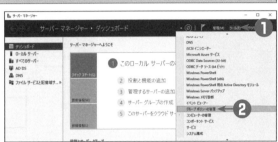

---

**ヒント**

### PowerShellで設定する

GPOを表示するには、下記のコマンドレットを使用します。

```
Get-GPO -All -Domain <ドメインのFQDN>
```

# フォレスト内の別ドメインを表示する

**❶**
[グループポリシーの管理]で、[ドメイン]を右ク
リックし、[ドメインの表示]をクリックする。

➡[ドメインの表示]ダイアログが表示される。

**❷**
[ドメイン]ボックスで、表示したいドメインの
チェックボックスをオンにする。

**❸**
[OK]をクリックする。

➡[グループポリシーの管理]コンソールに、追加し
たドメインが表示される。

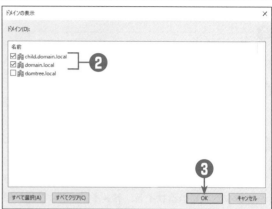

## ヒント

### 追加可能なドメインについて

[ドメインの表示]ダイアログには、フォレスト内のドメ
インが表示されます。目的のドメインのドメインコント
ローラーに接続できない場合は、エラーメッセージが表
示されます。

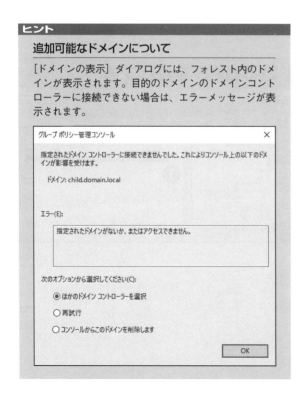

# 2 GPOのリンクを確認するには

　グループポリシーオブジェクト（GPO）のリンクは、［グループポリシーの管理］コンソール（GPMC）で表示したり管理したりできます。

## GPOのリンク先を調べる

**1** サーバーマネージャーで、［ツール］をクリックする。

**2** ［グループポリシーの管理］をクリックする。

▶［グループポリシーの管理］が表示される。

**3** ［フォレスト］、［ドメイン］、［＜ドメイン名＞］、［グループポリシーオブジェクト］の順に展開する。

**4** リンク先を調べたいGPOをクリックする。

▶右ペインの［スコープ］タブの［リンク］に、リンクされているサイト、ドメイン、および組織単位が表示される。

**ヒント**

**PowerShellで設定する**

GPOのリンク先を調べるには、下記のコマンドレットを使用します。

```
Get-GPOReport -Name <GPO名> -ReportType HTML `
-Path <パスとファイル名>
```

## サイト、ドメイン、OUにリンクされているGPOを表示する

**1** ［グループポリシーの管理］コンソールで、目的のサイト、ドメイン、組織単位をクリックするか、左側にある三角記号をクリックする。

▶サイト、ドメイン、OUをクリックした場合は、右ペインの［リンクされたグループポリシーオブジェクト］タブにリンクされているGPOが表示される。三角記号をクリックした場合は、サイト、ドメイン、組織単位の下にリンクされているGPOが表示される。

# 3 GPOを作成するには

ドメインや組織単位、サイトに独自のグループポリシーをリンクするには、最初に新しいグループポリシーオブジェクト（GPO）を作成します。

## GPOを作成する

❶
サーバーマネージャーで、[ツール] をクリックする。

❷
[グループポリシーの管理] をクリックする。

▶[グループポリシーの管理] が表示される。

❸
[フォレスト]、[ドメイン]、[<ドメイン名>] の順に展開する。

❹
[グループポリシーオブジェクト] を右クリックし、[新規] をクリックする。

▶[新しいGPO] ダイアログが表示される。

❺
[名前] ボックスに、GPOのわかりやすい名前を入力する。
※本書では、次の値を使用する。
●名前：SysLog32

❻
[OK] をクリックする。

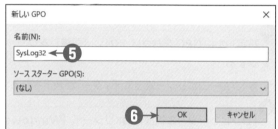

**ヒント**

### GPOを作成した時点でリンクさせるには

GPOをリンクしたいサイト、ドメイン、組織単位を右クリックし、[このドメインにGPOを作成し、このコンテナーにリンクする] をクリックします。

**ヒント**

### GPOを削除するには

[グループポリシーオブジェクト] を展開し、削除したいGPOを右クリックして、[削除] をクリックします。

**ヒント**

### PowerShellで設定する

GPOを作成するには、下記のコマンドレットを使用します。

```
New-GPO -Name <GPO名>
```

# 4 GPOを設定するには

GPOの設定は、[グループポリシー管理エディター] スナップインで行います。ここでは、システムログのサイズを32MBにするポリシー設定を例にGPOの設定方法を説明します。

## GPOを設定する

**❶** サーバーマネージャーで、[ツール] をクリックする。

**❷** [グループポリシーの管理] をクリックする。

▶ [グループポリシーの管理] が表示される。

**❸** [フォレスト]、[ドメイン]、[<ドメイン名>] の順に展開し、[グループポリシーオブジェクト] をクリックする。

**❹** 設定したいGPOを右クリックし、[編集] をクリックする。

▶ [グループポリシー管理エディター]が表示される。

**❺** [コンピューターの構成]、[ポリシー ]、[Windowsの設定]、[セキュリティの設定] の順に展開し、[イベントログ] をクリックする。

**❻** [システムログの最大サイズ] をダブルクリックする。

▶ [システムログの最大サイズのプロパティ]ダイアログが表示される。

**❼** [このポリシーの設定を定義する] チェックボックスをオンにし、システムログの最大サイズを入力する。

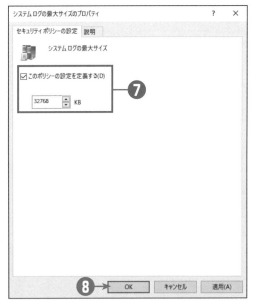

**❽** [OK] をクリックする。

**❾** [グループポリシー管理エディター] を閉じる。

### ヒント

**システムログのサイズについて**

システムログのサイズは、KB単位で設定します。1MBは1024KBなので、32MBの場合には「32768」と入力します。

# 5 管理用テンプレートを追加するには

「管理用テンプレート」は、グループポリシーコンポーネントの1つであり、レジストリベースのポリシーを設定するために使用します。Active Directoryドメインサービス（AD DS）では通常、新しい管理用テンプレートファイル（拡張子.admx）を使用します。ここでは、Microsoft 365 Apps for enterprise/Office LTSC 2021/Office 2019/Ofice 2016用の管理用テンプレートを追加する方法を紹介します。

## 中央ストアを作成する

**❶**
タスクバーで、［エクスプローラー］アイコンをクリックする。

**❷**
［C:¥Windows¥PolicyDefinitions］フォルダーをコピーする。

**❸**
コピーしたフォルダーを［C:¥Windows¥SYSVOL ¥Domain¥Policies］フォルダーに貼り付ける。

▶ 管理用テンプレートの中央ストアが作成される。

**ヒント**

**管理用テンプレートの格納場所**

AD DSの既定のローカル管理用テンプレートは、［%SystemRoot%¥PolicyDefinitions］フォルダーに格納されています。

## Officeの管理用テンプレートを使えるようにする

**❶**
エクスプローラーで、Officeの管理用テンプレートがあるフォルダーを開く。

**❷**
管理用テンプレートファイル（.admx）と言語ファイル（.adml）のフォルダー（ja-jp）を選択して右クリックし、［コピー］をクリックする。

**❸**
［C:¥Windows¥SYSVOL¥Domain¥Policies¥PolicyDefinitions］フォルダーを選択した後、詳細ウィンドウで右クリックし、［貼り付け］をクリックする。

▶グループポリシー管理エディターで、Officeの管理用テンプレートが使えるようになる。

**ヒント**

**Office の管理用テンプレート**

ここで使用するMicrosoft 365 Apps for enterprise/Office LTSC 2021/Office 2019/Office 2016用の管理用テンプレートは、次のURLからダウンロードできます。
https://www.microsoft.com/en-us/download/details.aspx?id=49030

また、この管理用テンプレートに関する詳細は、次のWebサイトに説明があります。

「Officeの管理用テンプレートを使用してグループポリシー（GPO）でOffice 365 ProPlusを制御する」
https://answers.microsoft.com/ja-jp/msoffice/forum/all/office/3ec9d79c-44ec-4273-97e2-2a6f3a1fd8ef

# 6 スターター GPO を作成するには

スターター GPO を作成しておくと、グループポリシーオブジェクト（GPO）を作成する際のテンプレートとして使用できます。スターター GPO では、GPO の管理用テンプレートの部分だけを設定できます。

## スターター GPO を作成する

**1** サーバーマネージャーで、[ツール] をクリックする。

**2** [グループポリシーの管理] をクリックする。

　▶[グループポリシーの管理] が表示される。

**3** [フォレスト]、[ドメイン]、[＜ドメイン名＞] の順に展開し、[スターター GPO] をクリックする。

**4** [スターター GPO フォルダーの作成] をクリックする。

**5** [スターター GPO] を右クリックし、[新規] をクリックする。

　▶[新しいスターター GPO] ダイアログが表示される。

**6** [名前] ボックスに、スターター GPO のわかりやすい名前を入力する。
　※本書では、次の値を使用する。
　●名前：電源管理

**7** [OK] をクリックする。

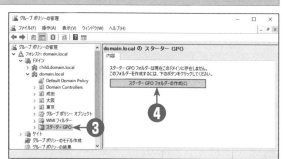

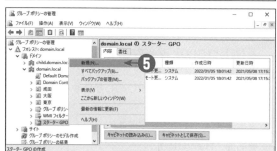

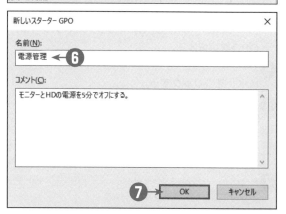

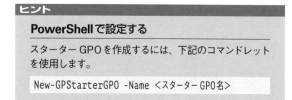

---

**ヒント**

### PowerShell で設定する

スターター GPO を作成するには、下記のコマンドレットを使用します。

```
New-GPStarterGPO -Name <スターター GPO名>
```

**⑧**

新規に作成したスターター GPO を右クリックし、[編集] をクリックする。

▶ [グループポリシースターター GPOエディター] スナップインが表示される。

**⑨**

ポリシー設定を構成する。

**⑩**

[グループポリシースターター GPOエディター] スナップインを閉じる。

## スターター GPOを使用してGPOを作成する

**①**

[グループポリシーの管理] で、[フォレスト]、[ドメイン]、[<ドメイン名>] の順に展開する。

**②**

[グループポリシーオブジェクト] を右クリックし、[新規] をクリックする。

▶ [新しいGPO] ダイアログが表示される。

**③**

[名前] ボックスに、GPOのわかりやすい名前を入力する。

※本書では、次の値を使用する。

●名前：NewGPO

**④**

[ソーススターター GPO] ボックスで、スターターGPOを選択する。

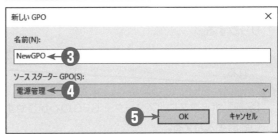

**⑤**

[OK] をクリックする。

**⑥**

新規に作成したGPOを右クリックし、[編集] をクリックする。

▶ [グループポリシー管理エディター]が表示される。

**⑦**

ポリシー設定を構成する。

**⑧**

[グループポリシー管理エディター] を閉じる。

**ヒント**

### PowerShellで設定する

スターター GPOを使用してGPOを作成するには、下記のコマンドレットを使用します。

```
New-GPO -Name <GPO名> `
 -StarterGPOName <スターター GPO名>
```

# 7 既存のGPOのポリシー設定を確認するには

[グループポリシーの管理] コンソール（GPMC）では、グループポリシーオブジェクト（GPO）のポリシー設定を確認できます。

## 既存のGPOのポリシー設定を確認する

**①** サーバーマネージャーで、[ツール] をクリックする。

**②** [グループポリシーの管理] をクリックする。

　▶[グループポリシーの管理] が表示される。

**③** [フォレスト]、[ドメイン]、[<ドメイン名>]、[グループポリシーオブジェクト] の順に展開する。

**④** ポリシー設定を確認したいGPOをクリックする。

**⑤** 右ペインの [設定] タブをクリックする。

　▶ポリシー設定が表示される。

**⑥** 次のいずれかの操作を実行する。

　●すべてのポリシー設定を表示する場合は、[すべて表示] をクリックする。

　●個別にポリシー設定を表示する場合は、目的の項目の [表示] をクリックする。

---

**ヒント**

**GPMCでのポリシー設定の表示について**

グループポリシー管理エディターとは異なり、GPMCでは、GPOで定義されているポリシー設定だけが表示されます。

---

**ヒント**

**PowerShellで設定する**

GPOのポリシー設定を確認するには、下記のコマンドレットを使用します。

```
Get-GPOReport -Name <GPO名> -ReportType HTML `
-Path <パスとファイル名>
```

---

**ヒント**

**Internet Explorerセキュリティ強化の構成機能が有効な場合には**

Internet Explorer セキュリティ強化の構成機能が有効な場合、Webサイトがブロックされていることを知らせる [Internet Explorer] ダイアログが表示されます。この場合、[追加] をクリックして信頼済みサイトに追加すると、それ以降ダイアログが表示されなくなります。

# 8 GPOをリンクするには

グループポリシーオブジェクト（GPO）は、サイト、ドメイン、**組織単位オブジェクト**にリンクできます。

## GPOをリンクする

**①** サーバーマネージャーで、［ツール］をクリックする。

**②** ［グループポリシーの管理］をクリックする。

▶［グループポリシーの管理］が表示される。

**③** GPOをリンクしたいサイトやドメイン、組織単位を右クリックし、［既存のGPOのリンク］をクリックする。

▶［GPOの選択］ダイアログが表示される。

**④** ［グループポリシーオブジェクト］ボックスで、リンクしたいGPOを選択する。

**⑤** ［OK］をクリックする。

▶GPOのリンクが作成される。GPOのリンクには、左下に矢印のアイコンが表示される。

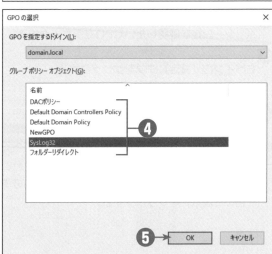

### ヒント

**GPOをすばやくリンクするには**

［グループポリシーオブジェクト］に表示されているGPOを、サイト、ドメイン、組織単位にドラッグアンドドロップしてリンクすることもできます。

**GPOのリンクを削除するには**

GPOがリンクされているサイト、ドメイン、組織単位を展開し、削除したいGPOのリンクを右クリックして、［削除］をクリックします。この場合、リンクが削除されるだけで、GPO自体は削除されません。

**PowerShellで設定する**

GPOをリンクするには、下記のコマンドレットを使用します。

```
New-GPLink -Name <GPO名> `
-Target "<リンク先OUの識別名>"
```

# コラム C グループポリシーの適用順序

Active Directoryドメイン環境では、グループポリシーオブジェクト（GPO）のポリシー設定をサイト、ドメイン、組織単位（OU）にリンクして、簡単に複数のユーザーやコンピューターに適用できます。

## ポリシーの継承

GPOのポリシー設定は、上位のコンテナー（サイト、ドメイン、OUなど）から下位のコンテナーに継承されます。上位のコンテナーで設定されたポリシー設定は、下位のコンテナーに格納されているユーザーおよびコンピューターオブジェクトに適用されます。上位のGPOのポリシー設定と下位のGPOのポリシー設定に矛盾がない場合は、下位のGPOは上位のGPOのポリシー設定を継承し、上位のコンテナーと同じ設定が下位のコンテナー内のユーザーやコンピューターに適用されます。

ただし、上位と下位のGPOでポリシー設定が矛盾している場合は、下位のGPOは上位のGPOからポリシー設定を継承しません。上位と下位のGPOで同じポリシー設定に対して異なる値が設定されている場合は、下位のGPOのポリシー設定で上書きされ、独自の設定が下位のコンテナー内のユーザーやコンピューターに適用されます。

## GPOの優先順位

GPOは、サイト、ドメイン、OU（OU階層構造の上位OUと下位OU）にリンクできるため、各GPOでポリシー設定が競合する可能性があります。Active Directoryドメインサービス（AD DS）では、GPOのポリシー設定の競合を回避するために、GPOがリンクされる場所に応じて優先順位が決まっています。

GPOのポリシー設定は、ローカルGPOが適用された後、サイトのGPO、ドメインのGPO、上位OUのGPO、および下位OUのGPOの順で読み込まれ適用されます。ポリシー設定が競合する場合は、後から適用されたポリシー設定で上書きされます。たとえば、コンピューターのシステムログのサイズがローカルGPOで16MBに設定されているときに、サイトにリンクされているGPOで32MB、ドメインにリンクされているGPOで48MB、コンピューターが属するOUにリンクされているGPOで64MBの場合、このコンピューターのシステムログのサイズは最後に適用されたOUのポリシー設定が適用されて64MBになります。

### 組織単位でのGPOの優先順位

また、ドメイン、サイト、OUには、1つ以上のGPOをリンクできます。たとえば、Sales OUには、営業用アプリケーションをインストールするためのGPOとコントロールパネルへのアクセスを制限するGPOの両方をリンクできます。

1つのOUに複数のGPOがリンクされている場合、各GPOでポリシー設定が競合していなければ、すべてのポリシー設定が適用されます。ポリシー設定が競合している場合には、管理者が決定した優先順位に従ってGPOが読み込まれ、

**GPOの優先順位**

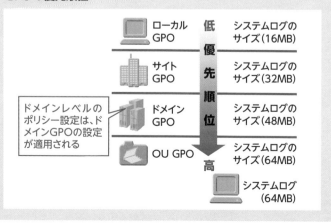

後から読み込まれたGPOのポリシー設定で上書きされます。たとえば、Sales OUにシステムログのサイズを32MBにするGPOと64MBにするGPOがある場合、管理者が設定した優先順位により、適用されるGPOが決まります。

**優先順位の例外**

　GPOの優先順位には例外があります。主な例外は、GPOのリンクで設定する［強制］オプションと、サイト、ドメイン、OUで設定する［継承のブロック］オプションの2つです。［強制］オプションを設定すると、GPOのポリシー設定がそれ以降に適用されるGPOで上書きされなくなります。OUなどで［継承のブロック］オプションを設定すると、サイト、ドメイン、上位OUで適用されるGPOのポリシー設定がブロックされます。また、上位GPOのリンクで［強制］オプションが設定されており、下位OUなどで［継承のブロック］オプションが設定されているときは、上位のGPOで設定した［強制］オプションが優先されます。

　［強制］と［継承のブロック］以外にも例外があります。この例外は、ドメインレベルでしか適用されないポリシー設定です。グループポリシーの既定では、パスワードのポリシー、アカウントロックアウトのポリシー、Kerberosポリシーなどのアカウントポリシーがドメイン内で統一されている必要があります。そのため、GPOのアカウントポリシーの設定は、ドメインレベルのポリシー設定が適用され、OUレベルでのポリシー設定は無視されます。なお、パスワード設定オブジェクト（PSO）を作成すると、ドメイン内で複数のパスワードポリシーとアカウントロックアウトポリシーを設定できます。パスワード設定オブジェクト（PSO）については、第4章のコラム「複数のパスワードポリシー」を参照してください。

　さらに、グループポリシーのアクセス許可およびWMI（Windows Management Instrumentation）フィルターによる例外もあります。GPOのポリシー設定をユーザーまたはコンピューターに適用するには、GPOの［読み取り］および［グループポリシーの適用］アクセス許可が必要になります。既定ではAuthenticated Usersグループに［読み取り］および［グループポリシーの適用］アクセス許可が許可されているため、認証されたユーザーすべてにグループポリシーが適用されます。ただし、Authenticated Usersグループを削除し、任意のグループ、ユーザー、コンピューターなどを追加すると、GPOのアクセス許可を使用してポリシー設定の適用対象を制御できます。

　また、Windows Server 2003以降のActive Directoryでは、WMIフィルターによって、GPOの適用対象となるコンピューターやユーザーを制御できます。WMIフィルターは、SQL構文に似ているWQL（WMIクエリ言語）で書かれたフィルターです。たとえば、OfficeアプリケーションをインストールするGPOでは、WMIフィルターを使ってハードディスクの空き領域が10GB以上あるコンピューターにだけインストールするようにGPOの適用を制御できます。

## ループバック処理モード

　グループポリシーの［コンピューターの構成］と［ユーザーの構成］は、コンピューターの起動時にコンピューターオブジェクトが格納されているOUのGPOの［コンピューターの構成］が適用され、ユーザーのサインイン時にユーザーオブジェクトが格納されているOUのGPOの［ユーザーの構成］が適用されます。そのため、既定でユーザー用のGPOはコンピューター用のGPOよりも優先します。

しかし、ユーザーアカウントが格納されているOUのGPOのポリシー設定が優先することによって、複数のユーザーが使用する共有コンピューターなどで不都合が生じる場合があります。たとえば、ユーザーが普段は自分のノートPCを使っており、打ち合わせ時には会議室にある共用コンピューターを使うことを考えてみましょう。ユーザー用のGPOでコントロールパネルへのアクセスを許可し、共用コンピューターの設定を変更できないように、コンピューター用のGPOでコントロールパネルへのアクセスを禁止している場合、ユーザー用のGPOのポリシー設定が有効になり、ユーザーは会議室にある共用コンピューターのコントロールパネルにアクセス可能です。しかし、ユーザー用のGPOでコントロールパネルへのアクセスを禁止すると、ユーザーが自分のノートPCコンピューターでもコントロールパネルにアクセスできなくなってしまいます。このように複数のユーザーが使用する共用コンピューターの場合は、「ループバック処理モード」を使うと、コンピューター用のGPOの［ユーザーの構成］を優先させることができます。

ループバック処理モードでは、コンピューター用のGPOの［コンピューターの構成］、ユーザー用のGPOの［ユーザーの構成］の順にポリシー設定が読み込まれた後、コンピューター用のGPOの［ユーザーの構成］が読み込まれます。これにより、共用コンピューターでは、どのユーザーでサインインしてもコントロールパネルへのアクセスが禁止されるようになります。

**通常のGPOの適用動作**

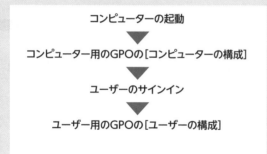

**ループバック処理モードでのGPOの適用動作**

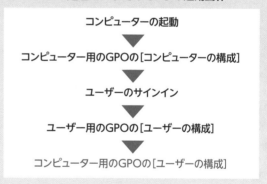

ループバック処理モードには、次の2つのモードがあります。

●**置換**

　［ユーザーの構成］は、コンピューター用のGPOで定義されている［ユーザーの構成］ですべて上書きされます。

●**統合**

　［ユーザーの構成］は、ユーザー用のGPOで定義されている［ユーザーの構成］とコンピューター用のGPOで定義されている［ユーザーの構成］の組み合わせになります。ただし、ポリシー設定が競合する場合には、コンピューター用のGPOで定義されている［ユーザーの構成］が優先されます。

# 9 GPOの優先順位を変更するには

[グループポリシーの管理] コンソール (GPMC) では、グループポリシーオブジェクト (GPO) の優先順位を変更することができます。GPMCでは、下位のGPOを優先させることを「継承のブロック」、上位のGPOを優先させることを「強制」と呼びます。

## 下位のGPOを優先させる

**❶** サーバーマネージャーで、[ツール] をクリックする。

**❷** [グループポリシーの管理] をクリックする。
▶ [グループポリシーの管理] が表示される。

**❸** 下位のGPOを優先させたいサイト、ドメイン、組織単位を右クリックし、[継承のブロック] をクリックする。

### ヒント

**PowerShellで設定する**

GPOの継承をブロックするには、下記のコマンドレットを使用します。

```
Set-GPinheritance `
-Target "<OUの識別名>" -IsBlocked Yes
```

### 参照

**GPOの適用順序については**

この章のコラム「グループポリシーの適用順序」

## 上位のGPOを優先させる

**❶** GPMCで、目的のサイト、ドメイン、組織単位を展開する。

**❷** 上位のGPOを優先させたいGPOのリンクを右クリックし、[強制] をクリックする。

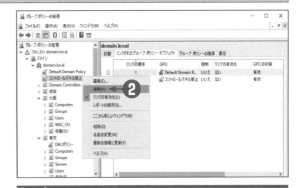

### ヒント

**オブジェクト内でGPOの優先順位を変更するには**

1つのオブジェクトに複数のGPOを適用している場合には、オブジェクト内でのGPOの優先順位を変更することができます。優先順位を変更したいサイト、ドメイン、組織単位 (OU) をクリックします。右ペインの [リンクされたグループポリシーオブジェクト] タブで、順位を変更するGPOを選択し、上向きまたは下向きの矢印をクリックします。優先順位は、上にあるほど高くなります。

### ヒント

**PowerShellで設定する**

GPOを強制するには、下記のコマンドレットを使用します。

```
Set-GPLink -Name <GPO名> `
-Target "<OUの識別名>" `
-Enforced Yes
```

# 10 特定のグループだけにGPOを適用するには

グループポリシーオブジェクト（GPO）は、ユーザーやグループ単位で適用したり拒否したりできます。たとえば、営業用の顧客管理ソフトを営業部でだけ使いたい場合、営業部のグループだけにグループポリシーを適用すると、営業部のユーザーのコンピューターにのみ顧客管理ソフトをインストールできます。また、コントロールパネルを無効にするGPOの場合、サポート担当者または管理者にグループポリシーの適用を拒否すると、サポート担当者や管理者は継続してコントロールパネルを使えます。

## 特定のグループだけにGPOを適用する

**❶**
サーバーマネージャーで、［ツール］をクリックする。

**❷**
［グループポリシーの管理］をクリックする。

➡［グループポリシーの管理］が表示される。

**❸**
［フォレスト］、［ドメイン］、［＜ドメイン名＞］、［グループポリシーオブジェクト］の順に展開する。

**❹**
設定したいGPOをクリックする。

**❺**
［スコープ］タブの［セキュリティフィルター処理］で、［Authenticated Users］を選択し、［削除］をクリックする。

➡［グループポリシーの管理］ダイアログが表示される。

**❻**
［OK］をクリックする。

➡［グループポリシーの管理］ダイアログが表示される。

**❼**
［OK］をクリックする。

➡Authenticated Usersグループが削除される。

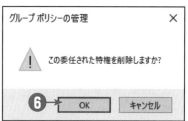
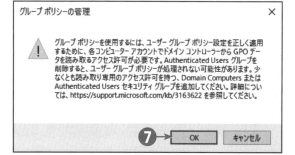

**8**

[スコープ] タブの [セキュリティフィルター処理] で、[追加] をクリックする。

➡ [ユーザー、コンピューターまたはグループの選択] ダイアログが表示される。

**9**

GPOを適用したいグループを指定する。

**10**

[名前の確認] をクリックする。

**11**

[OK] をクリックする。

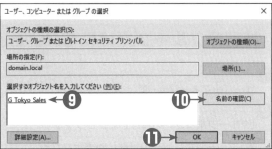

### ヒント

**ユーザーやグループの指定**

[ユーザー、コンピューターまたはグループの選択] ダイアログで、[詳細設定] をクリックして [検索] をクリックしてユーザーまたはグループを選択するか、[選択するオブジェクト名を入力してください] ボックスにユーザー名またはグループ名を入力して [名前の確認] をクリックします。

### ヒント

**PowerShellで設定する**

GPOのセキュリティを設定するには、下記のコマンドレットを使用します。

```
Set-GPPermission -Name <GPO名> `
-TargetName "<グループ名>" `
-TargetType Group -PermissionLevel GpoApply
```

### ヒント

**特定のアカウントに GPO が適用されないようにするには**

GPOの [委任] タブで [詳細設定] をクリックし、グループポリシーを適用したくないアカウントを追加します。そして、追加したアカウントの [グループポリシーの適用] の [拒否] チェックボックスをオンにします。

# 11 ユーザーやコンピューターに適用される グループポリシーをシミュレートするには

[グループポリシーの管理] コンソール（GPMC）では、ユーザーやコンピューターに適用されるグループポリシーをシミュレートできます。

## ユーザーやコンピューターに適用されるグループポリシーをシミュレートする

**❶** サーバーマネージャーで、[ツール] をクリックする。

**❷** [グループポリシーの管理] をクリックする。
▶[グループポリシーの管理] が表示される。

**❸** [グループポリシーのモデル作成] を右クリックし、[グループポリシーのモデル作成ウィザード] をクリックする。
▶グループポリシーのモデル作成ウィザードが表示される。

**❹** [グループポリシーのモデル作成ウィザードの開始] ページで、[次へ] をクリックする。

**❺** [ドメインコントローラーの選択] ページで、[次へ] をクリックする。

**❻** [ユーザーとコンピューターの選択] ページで、[ユーザー情報] の [コンテナー] ボックスに、目的のコンテナー（ドメイン、組織単位など）の識別名を入力する。

**❼** [コンピューター情報] の [コンテナー] ボックスに、目的のコンテナー（ドメイン、組織単位など）の識別名を入力する。

**❽** [次へ] をクリックする。

### ヒント
**特定のユーザーやコンピューターを選択するには**
[ユーザー情報] および [コンピューター情報] では、[ユーザー] または [コンピューター] を選択して、特定のユーザーまたはコンピューターを指定することもできます。

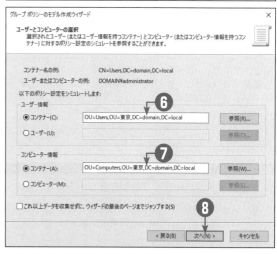

**⑨**

[シミュレーションの詳細オプション] ページで、[次へ] をクリックする。

**⑩**

[ユーザーセキュリティグループ] ページで、[次へ] をクリックする。

**⑪**

[コンピューターセキュリティグループ] ページで、[次へ] をクリックする。

**⑫**

[ユーザーのWMIフィルター] ページで、[次へ] をクリックする。

---

**ヒント**

### シミュレーションの詳細オプションについて

ダイヤルアップ接続などの低速な回線でネットワークに接続するコンピューターをシミュレートするには、[低速ネットワーク接続] チェックボックスをオンにします。[ループバック処理] チェックボックスをオンにすると、ループバック処理を実装したときの状況をシミュレートできます。また、特定のサイトを指定することもできます。

**ヒント**

### グループメンバーシップをシミュレートするには

ポリシーの適用をグループに対して拒否できるため、グループを追加または削除した結果をシミュレートできます。

⓭ ［コンピューターのWMIフィルター］ページで、［次へ］をクリックする。

⓮ ［選択の要約］ページで、［次へ］をクリックする。
　▶ポリシー設定のシミュレーションが実行される。

⓯ ［グループポリシーのモデル作成ウィザードの完了］ページで、［完了］をクリックする。
　▶［グループポリシーのモデル作成］内に、グループポリシーのシミュレーション結果が作成される。

⓰ 右ペインの［要約］タブまたは［詳細］タブで、指定したコンピューターおよびユーザーに適用されるポリシー設定を確認する。

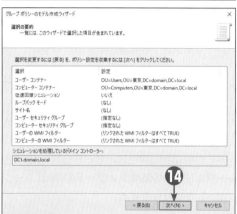

**ヒント**

**Internet Explorerセキュリティ強化の構成機能が有効な場合には**

Internet Explorerセキュリティ強化の構成機能が有効な場合、Webサイトがブロックされていることを知らせる［Internet Explorer］ダイアログが表示されます。この場合、［追加］をクリックして信頼済みサイトに追加すると、それ以降ダイアログが表示されなくなります。

# 12 ユーザーやコンピューターに適用される グループポリシーを確認するには

[グループポリシーの管理] コンソール（GPMC）では、ユーザーやコンピューターに適用されるグループポリシーを確認することができます。

## ユーザーやコンピューターに適用されるグループポリシーを確認する

**❶** サーバーマネージャーで、[ツール] をクリックする。

**❷** [グループポリシーの管理] をクリックする。

➡ [グループポリシーの管理] が表示される。

**❸** [グループポリシーの結果] を右クリックし、[グループポリシーの結果ウィザード] をクリックする。

➡ グループポリシーの結果ウィザードが表示される。

**❹** [グループポリシーの結果ウィザードの開始] ページで、[次へ] をクリックする。

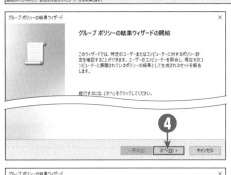

**❺** [コンピューターの選択] ページで、次のいずれかの操作を行う。

● 現在のコンピューターのポリシー設定を確認する場合は、[このコンピューター] を選択する。

● 別のコンピューターのポリシー設定を確認する場合は、[別のコンピューター] を選択し、コンピューター名を指定する。

**❻** [次へ] をクリックする。

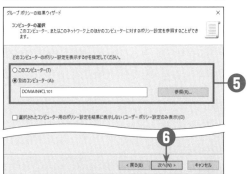

---

**ヒント**

### グループポリシーエラーが表示された場合には

Windows 7以降では、既定でWMIサービスが開始されますが、セキュリティが強化されたWindows Defenderファイアウォールで WMI 受信が許可されていません。GPMCの [グループポリシーの結果] を実行するには、リモートコンピューターでWMI受信を許可する必要があります。

**ヒント**

### コンピューター名の指定方法

コンピューター名は、＜ドメイン名＞¥＜コンピューター名＞の形式で指定します。また、指定するコンピューターはオンラインになっている必要があります。コンピューターがオフラインの場合、別のコンピューターを選択することを指示するエラーメッセージが表示されます。

⑦ ［ユーザー選択］ページで、［特定のユーザーを選択する］が選択されていることを確認し、対象のユーザーを選択する。

⑧ ［次へ］をクリックする。

⑨ ［選択の要約］ページで、［次へ］をクリックする。

▶ ポリシー設定の収集が実行される。

⑩ ［グループポリシーの結果ウィザードの完了］ページで、［完了］をクリックする。

▶ ［グループポリシーの結果］内に、収集したポリシーの結果セットが作成される。

⑪ 右ペインの［要約］タブまたは［詳細］タブで、指定したコンピューターおよびユーザーに適用されるポリシー設定を確認する。

**ヒント**

**表示されるユーザーアカウント**

［ユーザー選択］ページには、指定したコンピューターに今までローカルにサインインしたことのあるユーザーが表示されます。

**ヒント**

**Internet Explorerセキュリティ強化の構成機能が有効な場合には**

Internet Explorerセキュリティ強化の構成機能が有効な場合、Webサイトがブロックされていることを知らせる［Internet Explorer］ダイアログが表示されます。この場合、［追加］をクリックして信頼済みサイトに追加すると、それ以降ダイアログが表示されなくなります。

**ヒント**

**PowerShellで設定する**

適用されるポリシー設定を確認するには、下記のコマンドレットを使用します。

```
Get-GPResultantSetOfPolicy -user <ユーザー名> `
-computer <ドメインのFQDN>\<DC名> `
-reporttype html `
-path <パスとファイル名>
```

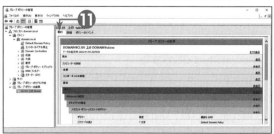

# 13 GPOをバックアップするには

[グループポリシーの管理] コンソール（GPMC）では、グループポリシーオブジェクト（GPO）をバックアップできます。GPMCでのGPOのバックアップでは、GPO内のデータがファイルシステムにコピーされます。このバックアップは、GPOのエクスポート機能の役割も果たすため、バックアップの設定を他のGPOにインポートすることも可能です。

## GPOをバックアップする

**1** サーバーマネージャーで、[ツール] をクリックする。

**2** [グループポリシーの管理] をクリックする。

▶ [グループポリシーの管理] が表示される。

**3** [フォレスト]、[ドメイン]、[＜ドメイン名＞] の順に展開する。

**4** [グループポリシーオブジェクト] を右クリックして、[すべてバックアップ] をクリックする。

▶ [グループポリシーオブジェクトのバックアップ] ダイアログが表示される。

**5** [場所] ボックスに、GPOのバックアップを格納する場所を指定する。

**6** 必要に応じて、[説明] ボックスにバックアップの説明を入力する。

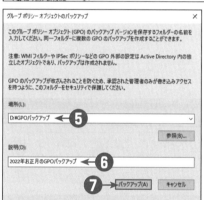

**7** [バックアップ] をクリックする。

▶ GPOのバックアップが作成される。

**8** [バックアップ] ダイアログで、[OK] をクリックする。

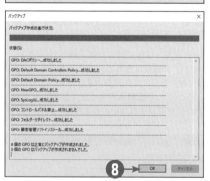

---

**ヒント**

### PowerShellで設定する

GPOをバックアップするには、下記のコマンドレットを使用します。

```
Backup-GPO -All -Path <バックアップパス>
```

**ヒント**

### GPOを個別にバックアップするには

[グループポリシーオブジェクト] を展開し、バックアップしたいGPOを右クリックして [バックアップ] をクリックします。

# 14 GPOを復元するには

［グループポリシーの管理］コンソール（GPMC）では、間違ってグループポリシーオブジェクト（GPO）を削除した場合などに、バックアップからGPOを復元できます。

## GPOを復元する

**❶** サーバーマネージャーで、［ツール］をクリックする。

**❷** ［グループポリシーの管理］をクリックする。

➡［グループポリシーの管理］が表示される。

**❸** ［フォレスト］、［ドメイン］、［＜ドメイン名＞］の順に展開する。

**❹** ［グループポリシーオブジェクト］を右クリックして、［バックアップの管理］をクリックする。

➡［バックアップの管理］ダイアログが表示される。

**❺** ［GPOのバックアップ］ボックスで、復元したいGPOを選択し、［復元］をクリックする。

➡［グループポリシーの管理］ダイアログが表示される。

**❻** ［OK］をクリックする。

**❼** ［復元］ダイアログで、［OK］をクリックする。

**❽** ［バックアップの管理］で、［閉じる］をクリックする。

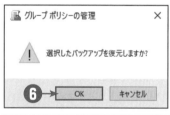

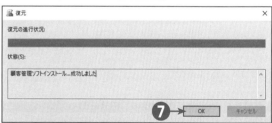

### ヒント

**GPOの設定を確認するには**

［GPOのバックアップ］ボックスで、設定を確認したいGPOを選択し、［設定の表示］をクリックします。

**GPOの最新バージョンだけを表示するには**

［各GPOの最新バージョンのみ表示する］チェックボックスをオンにします。

**不要なGPOのバックアップを削除するには**

［GPOのバックアップ］ボックスで、削除したいGPOを選択し、［削除］をクリックします。

### ヒント

**PowerShellで設定する**

GPOを復元するには、下記のコマンドレットを使用します。

```
Restore-GPO -Name "＜GPO名＞" `
-Path ＜バックアップパス＞
```

# 15 ドメイン間でGPOをコピーするには

　グループポリシーオブジェクト（GPO）のコピーでは、既存のGPOから新しいGPOに設定をコピーできます。GPOのコピーは、同じドメイン、同じフォレスト内の別のドメイン、別のフォレスト内のドメインに対して行えます。

## ドメイン間でGPOをコピーする

**❶** サーバーマネージャーで、[ツール] をクリックする。

**❷** [グループポリシーの管理] をクリックする。

　▶ [グループポリシーの管理] が表示される。

**❸** [フォレスト]、[ドメイン]、[＜ドメイン名＞] の順に展開し、[グループポリシーオブジェクト] をクリックする。

**❹** コピーしたいGPOを右クリックし、[コピー] をクリックする。

**❺** コピー先のドメインの [グループポリシーオブジェクト] を右クリックし、[貼り付け] をクリックする。

　▶ GPOのドメインを越えたコピーウィザードが表示される。

**❻** [GPOのドメインを越えたコピーウィザードの開始] ページで、[次へ] をクリックする。

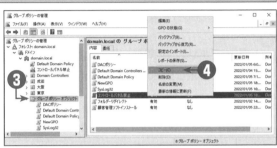

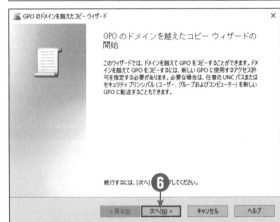

### ヒント
**ドメイン内でGPOをコピーするには**

GPOをコピーしたいドメインの [グループポリシーオブジェクト] を展開し、コピーしたいGPOを右クリックして [コピー] をクリックします。その [グループポリシーオブジェクト] を右クリックし、[貼り付け] をクリックします。[GPOのコピー]ダイアログでアクセス許可の設定方法を選択し、[OK] をクリックします。

### 注意
**ドメインどうしの信頼が必要**

異なるフォレストのドメインに対してGPOをコピーする場合は、フォレストの信頼または互いのドメインの外部信頼が作成されている必要があります。

**❼**
[アクセス許可の指定] ページで、新しいGPOに対するアクセス許可の設定方法を選択する。

● コピー先のドメインの既定のアクセス許可を使用する場合は、[既定のアクセス許可を新しいGPOに使用する] を選択する。

● 元のGPOに設定されていたアクセス許可をそのまま使用または移行する場合は、[元のGPOからのアクセス許可を保持または移行する] を選択する。

※本書では、次の値を使用する。

● 既定のアクセス許可を新しいGPOに使用する

**❽**
[次へ] をクリックする。

**❾**
[元のGPOのスキャン] ページで、[次へ] をクリックする。

▶ [アクセス許可の指定] ページで [元のGPOからのアクセス許可を保持または移行する] を選択した場合は、[参照の移行] ページが表示される。

**❿**
[GPOのドメインを越えたコピーウィザードの完了] ページで、[完了] をクリックする。

▶ GPOがコピーされる。

**⓫**
[コピー] ダイアログで、[OK] をクリックする。

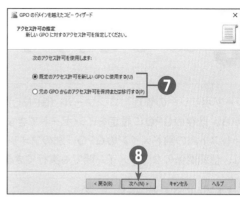

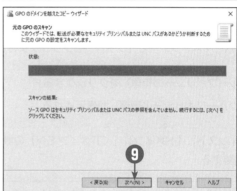

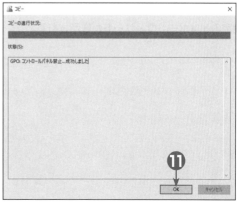

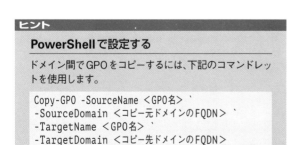

**ヒント**

**PowerShellで設定する**

ドメイン間でGPOをコピーするには、下記のコマンドレットを使用します。

```
Copy-GPO -SourceName <GPO名> `
-SourceDomain <コピー元ドメインのFQDN> `
-TargetName <GPO名> `
-TargetDomain <コピー先ドメインのFQDN>
```

# 16 GPOをインポートするには

［グループポリシーの管理］コンソール（GPMC）では、グループポリシーオブジェクト（GPO）のバックアップから、既存のGPOに設定をインポートできます。GPMCでは、GPOの設定をドメイン内の別のGPO、同じフォレスト内の別ドメインのGPO、別のフォレスト内のGPOに設定をインポートできます。GPOのインポートは、信頼関係のないドメイン間でも実行できます。

## GPOをインポートする

**①** サーバーマネージャーで、［ツール］をクリックする。

**②** ［グループポリシーの管理］をクリックする。

▶ ［グループポリシーの管理］が表示される。

**③** ［フォレスト］、［ドメイン］、［＜ドメイン名＞］の順に展開する。

**④** ［グループポリシーオブジェクト］を右クリックし、［新規］をクリックする。

▶ ［新しいGPO］ダイアログが表示される。

**⑤** ［名前］ボックスに新しいGPOの名前を入力する。
※本書では、次の値を使用する。
●GPO名：GPOインポート

**⑥** ［OK］をクリックする。

**⑦** 作成したGPOを右クリックして、［設定のインポート］をクリックする。

▶ 設定のインポートウィザードが表示される。

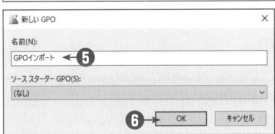

⑧
[設定のインポートウィザードの開始] ページで、[次へ] をクリックする。

⑨
[GPOのバックアップ] ページで、[次へ] をクリックする。

⑩
[バックアップの場所] ページで、[バックアップフォルダー]ボックスにGPOのバックアップの格納場所を入力する。

⑪
[次へ] をクリックする。

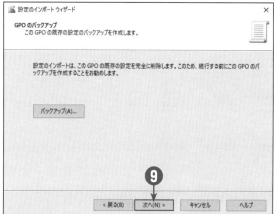

⑫
[ソースGPO] ページで、設定をインポートする
GPOを選択する。

⑬
[次へ] をクリックする。

⑭
[バックアップをスキャン中] ページで、[次へ] を
クリックする。

⑮
[設定のインポートウィザードの完了] ページで、[完
了] をクリックする。

　➡設定が新しいGPOにインポートされる。

⑯
[インポート] ダイアログで、[OK] をクリックする。

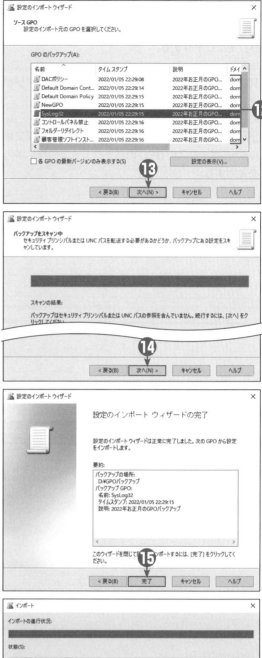

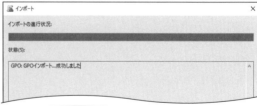

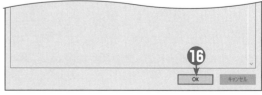

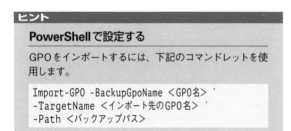

### ヒント

**PowerShell** で設定する

GPOをインポートするには、下記のコマンドレットを使
用します。

```
Import-GPO -BackupGpoName <GPO名> `
-TargetName <インポート先のGPO名> `
-Path <バックアップパス>
```

# サイトとレプリケーション、RODCの構成

第 **6** 章

　サイトを使用すると、物理的に離れた場所にあるオブジェクトを効率的に管理することができます。この章では、サイトとレプリケーションの概念、サブネット、サイトリンク、サイトリンクブリッジ、レプリケーションの構成方法、読み取り専用ドメインコントローラー（RODC）について解説します。

---

## サイトとレプリケーションの概念

### Active Directory ドメインサービスにおけるサイトの役割

　Active Directory ドメインサービス（AD DS）のサイトとは、ローカルエリアネットワーク（LAN）など、高速で信頼性のある「IP サブネット」の集まりです。AD DS 環境では、一般に、512Kbps 以上の帯域幅があり、利用可能な帯域幅が常に 128Kbps 以上あるネットワークが高速なネットワークと考えられています。利用可能な帯域幅とは、ネットワークトラフィックのピーク時に、通常のネットワークトラフィックを除いて実際に利用できる帯域幅のことです。

　Active Directory のサイトは、ユーザーやコンピューターのある物理的な場所のことです。サイトは、論理的な構造を表すドメインとは異なり、物理的な構造を表します。サイトは、ドメイン構造から独立しているため、1 つのドメインに 1 つ以上のサイトを含むことができます。反対に、1 つのサイトに 1 つ以上のドメインを含むこともできます。

　サイトの主な目的は、物理的にコンピューターをグループ化してネットワークトラフィックを最適化することです。サイトを作成すると、認証およびレプリケーショントラフィックがサイト内のデバイスに制限されます。そのため、低速なワイドエリアネットワーク（WAN）リンクに不要なネットワークトラフィックが流出するのを防ぐことができます。サイトには主に 2 つの役割があります。

- ・ユーザーがログオンするときに、コンピューターから最も近いドメインコントローラーで認証する
- ・サイト間のドメインコントローラーのレプリケーションを制御する

### レプリケーションの概念

　レプリケーションとは、ディレクトリデータベースに加えられた変更を、ドメインコントローラーから別のドメインコントローラーに伝達することです。Active Directory ドメインでは、ドメインコントローラー間でディレクトリデータベースの情報をレプリケート（複製）するため、すべてのドメインコントローラーが同じ情報を持ちます。これにより、ネットワーク上のすべてのユーザーやコンピューターが、同じ情報を使えるようになります。なお、レプリケートする相手のドメインコントローラーは、「レプリケーションパートナー」と呼びます。たとえば、ユーザーがパスワードを変更すると、1 台のドメインコントローラーでディレクトリデータベースが変更されます。この変更は、レプリケーションパートナーにレプリケートされるため、元のドメインコントローラーがオフラインになった場合でもユーザーは正しいパスワードでログオンできます。

　AD DS のレプリケーションは、次のようなオブジェクト操作が行われると実行されます。

- ・オブジェクトの作成：ユーザーアカウントやコンピューターアカウントの作成など
- ・オブジェクトの修正：ユーザーアカウントの属性の変更や、組織単位（OU）名の変更など
- ・オブジェクトの移動：OU 間でのオブジェクトの移動など
- ・オブジェクトの削除：ユーザーアカウントやグループアカウントの削除など

　AD DS のレプリケーションは、サイト内のレプリケーションとサイト間のレプリケーションの 2 つに大別できます。サイト内およびサイト間のレプリケーションの主な違いは、次のとおりです。

| 項目 | サイト内のレプリケーション | サイト間のレプリケーション |
|---|---|---|
| 圧縮 | CPUの負荷を軽減するため、レプリケーションデータは圧縮されない | WAN帯域幅を確保するため、50KB以上のレプリケーションデータが圧縮される |
| レプリケーションモデル | レプリケーションの待ち時間を短縮するため、更新を複製する必要があるときにレプリケーションパートナーに通知し、変更通知を受け取ったレプリケーションパートナーが情報をプル複製して処理する | WAN帯域幅を確保するため、更新を複製する必要がある場合でも、レプリケーションパートナーは互いに通知せず、設定した間隔でレプリケートする |
| レプリケーションの頻度 | レプリケーションパートナーは、定期的に互いに通知する | レプリケーションパートナーは、指定された期間の指定された間隔でのみ通知する |
| トランスポートプロトコル | リモートプロシージャコール（RPC） | IPまたはSMTP |

## サイト内のレプリケーション

　サイト内のレプリケーションでは、知識整合性チェッカー（KCC）を使って同じドメインのレプリケーションパートナーを決定しています。KCCとは、各ドメインコントローラーで自動的に実行され、レプリケーションパートナーとなるドメインコントローラーとの「接続オブジェクト」を自動的に作成するプロセスです。接続オブジェクトとは、ドメインコントローラー間の接続を表わすActive Directoryオブジェクトです。たとえば、既存のドメインコントローラーの障害などでレプリケーションできなくなった場合に、別のドメインコントローラーとの新しい接続オブジェクトを自動的に作成します。接続オブジェクトは、手動で作成することもできます。なお、サイト内のレプリケーションの既定の間隔は、Windows Server 2003以降のActive Directoryドメインでは15秒に1回です。

## サイト間のレプリケーションとサイトリンク

　サイト間のレプリケーションでは、設定が必要になります。AD DSは、「サイトリンク」の設定により、レプリケーション方法を決定します。サイトリンクとは、サイト間の接続を表す論理的なActive Directoryオブジェクトです。サイトリンクを作成すると、ISTG（サイト間トポロジジェネレーター）が適切な接続オブジェクトを作成し、自動的にレプリケーショントポロジが生成されます。なお、サイト間での既定のレプリケーション間隔は、180分（3時間）に1回です。

　ISTGは、サイトリンクを使って、サイト間のレプリケーションパスを決定します。ただし、サイトリンクは、手動で作成する必要があります。なお、サイト間の場合でも、接続オブジェクトが自動的に作成されますが、必要に応じて手動で作成することもできます。

# サイトリンクのコスト

　サイトリンクのコストとは、AD DSのレプリケーションに、どのサイトリンクを使うかを決定する機能です。既定のサイトリンクのコストは、100です。サイトリンクのコストは、少ない方が使われる優先順位が高くなります。サイトリンクを電話回線に例えると、サイトリンクのコストは通信料金になります。一般に、通信料金の高い回線を使う頻度は少ないはずです。

　たとえば、札幌サイト、東京サイト、大阪サイトという3つのサイトがあり、札幌サイトと東京サイトの間に「札幌－東京」サイトリンク、東京サイトと大阪サイトの間に「東京－大阪」サイトリンク、札幌サイトと大阪サイトの間に「札幌－大阪」サイトリンクがあると仮定します。そして、「札幌－東京」サイトリン

クのコストが50、「東京－大阪」サイトリンクのコストが50、「札幌－大阪」サイトリンクのコストが200だとします。この場合、「札幌－東京」サイトリンクと「東京－大阪」サイトリンクのコストの合計が100になり、「札幌－大阪」サイトリンクのコストが200のため、札幌サイトと大阪サイト間のレプリケーションは、東京サイト経由で行われます。

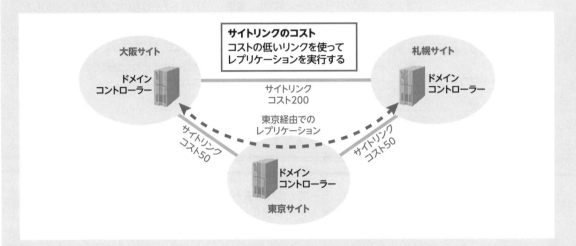

## サイトリンクブリッジ

　サイトリンクブリッジは、間接的なサイトリンクしかないサイト間の論理接続を作成します。たとえば、札幌サイト、東京サイト、大阪サイトという3つのサイトがあり、札幌サイトと東京サイトの間に「札幌－東京」サイトリンク、東京サイトと大阪サイトの間に「東京－大阪」サイトリンクがある場合、「札幌－東京－大阪」というサイトリンクブリッジを作成します。このサイトリンクブリッジにより、「札幌－東京」サイトリンクと「東京－大阪」サイトリンクを使って、札幌サイトと大阪サイト間でレプリケートされます。

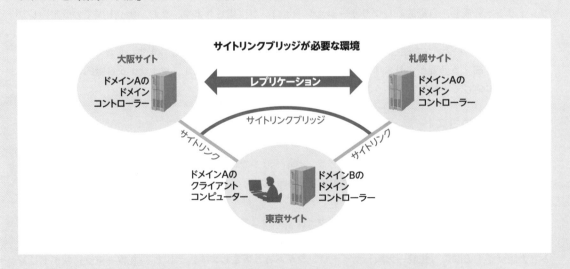

サイトリンクは、既定ですべてのサイトリンクがブリッジされているため、サイトリンクブリッジを作成する必要はほとんどありません。しかし、レプリケーションで使うサイトリンクを制御したい場合には、サイトリンクブリッジを手動で作成する必要があります。

## ブリッジヘッドサーバー

サイトとサイトリンクを設定すると、KCCは各サイトで1台以上のドメインコントローラーを「ブリッジヘッドサーバー」として指定し、ブリッジヘッドサーバーだけをレプリケーションに使用します。ブリッジヘッドサーバーとは、サイト間のレプリケーションのときに、各サイトでサイトを代表してレプリケーションを行うドメインコントローラーです。つまり、サイト間のレプリケーションは、ブリッジヘッドサーバー間で行われます。

ブリッジヘッドサーバーは、別のサイトからディレクトリデータベースの更新を受け取り、サイト内の他のドメインコントローラーにレプリケートします。ブリッジヘッドサーバーは、KCCが自動的に指定しますが、手動でブリッジヘッドサーバーを指定することもできます。手動で指定したブリッジヘッドサーバーは、「優先ブリッジヘッドサーバー」と呼びます。通常、新しいドメインコントローラーなどスペックの高いサーバーを導入したときに、優先ブリッジヘッドサーバーとして指定します。

なお、優先ブリッジヘッドサーバーとして動作するサーバーは1台だけですが、優先ブリッジヘッドサーバーを指定するときには、複数台のドメインコントローラーを優先ブリッジヘッドサーバーとして設定することをお勧めします。これは、1台のドメインコントローラーだけが優先ブリッジヘッドサーバーとして設定され、障害などでそのドメインコントローラーがオフラインになった場合、サイトに別のドメインコントローラーがあるときでもKCCは自動的にブリッジヘッドサーバーを指定しないためです。これにより、サイト間でのレプリケーションが実行されなくなります。複数台のドメインコントローラーが優先ブリッジヘッドサーバーとして設定されている場合には、KCCは指定されたドメインコントローラーの中から1台を優先ブリッジヘッドサーバーとして指定します。なお、ブリッジヘッドサーバー間の接続は、ISTGにより自動的に作成されます。

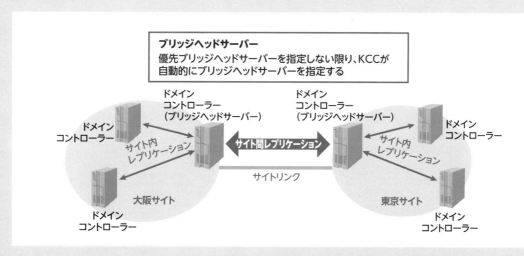

# 1 新しいサイトを作成するには

　物理的に離れた場所にあるドメインコントローラー間のレプリケーションを制御する場合には、サイトを作成します。

## 新しいサイトを作成する

**❶** サーバーマネージャーで、[ツール] をクリックする。

**❷** [Active Directory サイトとサービス] をクリックする。

▶ [Active Directory サイトとサービス]が表示される。

**❸** [Sites] を右クリックし、[新しいサイト] をクリックする。

▶ [新しいオブジェクト−サイト]ダイアログが表示される。

④ [名前] ボックスにサイト名を入力する。

※本書では、次の値を使用する。

●サイト名：大阪

⑤ [このサイトのサイトリンクオブジェクトの選択]
ボックスで、関連付けるサイトリンクを選択する。

ヒント参照

※本書では、次の値を使用する。

●サイトリンク：DEFAULTIPSITELINK

⑥ [OK] をクリックする。

➡ [Active Directoryドメインサービス]ダイアロ
グが表示される。

⑦ [OK] をクリックする。

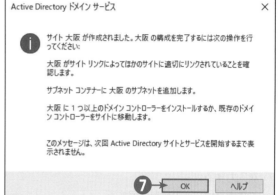

**ヒント**

### DEFAULTIPSITELINKサイトリンクについて

DEFAULTIPSITELINKは、既定で作成されるサイトリ
ンクです。上記の手順では、まだサイトリンクを作成し
ていないため、一時的にDEFAULTIPSITELINKを指定
しています。

**ヒント**

### サイトを削除するには

[Sites] を展開し、削除したいサイトを右クリックして
[削除] をクリックします。ただし、必ず1つはサイトを
残しておく必要があります。

**ヒント**

### PowerShellで設定する

サイトを作成するには、下記のコマンドレットを使用し
ます。

```
New-ADReplicationSite <サイト名>
```

# 2 サイトにサブネットを追加するには

サイトを作成したら、サブネットを作成して関連付ける必要があります。

## サイトにサブネットを追加する

**❶**
サーバーマネージャーで、[ツール]をクリックする。

**❷**
[Active Directoryサイトとサービス]をクリックする。

▶ [Active Directoryサイトとサービス]が表示される。

**❸**
[Subnets]を右クリックし、[新しいサブネット]をクリックする。

▶ [新しいオブジェクト−サブネット]ダイアログが表示される。

**❹**
[プレフィックス]ボックスに、IPサブネットの情報を入力する。
※本書では、次の値を使用する。
● プレフィックス：10.10.20.0/24

**❺**
[このプレフィックスのサイトオブジェクトを選んでください]ボックスで、関連付けるサイトを選択する。

**❻**
[OK]をクリックする。

### ヒント

**サイトへの関連付けは変更できる**

作成したサブネットは、後で別のサイトに関連付けることもできます。

**サブネットを削除するには**

[Subnets]を展開し、削除したいサブネットを右クリックして[削除]をクリックします。

**PowerShellで設定する**

サブネットを作成するには、下記のコマンドレットを使用します。

```
New-ADReplicationSubnet -Name "<プレフィックス>"
```

### 用語

**サブネット**

一意のネットワークアドレスを所有しているIPネットワークの区分です。サブネットにより、同じサブネットアドレスを共有するコンピューターをグループ化できます。サブネットをサイトに関連付けることによって、サイトに属するコンピューターを構成します。

**プレフィックス**

TCP/IPネットワークにおいて、アドレスの一部で、サブネットを表しています。

# 3 サイトやサブネットの名前を変更するには

サイトやサブネットの名前は、必要に応じて変更できます。

## サイト名を変更する

**❶** サーバーマネージャーで、[ツール] をクリックする。

**❷** [Active Directoryサイトとサービス] をクリックする。

　▶ [Active Directoryサイトとサービス]が表示される。

**❸** 名前を変更したいサイトを右クリックし、[名前の変更] をクリックする。

※本書では、次の値を使用する。

●サイト：Default-First-Site-Name

**❹** 適切なサイト名を入力し、Enter キーを押す。

※本書では、次の値を使用する。

●サイト名：東京

## サブネット名を変更する

**❶** [Active Directoryサイトとサービス] で、[Subnets] を展開する。

**❷** 名前を変更したいサブネットを右クリックし、[名前の変更] をクリックする。

**❸** 適切なサブネット名を入力し、Enter キーを押す。

---

**ヒント**

**サイトリンクやサイトリンクブリッジの名前も変更できる**

サイトリンクやサイトリンクブリッジも、サイトやサブネットと同様の方法で名前を変更できます。

# 4 サブネットをサイトに関連付けるには

　一般的にはサブネットの作成時にサイトと関連付けますが、後で、サブネットを他のサイトに関連付けること
もできます。

## サブネットをサイトに関連付ける

**1** サーバーマネージャーで、[ツール] をクリックする。

**2** [Active Directoryサイトとサービス] をクリック
する。

　▶ [Active Directoryサイトとサービス]が表示される。

**3** [Active Directoryサイトとサービス] で、
[Subnets] を展開する。

**4** サイトへの関連付けを変更したいサブネットを右ク
リックし、[プロパティ] をクリックする。
※本書では、次の値を使用する。
●サブネット：10.10.10.0/24

　▶ [<サブネット名>のプロパティ]ダイアログが表示される。

**5** [全般] タブの [プレフィックス] ボックスで、サブ
ネットに関連付けるサイトを選択する。
※本書では、次の値を使用する。
●サイト：東京

**6** [OK] をクリックする。

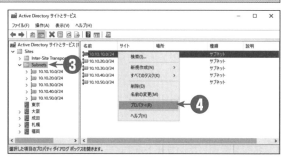

---

**ヒント**

### PowerShellで設定する

サイトとサブネットを関連付けるには、下記のコマンド
レットを使用します。

```
Set-ADReplicationSubnet "<プレフィックス>" `
-Site <サイト名>
```

# 5 サイトリンクを作成するには

サイト間でレプリケーションを実行するには、サイトリンクでサイトとサイトをつなぐ必要があります。また、各サイトで同じ通信トランスポートを使う必要があります。一般的に、サイトリンクではプロトコルとしてIPを使用します。

## サイトリンクを作成する

**❶** サーバーマネージャーで、[ツール] をクリックする。

**❷** [Active Directory サイトとサービス] をクリックする。

　▶[Active Directory サイトとサービス]が表示される。

**❸** [Inter-Site Transports] をクリックする。

**❹** [IP] を右クリックし、[新しいサイトリンク] をクリックする。

　▶[新しいオブジェクト－サイトリンク]ダイアログが表示される。

**❺** [名前] ボックスに、適切なサイトリンク名を入力する。

　※本書では、次の値を使用する。

　●サイトリンク名：東京-大阪

**❻** [このサイトリンクにないサイト] ボックスから対応するサイトを選択する。

**❼** [追加] をクリックする。

**❽** [OK] をクリックする。

---

**ヒント**

### 目的がわかる名前を付ける

どのサイトをリンクしているのかわかるような名前を付けると、後で管理が簡単になります。

---

**ヒント**

### PowerShell で設定する

サイトリンクを作成するには、下記のコマンドレットを使用します。

```
New-ADReplicationSiteLink "<サイトリンク名>" `
-SitesIncluded <サイト名>,<サイト名>
```

# 6 サイトリンクのレプリケーション間隔と スケジュールを設定するには

サイトリンクでは、レプリケーション間隔とスケジュールを設定できます。

## サイトリンクのレプリケーション間隔とスケジュールを設定する

**①** サーバーマネージャーで、[ツール] をクリックする。

**②** [Active Directory サイトとサービス]をクリックする。
▶ [Active Directory サイトとサービス]が表示される。

**③** [Inter-Site Transports] を展開し、[IP] をクリックする。

**④** 設定を変更したいサイトリンクを右クリックし、[プロパティ] をクリックする。
※本書では、次の値を使用する。
●サイトリンク：東京 - 大阪

**⑤** 必要に応じて、[全般] タブの [説明] ボックスにわかりやすい説明を入力する。
※本書では、次の値を使用する。
●説明：月 - 土、6時間間隔のレプリケーション

**⑥** [レプリケートの間隔] ボックスに、レプリケーションの間隔を指定する。
※本書では、次の値を使用する。
●レプリケーションの間隔：360

**⑦** [スケジュールの変更] をクリックする。

**⑧** [日曜日] をクリックし、[レプリケーションが利用不可] を選択する。

**⑨** [OK] をクリックする。

**⑩** [<サイトリンク名>のプロパティ] ダイアログで、[OK] をクリックする。

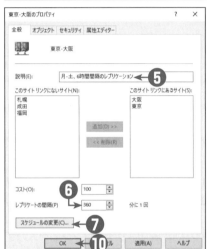

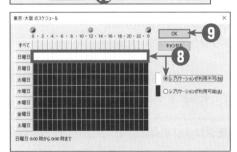

---

**ヒント**

### PowerShellで設定する

レプリケーション間隔を設定するには、下記のコマンドレットを使用します。

```
Set-ADReplicationSiteLink "<サイトリンク名>" `
-ReplicationFrequencyInMinutes <レプリケートの間隔>
```

# 7 サイト間でドメインコントローラーを移動するには

　[Active Directoryサイトとサービス]では、ドメインコントローラーを対応するサイトに移動できます。ドメインコントローラーを、Active Directoryドメインサービス（AD DS）のサーバーオブジェクトの場所で所属するサイトが決まります。なお、クライアントコンピューターは、設定されているIPアドレスに基づいてサイトが割り当てられます。

## サイト間でドメインコントローラーを移動する

**❶**
サーバーマネージャーで、[ツール]をクリックする。

**❷**
[Active Directoryサイトとサービス]をクリックする。

▶[Active Directoryサイトとサービス]が表示される。

**❸**
移動したいドメインコントローラーがあるサイトの[Servers]を展開する。

**❹**
移動したいドメインコントローラーを右クリックし、[移動]をクリックする。

▶[サーバーの移動]ダイアログが表示される。

**❺**
[このサーバーを含むサイトを選んでください]ボックスで、移動先のサイトを選択する。

**❻**
[OK]をクリックする。

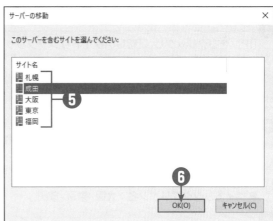

# 8 サイトリンクブリッジを作成するには

複数のサイトリンクがある環境で、レプリケーションを手動で制御するにはサイトリンクブリッジを作成します。なお、Windows Server 2008以降のActive Directoryドメインサービス（AD DS）のサイトは、既定ですべてのサイトリンクがブリッジされているため、通常、サイトリンクブリッジを作成する必要はありません。

## サイトリンクブリッジを作成する

❶
サーバーマネージャーで、[ツール] をクリックする。

❷
[Active Directoryサイトとサービス] をクリックする。

▶ [Active Directoryサイトとサービス]が表示される。

❸
[Inter-SiteTransports] を展開する。

❹
[IP] を右クリックし、[新しいサイトリンクブリッジ] をクリックする。

▶ [新しいオブジェクト−サイトリンクブリッジ] ダイアログが表示される。

❺
[名前] ボックスに、サイトリンクブリッジ名を入力する。
※本書では、次の値を使用する。
●サイトリンクブリッジ名：大阪-東京-成田

❻
[このサイトリンクブリッジにないサイトリンク] ボックスから対応するサイトリンクを選択する。

❼
[追加] をクリックする。

❽
[OK] をクリックする。

**ヒント**

**PowerShell** で設定する

サイトリンクブリッジを作成するには、下記のコマンドレットを使用します。

```
New-ADReplicationSiteLinkBridge "<サイトリンクブリッジ名>" `
-SiteLinksIncluded "<サイトリンク名>","<サイトリンク名>"
```

# 9 サイトリンクとサイトリンクブリッジを削除するには

不要になったサイトリンクやサイトリンクブリッジは削除できる。

## サイトリンクブリッジを削除する

**①** サーバーマネージャーで、[ツール] をクリックする。

**②** [Active Directoryサイトとサービス] をクリックする。

　▶ [Active Directoryサイトとサービス]が表示される。

**③** [Inter-SiteTransports] を展開し、[IP] をクリックする。

**④** 削除したいサイトリンクブリッジを右クリックし、[削除] をクリックする。

　▶ [Active Directoryドメインサービス]ダイアログが表示される。

**⑤** [はい] をクリックする。

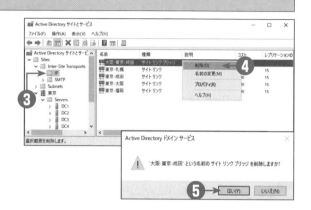

**ヒント**

**PowerShellで設定する**

サイトリンクブリッジを削除するには、下記のコマンドレットを使用します。

```
Remove-ADReplicationSiteLinkBridge `
"<サイトリンクブリッジ名>"
```

## サイトリンクを削除する

**①** [Active Directoryサイトとサービス] で、[Inter-SiteTransports] を展開し、[IP] をクリックする。

**②** 削除したいサイトリンクを右クリックし、[削除] をクリックする。

　▶ [Active Directoryドメインサービス]ダイアログが表示される。

**③** [はい] をクリックする。

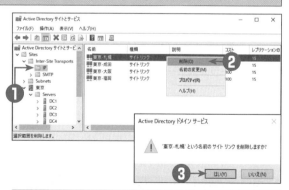

**ヒント**

**PowerShellで設定する**

サイトリンクを削除するには、下記のコマンドレットを使用します。

```
Remove-ADReplicationSiteLink "<サイトリンク名>"
```

# 10 優先ブリッジヘッドサーバーを指定するには

　通常は、KCCによって自動的に指定されるブリッジヘッドサーバーが選出されます。必要に応じて、手動で優先ブリッジヘッドサーバーを指定することもできます。

## 優先ブリッジヘッドサーバーを指定する

**❶**
サーバーマネージャーで、[ツール] をクリックする。

**❷**
[Active Directory サイトとサービス] をクリックする。

▶ [Active Directory サイトとサービス] が表示される。

**❸**
優先ブリッジヘッドサーバーにしたいドメインコントローラーがあるサイトの [Servers] を展開する。

**❹**
優先ブリッジヘッドサーバーにしたいドメインコントローラーを右クリックし、[プロパティ] をクリックする。

▶ [<サーバー名>のプロパティ]ダイアログが表示される。

**❺**
[全般] タブの [サイト間のデータ転送に利用できるトランスポート] ボックスで、[IP] を選択し、[追加] をクリックする。

▶ [このサーバーが優先ブリッジヘッドサーバーとなるトランスポート] ボックスに、[IP] が追加される。

**❻**
[OK] をクリックする。

---

**ヒント**

**トランスポートにSMTPを使用している場合には**

レプリケーションのトランスポートプロトコルとしてSMTPを使用している場合は、[IP] の代わりに [SMTP] を選択します。ただし、SMTPでは、ユーザーオブジェクトなどを含むドメインパーティションをレプリケートできません。

**ヒント**

**優先ブリッジヘッドサーバーを削除するには**

[<サーバー名>のプロパティ] ダイアログの [全般] タブで、[このサーバーが優先ブリッジヘッドサーバーとなるトランスポート] ボックスから [IP] を選択し、[削除] をクリックします。

# 11 サイトにグローバルカタログサーバーを作成するには

サイトごとにグローバルカタログサーバーを配置すると、サイト内でサインインや検索が行えるようになるため、パフォーマンスが向上します。

## サイトにグローバルカタログサーバーを作成する

**❶** サーバーマネージャーで、[ツール] をクリックする。

**❷** [Active Directory サイトとサービス] をクリックする。

　▶[Active Directory サイトとサービス]が表示される。

**❸** グローバルカタログサーバーにしたいドメインコントローラーがあるサイトの [Servers] を展開する。

**❹** グローバルカタログサーバーにする<ドメインコントローラー名>を展開し、[NTDS Settings] を右クリックして、[プロパティ] をクリックする。

　▶[NTDS Settingsのプロパティ]ダイアログが表示される。

**❺** [全般] タブで、[グローバルカタログ] チェックボックスをオンにする。

**❻** [OK] をクリックする。

　▶DCがインフラストラクチャマスターの場合には、[Active Directory ドメインサービス]ダイアログが表示される。

**❼** [はい] をクリックする。

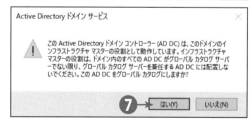

---

**ヒント**

**グローバルカタログサーバーを削除するには**

[NTDS Settingsのプロパティ] ダイアログの [全般] タブで、[グローバルカタログ] チェックボックスをオフにします。

---

**参照**

グローバルカタログサーバーについては

**第3章のコラム「特殊なドメインコントローラー」**

# 12 レプリケーションを強制するには

サイト間でのレプリケーションは自動で行われますが（既定で180分）、レプリケーションを手動で実行することもできます。

## レプリケーションを強制する

**❶** サーバーマネージャーで、[ツール] をクリックする。

**❷** [Active Directory サイトとサービス] をクリックする。

▶ [Active Directory サイトとサービス]が表示される。

**❸** レプリケーションを強制したいサイトの [Servers]、<ドメインコントローラー名>の順に展開し、[NTDS Settings] をクリックする。

**❹** レプリケーションを強制したい接続オブジェクトを右クリックし、[今すぐレプリケート] をクリックする。

▶ [今すぐレプリケート] ダイアログが表示される。

**❺** [OK] をクリックする。

---

**ヒント**

**コマンドラインで設定する**

レプリケーションを実行するには、下記のコマンドを使用します。

```
repadmin /replicate <送信先DC> <送信元DC> <ドメインの識別名>
```

# RODCの管理

## パスワードレプリケーションポリシー

　読み取り専用ドメインコントローラー（RODC）にどのユーザーの資格情報（パスワード）をキャッシュするかは、「パスワードレプリケーションポリシー（PRP）」によって決まります。RODCにユーザーのパスワードがキャッシュされている場合は、RODCがそのユーザーを認証できます。RODCにユーザーのパスワードがキャッシュされていない場合は、ユーザーが認証を試みたときに、RODCによって書き込み可能なドメインコントローラーが紹介されます。

　PRPは、「許可リスト」および「拒否リスト」と呼ばれる2つの複数値属性によって決まります。たとえば、ユーザーのアカウントが許可リストに含まれている場合、ユーザーのパスワードはRODCにキャッシュされます。なお、許可リストには、グループを含めることができます。この場合、グループのメンバーになっているユーザーのパスワードをRODCにキャッシュできます。ユーザーが許可リストと拒否リストの両方に含まれる場合は、拒否リストの方が優先されるため、ユーザーのパスワードはキャッシュされません。

## パスワードのキャッシュの管理

　ユーザーのパスワードをRODCにキャッシュする方法は、2つに大別できます。1つはRODCごとにパスワードをキャッシュするユーザーまたはグループを指定する方法で、もう1つはドメイン全体でRODCへのパスワードのキャッシュを許可または拒否する方法です。

### ● RODC ごとのパスワードのキャッシュ

　RODCにパスワードをキャッシュしてログオンプロセスを効率化する必要のあるユーザーは、RODC を配置するサイトのユーザーだけです。RODCでは、特定のユーザーのパスワードだけがキャッシュされるため、RODCが物理的に盗まれた場合でも、パスワードが漏えいする可能性のあるユーザーは、特定のユーザーだけになります。そのため、RODCの盗難などの被害にあった場合でも、特定のユーザーのパスワードをリセットするだけで、組織全体のセキュリティを維持できます。ただし、RODCごとにキャッシュするパスワードを指定するには、各RODCのPRPを設定する必要があります。

### ●ドメイン全体の RODC でのパスワードのキャッシュ

　Windows Server 2008以降のActive Directoryドメインサービス（AD DS）では、RODCを簡単に管理できるように、あらかじめパスワードのキャッシュが許可されているグループ（Allowed RODC Password Replication Group）があります。既定で、このグループに含まれているメンバーはいません。また、キャッシュを拒否するグループ（Denied RODC Password Replication Group）もあります。そのため、これらのグループに、RODCでパスワードのキャッシュを許可または拒否したいユーザーまたはグループを追加するだけで、ユーザーのパスワードがドメインにあるすべてのRODCでキャッシュされる/キャッシュが拒否されるようになります。ただし、ドメインにRODCを配置しているサイトが複数ある場合には、どのサイトのRODCでも許可されているユーザーのパスワードをキャッシュできるため、RODCの盗難などの被害にあった場合には、組織全体のセキュリティを確保するために、Allowed RODC Password Replication Groupのメンバー全員のパスワードをリセットする必要があります。

# 13 RODCでパスワードを キャッシュするには

　読み取り専用ドメインコントローラー（RODC）では、ユーザーが効率的にログオンできるように、ユーザーのパスワードをキャッシュできます。ここでは、RODCにユーザーのパスワードをキャッシュするための設定を紹介します。

## ドメイン全体のRODCでパスワードをキャッシュする

**①**
サーバーマネージャーで、[ツール] をクリックする。

**②**
[Active Directory管理センター]をクリックする。
▶ [Active Directory管理センター]が表示される。

**③**
ナビゲーションウィンドウで、[＜ドメイン名＞]、[Users] の順に展開する。

**④**
[Allowed RODC Password Replication Group] を選択する。

**⑤**
タスクウィンドウで [プロパティ] をクリックする。
▶ [Allowed RODC Password Replication Group] のプロパティウィンドウが表示される。

**⑥**
[メンバー] セクションで、[追加] をクリックする。
▶ [ユーザー、連絡先、コンピューター、サービスアカウントまたはグループの選択] ダイアログが表示される。

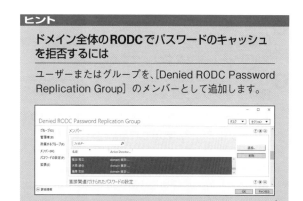

**ヒント**

**ドメイン全体のRODCでパスワードのキャッシュを拒否するには**

ユーザーまたはグループを、[Denied RODC Password Replication Group] のメンバーとして追加します。

⑦
次のいずれかの操作を実行する。

● [選択するオブジェクト名を入力してください]
ボックスに追加したいアカウント名を入力し、[名前の確認] をクリックする。

● [詳細設定] をクリックして [検索] をクリックし、アカウントの一覧から目的のアカウントを選択する。

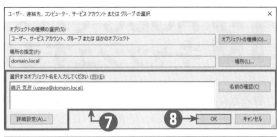

⑧
[OK] をクリックする。

⑨
[Allowed RODC Password Replication Group]
のプロパティウィンドウで、[OK] をクリックする。

---

**ヒント**

**PowerShell** で設定する

すべてのRODCにパスワードキャッシュを許可するには、下記のコマンドレットを使用します。

```
Add-ADGroupMember "Allowed RODC Password Replication Group" <ユーザー名>,<ユーザー名>,<ユーザー名>
```

---

# RODCごとにパスワードのキャッシュを設定する

❶
[Active Directory管理センター] のナビゲーションウィンドウで、[<ドメイン名>]、[Domain Controllers] の順に展開する。

❷
RODCオブジェクトをクリックし、[プロパティ] をクリックする。

▶ [<RODC名>] のプロパティウィンドウが表示される。

❸
[拡張] セクションで、[パスワードレプリケーションポリシー] タブをクリックする。

❹
[追加] をクリックする。

▶ [グループ、ユーザー、およびコンピューターの追加] ダイアログが表示される。

**⑤**

[このRODCに対するアカウントのパスワードのレプリケートを許可する]を選択する。

**⑥**

[OK]をクリックする。

➡[ユーザー、コンピューター、サービスアカウントまたはグループの選択]ダイアログが表示される。

**⑦**

次のいずれかの操作を実行する。

● [選択するオブジェクト名を入力してください]ボックスに追加したいアカウント名を入力し、[名前の確認]をクリックする。

● [詳細設定]をクリックして[検索]をクリックし、アカウントの一覧から目的のアカウントを選択する。

**⑧**

[OK]をクリックする。

**⑨**

[＜RODC名＞]のプロパティウィンドウで、[OK]をクリックする。

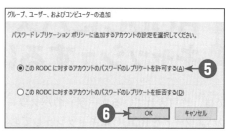

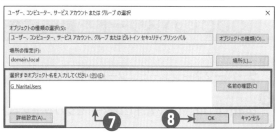

---

**ヒント**

## RODCごとにパスワードのキャッシュを拒否するには

[このRODCに対するアカウントのパスワードのレプリケートを拒否する]を選択します。

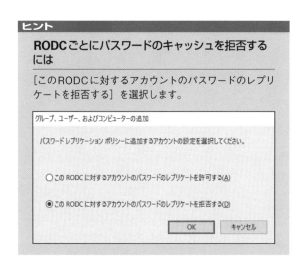

---

**ヒント**

## PowerShellで設定する

RODCにパスワードキャッシュを許可するには、下記のコマンドレットを使用します。

```
Add-ADDomainControllerPasswordReplicationPolicy -Identity "＜RODC名＞" `
-AllowedList "＜ユーザー名＞", "＜グループ名＞"
```

# 14 RODCにパスワードを事前にキャッシュするには

RODCでは、許可されているユーザーのパスワードがログオン時にキャッシュされますが、管理者が事前にユーザーのパスワードをRODCにキャッシュしておくこともできます。

## RODCにパスワードを事前にキャッシュする

**❶** サーバーマネージャーで、[ツール] をクリックする。

**❷** [Active Directory管理センター]をクリックする。

▶[Active Directory管理センター]が表示される。

**❸** ナビゲーションウィンドウで、[＜ドメイン名＞]、[Domain Controllers] の順に展開する。

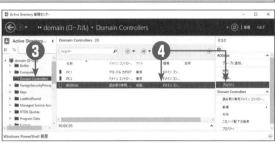

**❹** RODCオブジェクトをクリックし、[プロパティ] をクリックする。

▶[＜RODC名＞] のプロパティウィンドウが表示される。

**❺** [拡張] セクションで、[パスワードレプリケーションポリシー] タブをクリックする。

**❻** [詳細設定] をクリックする。

▶[詳細なパスワードレプリケーションポリシー＜RODC名＞] ダイアログが表示される。

---

**ヒント**

### PowerShellで設定する

RODCのパスワードキャッシュを確認するには、下記のコマンドレットを使用します。

```
Get-ADDomainControllerPasswordReplicationPolicyUsage ＜RODC名＞
```

**7** [ポリシーの使用] タブで、[パスワードの事前配布] をクリックする。

➡ [ユーザーまたはコンピューターの選択] ダイアログが表示される。

**8** 次のいずれかの操作を実行する。

● [選択するオブジェクト名を入力してください] ボックスに追加したいアカウント名を入力し、[名前の確認] をクリックする。

● [詳細設定] をクリックして [検索] をクリックし、アカウントの一覧から目的のアカウントを選択する。

**9** [OK] をクリックする

➡ [パスワードの事前配布] ダイアログが表示される。

**10** [はい] をクリックする。

➡ [パスワードの事前配布成功] ダイアログが表示される。

**11** [OK] をクリックする。

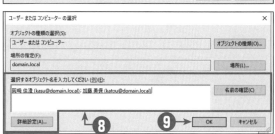

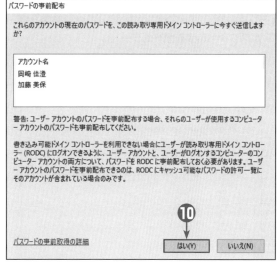

**ヒント**

## パスワードがキャッシュされているユーザーの確認

[詳細なパスワードレプリケーションポリシー＜RODC名＞] ダイアログの [ポリシーの使用] タブを表示します。

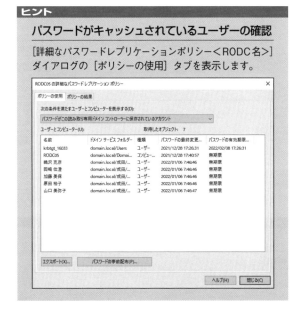

⓬
[詳細なパスワードレプリケーションポリシー
＜RODC名＞] ダイアログで、[閉じる] をクリッ
クする。

⓭
[＜RODC名＞] のプロパティウィンドウで、[OK]
をクリックする。

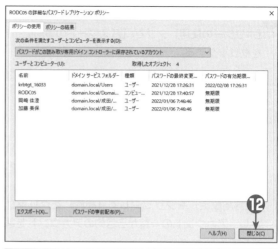

---

**ヒント**

### パスワードの事前配布エラー

パスワードのキャッシュが許可されていないユーザーの
場合は、[パスワードの事前配布エラー] ダイアログが表
示されます。

| アカウント名 | エラー |
|---|---|
| 石塚 亮 | 最初に、この読み取り専用ドメイン コントローラーの許可アカウント一覧 |

---

**ヒント**

### コマンドラインで設定する

パスワードの事前キャッシュを有効化するには、下記のコマンドを使用します。

```
repadmin /rodcpwdrepl ＜RODC名＞ ＜DC名＞ "＜ユーザーの識別名＞"
```

# Active Directoryドメイン
# サービスのバックアップと保守

第 **7** 章

この章では、Active Directoryドメインサービス（AD DS）のバックアップおよび復元方法について解説します。また、データベースファイルやログファイルの移動、データベースを最適化する方法についても解説します。

## Active Directory データベースとバックアップ

### Active Directory データベース

　Active Directory データベースには、Active Directory ドメインサービス（AD DS）のすべてのオブジェクトが格納されます。Active Directory データベースの実体は、NTDS.DIT というファイルです。しかし、Active Directory では、パフォーマンスを向上しつつ情報の整合性を保つために、トランザクションログファイルやチェックポイントファイルと呼ばれるファイルも使われます。Active Directory データベースに関連するファイルは、次のとおりです。

| ファイル | 説明 |
|---|---|
| ntds.dit | Active Directory データベースの実体 |
| edb＜連番＞.log | トランザクションログファイル |
| edb.chk | チェックポイントファイル |
| edbres＜連番＞.log | トランザクションログのために予約されているファイル |

#### ● ntds.dit

　ntds.dit は、Active Directory データベースファイルなので、オブジェクトの数が増えるにつれてサイズが大きくなり、格納域も増大します。Active Directory データベースの最大サイズは、16TB です。

#### ● edb＜連番＞.log

　トランザクションログファイルには、edb.log と edb＜連番＞.log があります。edb.log は、現在のトランザクションログファイルです。「トランザクションログ」とは、オブジェクトの追加や削除などのデータベースの変更（トランザクション）が行われるときに、そのトランザクションが書き込まれるファイルです。edb.log ファイルの最大サイズは、10MB です。

　edb.log ファイルがいっぱいになると、edb＜連番＞.log（＜連番＞は00001 から始まる番号で、16進表記で増加する）という名前のファイルが作成されます。なお、edb.log 内の古いトランザクションは、Active Directory データベースに書き込まれると削除されます。

#### ● edb.chk

　edb.chk は、Active Directory データベースのチェックポイントファイルです。チェックポイントファイルは、Active Directory にデータが確実に書き込まれたことを確認するために使います。AD DS では、ntds.dit と edb.log ファイルを比較して確認します。正しく書き込まれている場合には、正しく書き込まれたことを示す情報が edb.chk ファイルに書き込まれます。

#### ● edbres＜連番＞.log

　edbres＜連番＞.log は、トランザクションログ用の予約ファイルです。これらのファイルは、ディスクがいっぱいになったときに、トランザクションログを格納するために予約されている領域です。これらのファイルにより、ディスクがいっぱいになったときでも、トランザクションログをトランザクションログファイルに格納してコンピューターをシャットダウンできるようになります。

## Active Directory ドメインサービス（AD DS）のバックアップ

　Active Directoryデータベースの実体はntds.ditファイルですが、単にこのファイルをコピーしただけでは、AD DSを正常に復元することはできません。AD DSをバックアップする場合には、「Windows Serverバックアップ」ツールを使って、「システム状態データ」をバックアップします。

　なお、Windows Serverバックアップツールは、既定ではインストールされないため、必要に応じてインストールする必要があります。

## 廃棄の有効期間

　「廃棄の有効期間（廃棄期限）」とは、AD DSで削除されたオブジェクトを完全に削除するプロセスのことです。AD DSでオブジェクトを削除すると、削除されたという情報が一定期間（180日間）保持されます。この削除情報により、オブジェクトが削除されたことをドメインコントローラー間でレプリケートしています。廃棄の有効期間が過ぎると、削除情報が完全に削除されるため、AD DSの復元は廃棄の有効期間内に行う必要があります。

　廃棄の有効期間が切れた後でもデータを復元できてしまうと、問題が発生します。たとえば、AD DSをバックアップした後、退職した社員のアカウントを3月に削除し、1年後の3月にAD DSに障害が発生したため、システム状態を復元したとします。この場合、どのドメインコントローラーにも退職した社員のアカウントが削除されたという情報がないため、1年前の3月に削除したアカウントが新しいオブジェクトとして復元されてしまいます。このような状態を防ぐため、AD DSでは、廃棄の有効期間より古いシステム状態データは復元できません。

### 廃棄の有効期間

# 1 Windows Server バックアップを インストールするには

Windows Serverバックアップは、既定ではインストールされていないため、バックアップを行えるようにインストールする必要があります。

## Windows Server バックアップをインストールする

**①** サーバーマネージャーで、[管理] をクリックする。

**②** [役割と機能の追加] をクリックする。

▶役割と機能の追加ウィザードが表示される。

**③** [開始する前に] ページで、[次へ] をクリックする。

**④** [インストールの種類の選択] ページで、[役割または機能ベースのインストール] が選択されていることを確認する。

**⑤** [次へ] をクリックする。

**⑥** [対象サーバーの選択]ページで、Windows Serverバックアップをインストールするサーバーを選択する。

**⑦** [次へ] をクリックする。

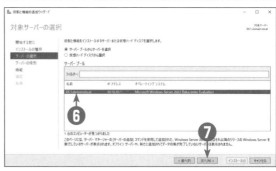

---

### ヒント

**サーバーマネージャーが表示されない場合には**

サーバーマネージャーは、[管理] → [サーバーマネージャーのプロパティ] で [ログオン時にサーバーマネージャーを自動的に起動しない] チェックボックスをオンにすると、次回ログオン時から自動的に表示されなくなります。サーバーマネージャーを表示するには、スタートボタンをクリックし、[サーバーマネージャー] タイルをクリックします。

**⑧** [サーバーの役割の選択] ページで、[次へ] をクリックする。

**⑨** [機能の選択] ページで、[Windows Serverバックアップ] チェックボックスをオンにする。

**⑩** [次へ] をクリックする。

**⑪** [インストールオプションの確認] ページで [インストール] をクリックする。

▶ Windows Serverバックアップのインストールが開始される。

**⑫** [インストールの進行状況] ページにWindows Serverバックアップのインストールが正常に完了したことを示すメッセージが表示されたら、[閉じる] をクリックする。

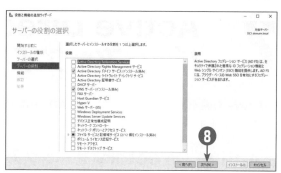

**ヒント**

**PowerShellで設定する**

Windows Serverバックアップをインストールするには、下記のコマンドレットを使用します。

```
Install-WindowsFeature Windows-Server-Backup
```

# 2 Active Directoryを バックアップするには

　Active Directoryドメインサービス（AD DS）データをバックアップするには、システム状態データをバックアップします。

## Active Directoryをバックアップする

**❶** サーバーマネージャーで、［ツール］をクリックする。

**❷** ［Windows Serverバックアップ］をクリックする。

　➡Windows Serverバックアップが表示される。

**❸** ナビゲーションウィンドウで、［ローカルバックアップ］をクリックする。

**❹** 操作ウィンドウで、［単発バックアップ］をクリックする。

　➡単発バックアップウィザードが表示される。

**❺** ［バックアップオプション］ページで、［別のオプション］を選択する。

**❻** ［次へ］をクリックする。

---

**ヒント**

**バックアップがスケジュールされている場合には**

既にバックアップがスケジュールされている場合には、［スケジュールされたバックアップのオプション］も選択できます。

**❼** [バックアップ構成の選択］ページで、［カスタム］を選択する。

**❽** ［次へ］をクリックする。

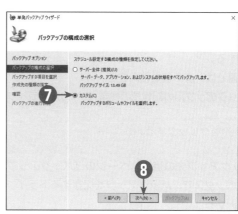

**❾** ［バックアップする項目を選択］ページで、［項目の追加］をクリックする。

　⮕ [項目の追加］ダイアログが表示される。

**❿** ［システム状態］チェックボックスをオンにする。

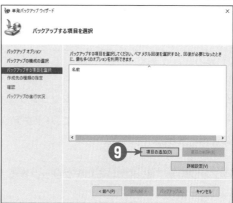

**⓫** ［OK］をクリックする。

**⓬** ［バックアップする項目を選択］ページで、［次へ］をクリックする。

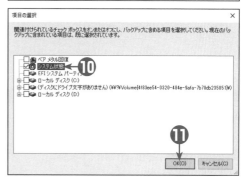

**ヒント**

### システム状態のサイズ

システム状態は、サイズが大きくなります。これは、他のサービスとの依存関係を保持するために、システム状態が完全バックアップのサブセットになっているためです。

**ヒント**

### バックアップ用の記憶域

バックアップ用の記憶域には、ローカルドライブ以外に、DVD、リモート共有フォルダー、リムーバブルディスクなどを指定できます。どのドライブまたはメディアを選択する場合でも、バックアップで必要となる空き容量があることを確認しておく必要があります。

⑬ [作成先の種類の指定] ページで、バックアップ先を
選択する。

※本書では、次の値を使用する。

●バックアップ用の記憶域の種類：ローカルドライブ

⑭ [次へ] をクリックする。

⑮ [バックアップ先の選択] ページの [バックアップ
先] ボックスで、バックアップを保存するドライブ
を選択する。

※本書では、次の値を使用する。

●バックアップ先：ローカルディスク（D:）

⑯ [次へ] をクリックする。

⑰ [確認] ページで、[バックアップ] をクリックする。

➡ [バックアップの進行状況] ページに、バックアップ
の進行状況が表示される。

⑱ バックアップの完了後、[閉じる] をクリックする。

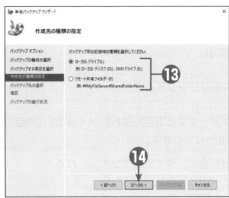

---

**ヒント**

### PowerShellで設定する

単発バックアップを行うには、下記のコマンドレットを
使用します。

```
$policy=New-WBPolicy
$BackupTargetVolume=New-WBbackupTarget `
-VolumePath <バックアップ先のドライブ>
Add-WBSystemState -Policy $policy
Add-WBBackupTarget -Policy $policy `
-Target $BackupTargetVolume
Start-WBBackup -Policy $policy
```

**ヒント**

### Wbadminコマンドで設定する

単発バックアップを行うには、下記のコマンドを使用し
ます。

```
Wbadmin start systemstatebackup
-backupTarget:<バックアップ先のドライブ> -quiet
```

# 3 システムのバックアップを スケジュールするには

Windows Serverバックアップでは、システムのバックアップをスケジュールできます。

## システムのバックアップをスケジュールする

**❶** サーバーマネージャーで、[ツール] をクリックする。

**❷** [Windows Serverバックアップ]をクリックする。
　▶Windows Serverバックアップが表示される。

**❸** ナビゲーションウィンドウで、[ローカルバックアップ] をクリックする。

**❹** 操作ウィンドウで、[バックアップスケジュール] をクリックする。
　▶バックアップスケジュールウィザードが表示される。

**❺** [はじめに] ページで、[次へ] をクリックする。

**❻** [バックアップ構成の選択] ページで、[カスタム] を選択する。

**❼** [次へ] をクリックする。

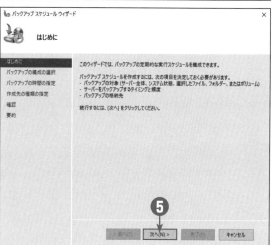

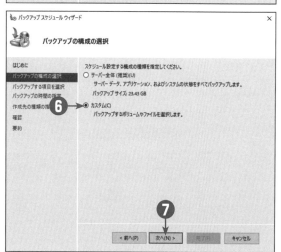

**8**

[バックアップする項目を選択] ページで、[項目の追加] をクリックする。

➡ [項目の追加] ダイアログが表示される。

**9**

[システム状態] チェックボックスをオンにする。

**10**

[OK] をクリックする。

**11**

[バックアップする項目を選択] ページで、[次へ] をクリックする。

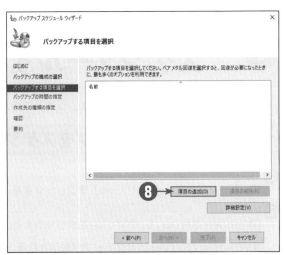

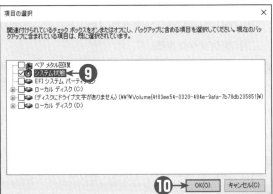

**⑫** [バックアップの時間の指定] ページで、バックアッ
プ時間を設定する。

※本書では、次の値を使用する。

●バックアップ頻度：1日1回

●時刻：0:00

**⑬** [次へ] をクリックする。

**⑭** [作成先の種類の選択] ページで、バックアップの保
存場所を指定する。

※本書では、次の値を使用する。

●作成先：ボリュームにバックアップする

**⑮** [次へ] をクリックする。

**⑯** [ボリュームの選択] ページで、[追加] をクリック
する。

➡ [ボリュームの追加] ダイアログが表示される。

**⑰** バックアップ先のボリュームを選択する。

**⑱** [OK] をクリックする。

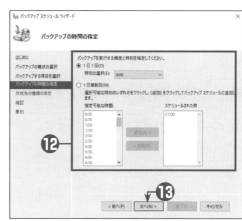

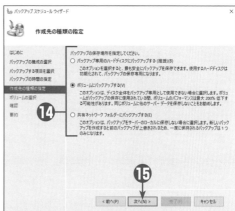

**ヒント**

## バックアップ専用のハードディスク

[バックアップ専用のハードディスクにバックアップす
る] を選択した場合、バックアップに使用するハードディ
スクは、バックアップ専用のディスクとしてフォーマッ
トされます。そのため、データが格納されていないディ
スクを指定するべきです。

**⑲**
[ボリュームの選択]ページで、[次へ]をクリック
する。

**⑳**
[確認]ページで、[完了]をクリックする。

**㉑**
[要約]ページで、[閉じる]をクリックする。

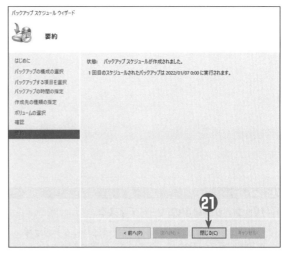

---

**ヒント**

## PowerShell で設定する

バックアップスケジュールを設定するには、下記のコマンドレットを使用します。

```
$policy=New-WBPolicy
$BackupTargetVolume=New-WBbackupTarget `
    -VolumePath <バックアップ先のドライブ>
Set-WBSchedule -Policy $policy -Schedule <時刻>
Add-WBSystemState -Policy $policy
Add-WBBackupTarget -Policy $policy `
    -Target $BackupTargetVolume
Set-WBPolicy -Policy $policy
```

**ヒント**

## Wbadmin コマンドで設定する

バックアップスケジュールを設定するには、下記のコマンドを使用します。

```
Wbadmin enable backup
    -addTarget:<バックアップ先のドライブ>
    -schedule:<時刻> -systemstate -quiet
```

## Active Directoryドメインサービスの復元

Active Directory ドメインサービス（AD DS）では、有効なシステム状態データがバックアップされていれば、ドメインコントローラーのハードウェア障害や、Active Directory データベースファイルの破損などが発生したときでもAD DSを復元できます。また、間違ってユーザーアカウントや組織単位（OU）などのオブジェクトを削除した場合にも、削除したオブジェクトをシステム状態データから復元できます。ただし、システム状態データを復元する場合には、ドメインコントローラーを再起動し、「ディレクトリサービスの修復モード（DSRM）」で起動する必要があります。DSRMは、「ディレクトリサービス復元モード」とも呼ばれます。

AD DSでは、ディレクトリデータベースがレプリケートされるため、復元するときには復元方法を考慮する必要があります。あるドメインコントローラーで間違ってOUを削除した場合、通常の方法でAD DSを復元しても、OUは復元されません。これは、別のドメインコントローラーにOUが削除されたという情報が格納されているためです。そのため、ドメインコントローラー間でレプリケーションが実行されると、削除されたOUとして処理され、復元したドメインコントローラーからOUが再び削除されます。

AD DSには、状況に応じて、次の復元方法があります。

### 権限のない復元

「権限のない復元」（「非Authoritative Restore」とも呼ばれます）は、バックアップからシステム状態データを復元し、別のドメインコントローラーから最新のActive Directory データベースをレプリケートする復元方法です。Active Directoryオブジェクトには、更新シーケンス番号（USN）があります。AD DSのレプリケーションでは、この更新シーケンス番号を使って、オブジェクトの情報が最新かどうかを判断しています。権限のない復元でオブジェクトを復元した場合、更新シーケンス番号が別のドメインコントローラーで持っているオブジェクトの更新シーケンス番号よりも古いため、レプリケーションのときに別のドメインコントローラーの情報で上書きされます。

**権限のない復元**

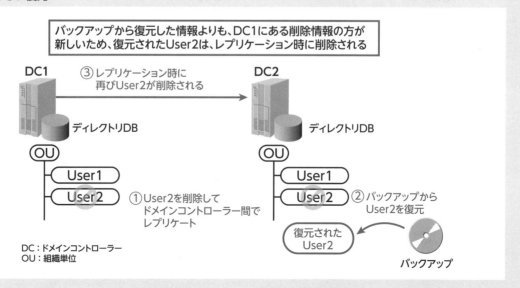

権限のない復元は、他に正常なドメインコントローラーが存在しているときに1台のドメインコントローラーでActive Directoryデータベースファイルが破損した場合に、ディレクトリデータベースを正常な状態に戻すときに使用します。また、後述の権限のある復元を実行する前に、権限のない復元を実行します。

## 権限のある復元

「権限のある復元」(「Authoritative Restore」とも呼ばれます)は、バックアップから復元したActive Directoryデータベースを、別のドメインコントローラーにレプリケートする復元方法です。システム状態データを復元し、Active Directoryオブジェクトに対してAuthoritative Restoreを実行すると、復元したオブジェクトの更新シーケンス番号が元のオブジェクトの更新シーケンス番号よりも大きくなります。これにより、復元したオブジェクトで別のドメインコントローラーの情報が上書きされるようになります。

Authoritative Restoreは、削除されたActive Directoryオブジェクトの復元に使います。たとえば、Active Directoryオブジェクトを間違って削除または変更し、そのオブジェクト情報が別のドメインコントローラーにレプリケートされた場合、復元したオブジェクトに対してAuthoritative Restoreを実行します。これにより、レプリケーションのときに、別のドメインコントローラーに復元したオブジェクトが伝達されます。

復元したオブジェクトでAuthoritative Restoreを実行するには、権限のない復元でバックアップから復元した後に、ntdsutilコマンドラインユーティリティを使って設定します。

**権限のある復元**

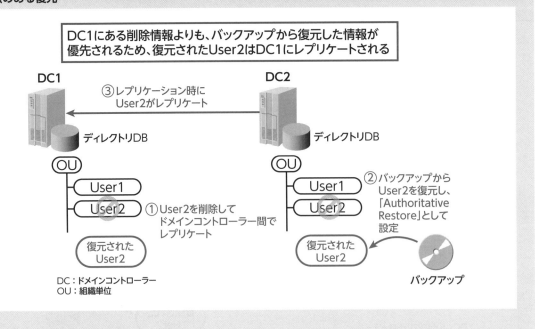

# 4 ディレクトリサービスの修復モードで起動するには

Active Directoryドメインサービス（AD DS）を復元するには、ドメインコントローラーをディレクトリサービスの修復モード（DSRM）で起動する必要があります。

## DSRMで起動する

**❶** ドメインコントローラーをシャットダウンする。

**❷** ドメインコントローラーを起動し、起動中に F8 キーを押す。

　　➡ ［詳細ブートオプション］が表示される。

**❸** ［ディレクトリサービスの修復モード］を選択し、Enter キーを押す。

　　➡ ドメインコントローラーがディレクトリサービスの修復モードで起動する。

**❹** ローカルコンピューターのAdministratorとして、DSRMパスワードを使用してログオンする。

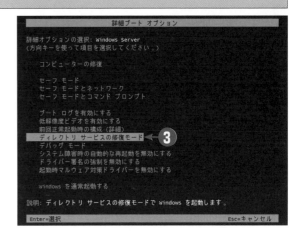

---

**ヒント**

### DSRMで起動する別の方法

・コマンドプロンプトで次のコマンドを入力してから再起動すると、常にDSRMで起動します。

```
bcdedit /set safeboot dsrepair
```

・再起動するには、コマンドプロンプトで次のコマンドを入力します。

```
shutdown /r /t 0
```

上記のbcdeditコマンドを実行すると毎回DSRMで起動するため、Windowsを通常起動させたい場合には、コマンドプロンプトで次のコマンドを実行します。

```
bcdedit /deletevalue safeboot
```

**ヒント**

### ローカルAdministratorでのログオン

ユーザー名に「.¥Administrator」を使用すると、ローカルAdministratorとしてログオンできます。

**ヒント**

### DSRMのパスワードを使用する

ディレクトリサービスの修復モードでログオンするときには、ドメインコントローラーへ昇格するときに指定した、ディレクトリサービス復元モード（DSRM）パスワードを使用します。

**参照**

### DSRMパスワードについては

第2章の3

# 5 Active Directoryを復元するには（権限のない復元－GUI）

ドメインコントローラーの障害時には、ドメインコントローラーでActive Directoryデータベースを復元します。

## Active Directoryを復元する（権限のない復元－GUI）

❶ ディレクトリサービスの修復モード（DSRM）でコンピューターを起動する。

❷ サーバーマネージャーで、[ツール]をクリックする。

❸ [Windows Serverバックアップ]をクリックする。
▶Windows Serverバックアップが表示される。

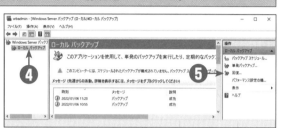

❹ ナビゲーションウィンドウで、[ローカルバックアップ]をクリックする。

❺ 操作ウィンドウで、[回復]をクリックする。
▶回復ウィザードが表示される。

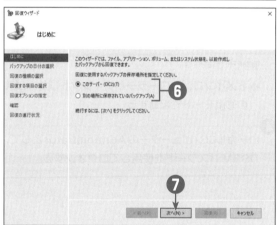

❻ [はじめに]ページで、バックアップの保存場所を指定する。
※本書では、次の値を使用する。
●保存場所：このサーバー

❼ [次へ]をクリックする。

❽ [バックアップの日付の選択]ページで、復元したいバックアップを選択する。

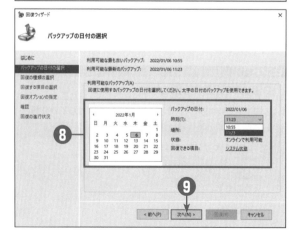

❾ [次へ]をクリックする。

⑩ ［回復の種類の選択］ページで、［システム状態］を選択する。

⑪ ［次へ］をクリックする。

⑫ ［システム状態の回復先の場所を選択］ページで、［元の場所］を選択する。

⑬ ［次へ］をクリックする。

➡ ［Windows Serverバックアップ］ダイアログが表示される。

⑭ ［OK］をクリックする。

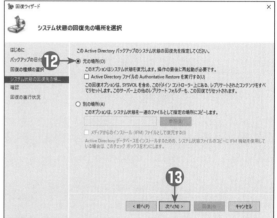

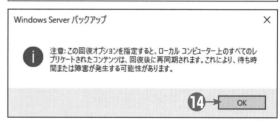

### Active Directoryファイルの Authoritative Restoreを実行する

［Active Directory ファイルの Authoritative Restore を実行する］チェックボックスをオンにすると、Authoritative Restoreを実行できますが、このオプションではすべてのコンテンツがリセットされます。そのため、AD DSドメインの再構築を行う最初のドメインコントローラーを復元する際にのみ、このチェックボックスをオンにします。

⑮ [確認] ページで、[回復処理の完了のためにサーバー を自動的に再起動する] チェックボックスをオンに する。

⑯ [回復] をクリックする。

　▶ [Windows Serverバックアップ] ダイアログ が表示される。

⑰ [はい] をクリックする。

⑱ ドメインコントローラーの再起動後、システム状態 が正常に回復されたことを示すコマンドプロンプト で、Enter キーを押す。

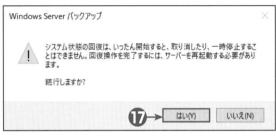

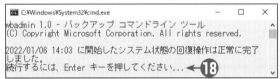

**ヒント**

### 権限のある復元を行う場合には

権限のある復元を行う場合は、[確認] ページで、[回復 処理の完了のためにサーバーを自動的に再起動する] チェックボックスをオフにします。

# 6 Active Directoryを復元するには （権限のない復元－PowerShell）

バックアップから特定のオブジェクトを復元するために「権限のある復元」を実行する前に、権限のない復元を実行します。ここでは、PowerShellを使用して権限のない復元を実行する方法を紹介します。

## Active Directoryを復元する（権限のない復元－PowerShell）

**❶**
ディレクトリサービスの修復モード（DSRM）でコンピューターを起動する。

**❷**
スタートボタンをクリックし、[Windows PowerShell]タイルをクリックする。

▶PowerShellウィンドウが表示される。

**❸**
次のコマンドレットを入力し、Enterキーを押す。

```
Get-WBBackupSet
```

▶バックアップのバックアップ時間、バージョンIDが表示される。

**❹**
次のコマンドレットを入力し、Enterキーを押す。

```
$Backup=Get-WBBackupSet |
   Where-Object{$_.VersionId -eq
   "<バージョンID>"}
```

▶バージョンIDのバックアップセットが変数（$Backup）に格納される。

**❺**
次のコマンドレットを入力し、Enterキーを押す。

```
Start-WBSystemStateRecovery `
-BackupSet $Backup `
-Force -RestartComputer
```

▶バックアップからAD DSが復元される。

**❻**
再起動後、システム状態が正常に回復されたことを示すコマンドプロンプトで、Enterキーを押す。

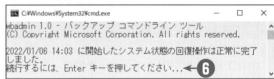

**ヒント**

**権限のある復元を行う場合には**

権限のある復元を行う場合は、-RestartComputer パラメーターを付けずにコマンドレットを実行します。

**ヒント**

**入力項目について**

バージョンIDは復元するバックアップのある場所、<MM/DD/YYYY-HH:MM>は復元するバックアップのバージョンです。

# 7 復元した情報を優先して復元するには（権限のある復元）

　復元した情報を他のドメインコントローラーにレプリケートする場合には、権限のある復元（Authoritative Restore）を行います。ここでは、東京OU内のUsers OUの復元を例に、権限のある復元の手順を紹介します。なお、権限のある復元は、権限のない復元を行った後、再起動せずに実行します。

## 復元した情報を優先して復元する（権限のある復元）

**❶** この章の6の手順❶〜❺までを実行する。ただし、-RestartComputerパラメーターを付けずに実行する。

**❷** スタートボタンをクリックし、[Windows PowerShell]タイルをクリックする。

**❸** 次のコマンドを入力し、Enterキーを押す。

```
ntdsutil
```

**❹** 次のコマンドを入力し、Enterキーを押す。

```
activate instance NTDS
```

**❺** 次のコマンドを入力し、Enterキーを押す。

```
authoritative restore
```

**❻** 次のコマンドを入力し、Enterキーを押す。

```
restore subtree <コンテナーオブジェクトの識別名>
```

※本書では、次の値を使用する。
- 識別名：OU=Users,OU=東京,DC=domain,DC=local

**❼** [はい]をクリックする。

**❽** quitと入力し、Enterキーを押す。

**❾** quitと入力し、Enterキーを押す。

**❿** Restart-Computerと入力し、Enterキーを押す。

**ヒント**
### 権限のない復元の後に再起動しない
権限のある復元を行うには、権限のない復元が完了した後にコンピューターを再起動しないでください。

**ヒント**
### 復元対象に応じたコマンドを使用する
restore subtreeコマンドは、コンテナーおよびコンテナー内のオブジェクトを復元します。1つのオブジェクトのみを復元するには、「restore object <オブジェクトの識別名>」と入力します。

再起動後、システム状態が正常に回復されたことを示すコマンドプロンプトで、Enter キーを押す。

```
C:¥Windows¥System32¥cmd.exe                          -  □  ×
wbadmin 1.0 - バックアップ コマンドライン ツール
(C) Copyright Microsoft Corporation. All rights reserved.

2022/01/07 6:56 に開始したシステム状態の回復操作は正常に完了
しました。
続行するには、Enter キーを押してください...  ←11
```

## コラム Active Directory ごみ箱について

Active Directory ごみ箱（AD ごみ箱）は、誤って削除した Active Directory ドメインサービス（AD DS）オブジェクトを復元する Windows Server 2008 R2 からの新機能です。AD DS では、オブジェクトを削除し、同じ名前でオブジェクトを新規に作成してもセキュリティ識別子（SID）が変わってしまいます。そのため、AD DS では別オブジェクトとして認識されます。

Windows Server 2008 までの AD DS では、権限のある復元を使用して削除したオブジェクトを復元できます。しかし、バックアップから AD DS オブジェクトを復元するには、権限のない復元を実行してから権限のある復元を実行する必要があるため、復元に多くの時間がかかってしまいます。また、復元を実行する DC の AD DS を停止する必要もあります。

Windows Server 2003 以降の Active Directory では、LDP ツールを使用して、削除したアイテムを元に戻すことも可能です。ただし、この機能では削除したオブジェクトの SID を復元できますが、オブジェクトに設定されていた属性（ユーザーアカウントの場合、所属するグループの情報や住所の情報など）は復元されません。そのため、一度オブジェクトの SID を復元してから、属性を再度設定する必要がありました。

Windows Server 2008 R2 以降では、Active Directory ごみ箱を有効にすると、誤って削除した AD DS オブジェクトを簡単に元に戻せます。誤って削除したオブジェクトの属性も戻せるため、復元した後に属性を再設定する必要がなくなります。また、AD DS を停止せずにすばやくオブジェクトを復元できます。そのため、AD DS の停止に多くの時間を使う権限のある復元よりも効率的にオブジェクトを復元できます。ただし、AD ごみ箱の既定の設定では、リサイクル期間としての有効期間が 180 日のため、180 日を過ぎると属性は復元できなくなります。なお、リサイクル期間が過ぎた後は、オブジェクトの削除プロセスとしてガベージコレクションの期間（廃棄の有効期間）になります。ガベージコレクションの期間になると、オブジェクトの SID を戻すことは可能ですが、属性は復元できません。ガベージコレクションの期間が過ぎると、AD DS オブジェクトが完全に削除（廃棄）されます。

**Active Directory ごみ箱**

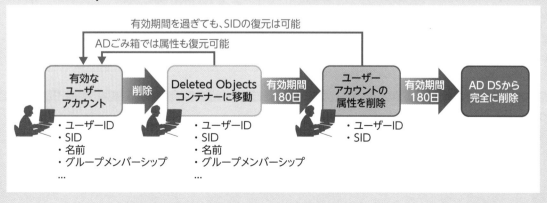

# 8 Active Directory ごみ箱を使用できるようにするには

Active Directory ドメインサービス（AD DS）の既定では、Active Directory ごみ箱（AD ごみ箱）が有効になっていません。AD ごみ箱を使用するには、フォレストの機能レベルを Windows Server 2008 R2 以上に昇格し、AD ごみ箱の機能を有効にする必要があります。

## AD ごみ箱を有効にする

**❶** サーバーマネージャーで、[ツール] をクリックする。

**❷** [Active Directory 管理センター]をクリックする。
➡ [Active Directory 管理センター]が表示される。

**❸** ナビゲーションウィンドウで、ドメイン名をクリックする。

**❹** タスクウィンドウで、[ごみ箱の有効化] をクリックする。
➡ [ごみ箱の確認を有効化]ダイアログが表示される。

**❺** [OK] をクリックする。
➡ [Active Directory 管理センター]ダイアログが表示される。

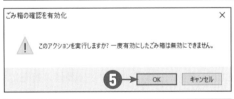

**❻** [OK] をクリックする。

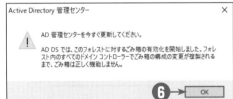

---

**ヒント**

### PowerShell で設定する

フォレストの機能レベルを上げるには、下記のコマンドレットを使用します。

```
Set-ADForestMode -Identity <フォレスト名> `
-ForestMode "Windows2016Forest"
```

---

**ヒント**

### PowerShell で設定する

AD ごみ箱を有効化するには、下記のコマンドレットを使用します。

```
Enable-ADOptionalFeature 'Recycle Bin Feature' `
-Scope ForestOrConfigurationSet `
-Target '<ドメインのFQDN>'
```

# 9 Active Directoryごみ箱から オブジェクトを復元するには

Active Directoryごみ箱（ADごみ箱）が有効な場合、誤って削除したオブジェクトを属性と共に復元できます。ここでは、Itoというログオン名の削除されたユーザーアカウントを例に、ADごみ箱から復元する方法を紹介します。

## ADごみ箱からオブジェクトを復元する

**❶** サーバーマネージャーで、［ツール］をクリックする。

**❷** ［Active Directory管理センター］をクリックする。
　▶［Active Directory管理センター］が表示される。

**❸** ナビゲーションウィンドウで、［＜ドメイン名＞］を展開し、［Deleted Objects］をクリックする。

**❹** ごみ箱から復元したいオブジェクトを選択する。

**❺** タスクウィンドウで、［復元］をクリックする。
　▶削除されたオブジェクトが復元される。

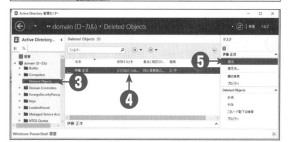

---

**ヒント**

### PowerShellで設定する

ADごみ箱から復元するには、下記のコマンドレットを使用します。

```
Get-ADObject -Filter 'samaccountname `
-eq "<ログオン名>" -IncludeDeletedObjects `
| Restore-ADObject
```

# 10 Active Directoryデータベースとトランザクションログファイルを移動するには

Active Directoryデータベースとトランザクションログファイルは、既定で［%SystemRoot%¥NTDS］フォルダーに格納されます。ディスクの空き領域が少なくなった場合には、Active Directoryデータベースとトランザクションログファイルを移動できます。別のドライブに移動することにより、Active Directoryデータベース用の十分なディスク領域を確保できるようになります。

## Active Directoryデータベースとトランザクションログファイルを移動する

**❶**
スタートボタンをクリックし、［Windows PowerShell］タイルをクリックする。

➡PowerShellウィンドウが表示される。

**❷**
次のコマンドレットを入力し、Enterキーを押す。

```
Stop-Service NTDS -Force
```

**❸**
次のコマンドを入力し、Enterキーを押す。

```
ntdsutil
```

**❹**
次のコマンドを入力し、Enterキーを押す。

```
activate instance NTDS
```

**❺**
次のコマンドを入力し、Enterキーを押す。

```
files
```

**❻**
次のコマンドを入力し、Enterキーを押す。

```
move db to <移動先のフォルダーのパス>
```

※本書では、次の値を使用する。

●Active Directoryデータベースの移動先：
  d:¥addb

---

**ヒント**

**ファイルの移動に使用するコマンドについて**

move db toコマンドは、データベースファイルを移動します。move logs toコマンドは、トランザクションログファイルを移動します。

**⑦**

次のコマンドを入力し、Enter キーを押す。

```
move logs to <移動先のフォルダーのパス>
```

※本書では、次の値を使用する。
- ●トランザクションログファイルの移動先：
  d:¥addb

**⑧**

quitと入力し、Enter キーを押す。

**⑨**

quitと入力し、Enter キーを押す。

**⑩**

Start-Service NTDSと入力し、Enter キーを押す。

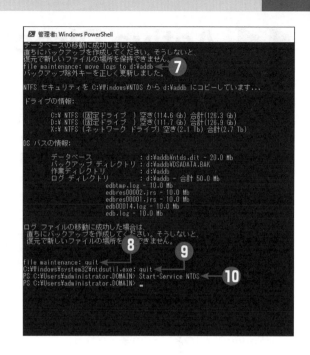

# 11 Active Directoryデータベースを圧縮するには

　Active Directoryデータベースは、オブジェクトの削除と追加を繰り返すと断片化が発生します。Active Directoryドメインサービス（AD DS）では、データベースを自動的に最適化します（既定で12時間ごと）。この自動的に実行される最適化処理を「オンライン最適化」と呼びます。

　ただし、自動で行われるオンライン最適化では、多くのオブジェクトを削除した場合でもデータベースファイルのサイズは小さくなりません。データベースファイルのサイズを小さくするには、手動でActive Directoryデータベースファイルを圧縮する必要があります。この手動の最適化処理を「オフライン最適化」と呼びます。

## Active Directoryデータベースを手動で圧縮する

**❶** スタートボタンをクリックし、[Windows PowerShell]タイルをクリックする。

▶PowerShellウィンドウが表示される。

**❷** 次のコマンドレットを入力し、Enterキーを押す。

`Stop-Service NTDS -Force`

**❸** 次のコマンドを入力し、Enterキーを押す。

`ntdsutil`

**❹** 次のコマンドを入力し、Enterキーを押す。

`activate instance NTDS`

**❺** 次のコマンドを入力し、Enterキーを押す。

`files`

**❻** 次のコマンドを入力し、Enterキーを押す。

`compact to <圧縮したファイルの格納先のフォルダーのパス>`

※本書では、次の値を使用する。

●圧縮ファイルの格納先：d:¥compact

**❼** file maintenanceプロンプトで、quitと入力し、Enterキーを押す。

**❽** ntdsutilプロンプトで、quitと入力し、Enterキーを押す。

**ヒント**
**圧縮後のファイルで上書きする**
データベースファイルをコピーする際に、上書きの確認が要求された場合は、ファイルを上書きします。

**ヒント**
**トランザクションログファイルの削除**
Active Directoryデータベースを圧縮した場合には、元のActive Directoryデータベースファイルは使わないため、元のトランザクションログファイルも使えません。そのため、削除してもかまいません。なお、＜トランザクションログファイルへのパス＞は、Active Directoryのトランザクションログファイルの場所です。

**⑨** 不要なファイルを削除するために、次のコマンドを入力し、Enterキーを押す。

```
del <トランザクションログファイルへのパス>¥*.log
```

**⑩** 圧縮したActive Directoryデータベースファイルを Active Directoryデータベースフォルダーにコピーするために、次のコマンドを入力し、Enterキーを押す。

```
copy d:¥compact¥ntds.dit <ADDBフォルダーのパス>
```

**⑪** 次のコマンドを入力し、Enterキーを押す。

```
ntdsutil
```

**⑫** 次のコマンドを入力し、Enterキーを押す。

```
activate instance NTDS
```

**⑬** 次のコマンドを入力し、Enterキーを押す。

```
files
```

**⑭** 次のコマンドを入力し、Enterキーを押す。

```
integrity
```

**⑮** file maintenanceプロンプトで、quitと入力し、Enterキーを押す。

**⑯** 次のコマンドを入力し、Enterキーを押す。

```
semantic database analysis
```

**⑰** 次のコマンドを入力し、Enterキーを押す。

```
go fixup
```

**⑱** semantic checkerプロンプトで、quitと入力し、Enterキーを押す。

**⑲** ntdsutilプロンプトで、quitと入力し、Enterキーを押す。

**⑳** Start-Service NTDSと入力し、Enterキーを押す。

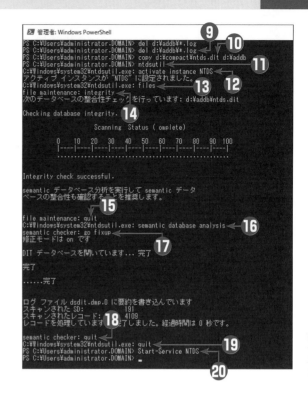

**ヒント**

### 圧縮したADDBファイルのコピー

圧縮したActive Directoryデータベースファイルは、別のフォルダーにあるため、Active Directoryデータベースフォルダー（既定では ［%SystemRoot%¥NTDS]）にコピーする必要があります。なお、<ADDBフォルダーのパス>はActive Directoryデータベースフォルダーの場所です。

# その他の
# Active Directoryサービス

## 第 8 章

この章では、Active Directoryドメインサービス（AD DS）以外のサービス、Active Directoryライトウェイトディレクトリサービス（AD LDS）、Active Directory証明書サービス（AD CS）、Active Directory Rights Managementサービス（AD RMS）、Active Directoryフェデレーションサービス（AD FS）について紹介します。また、Azure Active Directoryについても紹介します。

## Active Directory ライトウェイトディレクトリサービスについて

Active Directory ライトウェイトディレクトリサービス（AD LDS）は、Windows Server 2008以降の Active Directory サービスの1つで、LDAPディレクトリサービスです。Active Directory ドメインサービス（AD DS）とは、別のディレクトリサービスをアプリケーションとして実行できるため、柔軟にディレクトリ対応アプリケーションをサポートできるようになります。なお、AD LDSは、Windows Server 2003 R2では、Active Directory Application Mode（ADAM）と呼ばれていました。

AD DS フォレストのスキーマを拡張する必要があるディレクトリ対応アプリケーションを、AD DS ドメインにインストールする状況を考えてみましょう。AD DS スキーマを拡張したディレクトリ対応アプリケーションを使い続ける場合は、AD DS スキーマの拡張は問題になりませんが、ディレクトリ対応アプリケーションの使用をやめた場合は、AD DS スキーマに使用しない属性が残ってしまいます。組織の認証基盤となっている AD DS ドメインに使っていないスキーマ属性が残っていることは、管理者にとって好ましくありません。たとえば、不要なスキーマ属性があると、使用されないにもかかわらず、ディレクトリ対応アプリケーションをアンインストールする前に定義したオブジェクトに値が残ってしまい、新しいドメインコントローラーの追加時に、これらのオブジェクトがレプリケートされるためレプリケーショントラフィックに不要な負荷がかかります。また、不要なスキーマ属性を削除したい場合には、既にオブジェクトに値があるため、属性値が定義されているすべてのオブジェクトから値を削除しない限り、スキーマ属性を削除するとエラーが頻発するようになります。そのため、AD DS で一度スキーマを拡張した後は、システムに負荷がかかったとしても、スキーマをそのまま放置しておくのが一般的です。

AD LDS では、組織の認証基盤となっている AD DS フォレストのスキーマを拡張することなく、ディレクトリ対応アプリケーションをサポートできるようになります。AD DS とは異なるディレクトリサービスを提供するため、ディレクトリ対応アプリケーションの使用をやめた場合でも、AD LDS のインスタンスを削除するだけで済むため、AD DS フォレストのスキーマには影響しません。また、AD DS を認証基盤として使っていない組織でも、AD LDS により、ディレクトリ対応アプリケーションを使えるようになります。

### AD LDSのインスタンス

AD LDS では、複数のインスタンスを作成できるため、ディレクトリ対応アプリケーションごとに個別のディレクトリサービスを作成できます。AD LDS の「インスタンス」（サービスインスタンスとも呼ばれます）とは、AD LDS ディレクトリサービスのコピーのことです。AD LDS では、複数のインスタンスを1台のサーバーで実行できます。なお、複数のインスタンスを作成する場合には、インスタンスごとに異なるディレクトリデータストアやサービス名を指定します。つまり、AD DS スキーマを変更することなしに、ディレクトリ対応アプリケーションをいくつでもインストールして使えるようになるということです。

### アプリケーションディレクトリパーティション

AD LDS では、ディレクトリ対応アプリケーションが使用するデータは、「アプリケーションディレクトリパーティション」と呼ばれるディレクトリデータストアの領域に格納されます。アプリケーションディレクトリパーティションは、ディレクトリ対応アプリケーションのインストール時に、ディレクトリ対応アプリケーションが自動的に作成することがほとんどですが、手動で作成することもできます。なお、AD LDS の1つのインスタンスに、複数のアプリケーションディレクトリパーティションを作成できます。

# 1 AD LDSの役割を追加するには

Active Directoryライトウェイトディレクトリサービス（AD LDS）を使用するには、まずAD LDSの役割を追加する必要があります。

## AD LDSの役割を追加する

❶ サーバーマネージャーで、[管理] をクリックする。

❷ [役割と機能の追加] をクリックする。
▶ 役割と機能の追加ウィザードが表示される。

❸ [開始する前に] ページで、[次へ] をクリックする。

❹ [インストールの種類の選択] ページで、[役割または機能ベースのインストール] が選択されていることを確認する。

❺ [次へ] をクリックする。

❻ [対象サーバーの選択] ページで、AD LDSをインストールするサーバーを選択する。

❼ [次へ] をクリックする。

**ヒント**

### サーバーマネージャーが表示されない場合には

サーバーマネージャーは、[管理] → [サーバーマネージャーのプロパティ] で [ログオン時にサーバーマネージャーを自動的に起動しない] チェックボックスをオンにすると、次回ログオン時から自動的に表示されなくなります。サーバーマネージャーを表示するには、スタートボタンをクリックし、[サーバーマネージャー] タイルをクリックします。

**8** ［サーバーの役割の選択］ページで、［Active Directoryライトウェイトディレクトリサービス］チェックボックスをオンにする。

▶ ［役割と機能の追加ウィザード］ダイアログが表示される。

**9** ［機能の追加］をクリックする。

**10** ［サーバーの役割の選択］ページで、［次へ］をクリックする。

**11** ［機能の選択］ページで、［次へ］をクリックする。

⓬ [Active Directoryライトウェイトディレクトリサービス（AD LDS）] ページで、[次へ] をクリックする。

⓭ [インストールオプションの確認] ページで、[インストール] をクリックする。

　▶AD LDSのインストールが開始される。

⓮ [インストールの進行状況] ページにAD LDSのインストールが正常に完了したことを示すメッセージが表示されたら、[閉じる] をクリックする。

---

**ヒント**

**PowerShellで設定する**

AD LDSの役割を追加するには、下記のコマンドレットを使用します。

```
Install-WindowsFeature ADLDS `
-IncludeManagementTools
```

# 2 AD LDSインスタンスを作成するには

Active Directoryライトウェイトディレクトリサービス（AD LDS）の役割をインストールした後は、AD LDS
のインスタンスを作成します。ここでは、スタンドアロンサーバーに、AD LDSインスタンスを作成する手順を
紹介します。

## AD LDSインスタンスを作成する

**①** この章の「1　AD LDSの役割をインストールする
には」の手順を実行する。

**②** サーバーマネージャーで、[通知] アイコンをクリッ
クし、[Active Directoryライトウェイトディレク
トリサービスセットアップウィザードの実行] をク
リックする。

　➡Active Directoryライトウェイトディレクトリ
　サービスセットアップウィザードが表示される。

**③** [Active Directoryライトウェイトディレクトリ
サービスセットアップウィザードの開始] ページで、
[次へ] をクリックする。

**④** [セットアップオプション] ページで、[一意のイン
スタンス] を選択する。

**⑤** [次へ] をクリックする。

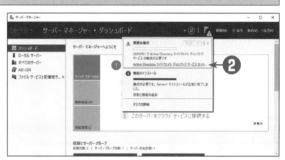

**⑥** [インスタンス名] ページで、[インスタンス名] ボックスにAD LDSのインスタンスの名前を入力する。
※本書では、次の値を使用する。
●インスタンス名：instance1

**⑦** [次へ] をクリックする。

**⑧** [ポート] ページで、[LDAPポート番号] および [SSLポート番号] ボックスにAD LDSインスタンスが使用するポート番号を入力する。
※本書では、次の値を使用する。
●LDAPポート番号：389
●SSLポート番号：636

**⑨** [次へ] をクリックする。

**⑩** [アプリケーションディレクトリパーティション] ページで、[アプリケーションディレクトリパーティションを作成する] を選択する。

**⑪** [パーティション名] ボックスに、アプリケーションディレクトリパーティションの識別名を入力する。
※本書では、次の値を使用する。
●パーティション名：
　DC=LDSDOMAIN,DC=LOCAL

**⑫** [次へ] をクリックする。

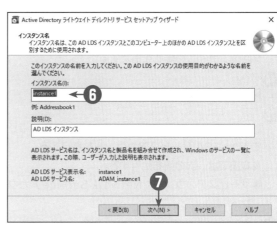

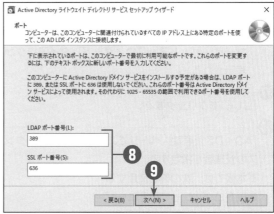

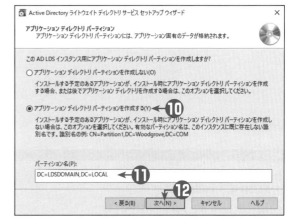

---

**注意**

### インスタンスのポート番号

ここでは、LDAPポート番号に389、SSLポート番号に636を指定していますが、これらのポート番号はAD DSでも使用します。AD DSとAD LDSを同じサーバーで実行する場合は、LDAPポート番号とSSLポート番号に50000以上の値を割り当てる必要があります。

⑬
[ファイルの場所] ページで、データファイルとデータ回復ファイルの場所を指定する。

⑭
[次へ] をクリックする。

⑮
[サービスアカウントの選択] ページで、必要に応じてAD LDSのサービスアカウントを指定する。
※本書では、次の値を使用する。
● サービスアカウント：Network Serviceアカウント

⑯
[次へ] をクリックする。
➡ [Active Directory ライトウェイトディレクトリサービスセットアップウィザード] ダイアログが表示される。

⑰
[はい] をクリックする。

⑱
[AD LDS管理者] ページで、AD LDSインスタンスの管理者を指定する。
※本書では、次の値を使用する。
● 現在ログオンしているユーザー

⑲
[次へ] をクリックする。

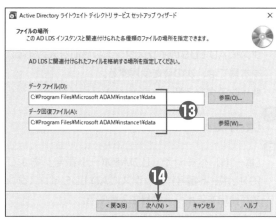

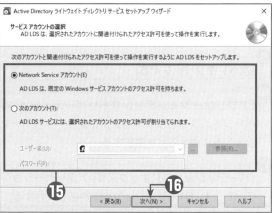

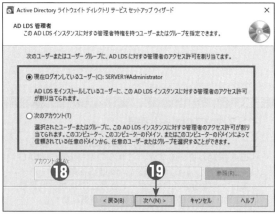

---

**ヒント**

**アプリケーションディレクトリパーティションを手動で作成する場合には**

AD LDSインスタンスの作成後に、アプリケーションディレクトリパーティションを手動で作成したい場合は、[アプリケーションディレクトリパーティションを作成しない] を選択します。

**注意**

**AD DSドメインコントローラーの場合は**

AD DSドメインコントローラーにAD LDSインスタンスを追加する場合は、AD LDSサービスアカウントとしてドメインユーザーアカウントを指定する必要があります。

⑳ ［LDIFファイルのインポート］ページで、AD LDS
にインポートするスキーマ用のLDIFファイルの
チェックボックスをオンにする。

※本書では、次の値を使用する。

● LDIFファイル名：MS-InetOrgPerson.LDF、
　 MS-User.LDF

㉑ ［次へ］をクリックする。

㉒ ［インストール準備完了］ページで、［次へ］をクリッ
クする。

㉓ ［Active Directoryライトウェイトディレクトリ
サービスセットアップウィザードの完了］ページで、
［完了］をクリックする。

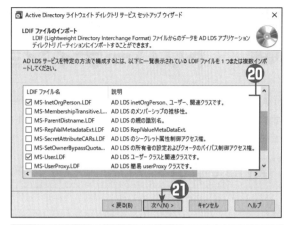

---

**ヒント**

### AD LDSの管理者

別のユーザーやグループにAD LDSインスタンスを管
理させる場合には、［次のアカウント］を選択し、ユー
ザーまたはグループを指定します。

# 3 AD LDSのアプリケーションディレクトリパーティションを表示するには

Active Directoryライトウェイトディレクトリサービス（AD LDS）は、さまざまな管理ツールで管理できます。ここでは、ADSIエディターを使用して、AD LDSのアプリケーションディレクトリパーティションを表示する方法を紹介します。

## AD LDSのアプリケーションディレクトリパーティションを表示する

**1** サーバーマネージャーで、[ツール] をクリックする。

**2** [ADSIエディター] をクリックする。
> ▶ [ADSIエディター] が表示される。

**3** [ADSIエディター] を右クリックし、[接続] をクリックする。
> ▶ [接続の設定] ダイアログが表示される。

**4** [名前] ボックスに、接続の名前を入力する。
※本書では、次の値を使用する。
● 名前：LDSインスタンス1

**5** [識別名または名前付けコンテキストを選択または入力する] を選択し、AD LDSインスタンスの識別名を入力する。
※本書では、次の値を使用する。
● DC=LDSDOMAIN,DC=LOCAL

**6** [ドメインまたはサーバーを選択または入力する] を選択し、サーバー名とポートを入力する。
※本書では、次の値を使用する。
● Server1:389

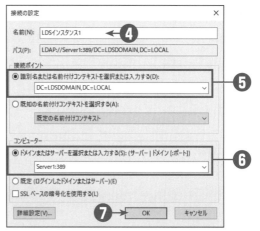

**7** [OK] をクリックする。

**8** ADSIエディターで、[LDSインスタンス1[Server1:389]]、[DC=LDSDOMAIN,DC=LOCAL] の順に展開する。
> ▶ AD LDSのアプリケーションディレクトリパーティションが表示される。

# 4 AD LDSオブジェクトを管理するには

　ここでは、ADSIエディターを使用した、AD LDSのユーザー、グループ、OUの作成方法やユーザーをグループに追加する方法を紹介します。

## OUを作成する

**①** ADSIエディターを開き、アプリケーションディレクトリパーティションを表示する。この章の**3**を参照

**②** OUを作成したいコンテナーを右クリックし、[新規作成]、[オブジェクト] の順にクリックする。

➡[オブジェクトの作成] ダイアログが表示される。

**③** [クラスを選択]ボックスで、[organizationalUnit]を選択する。

**④** [次へ] をクリックする。

**⑤** [値] ボックスに、OUの名前を入力する。
※本書では、次の値を使用する。
●値：Users

**⑥** [次へ] をクリックする。

**⑦** [完了] をクリックする。

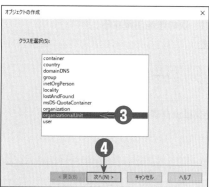

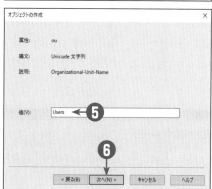

---

### ヒント

**PowerShellで設定する**

OUを作成するには、下記のコマンドレットを使用します。

```
New-ADOrganizationalUnit -Name <OU名> `
-Path "<パーティション名>" `
-Server <サーバー名>:<ポート番号>
```

OUを確認するには、下記のコマンドレットを使用します。

```
Get-ADOrganizationalUnit `
-Identity "<OUの識別名>" `
-Server <サーバー名>:<ポート番号>
```

## グループを作成する

**❶**
ADSIエディターを開き、アプリケーションディレクトリパーティションを表示する。この章の**3**を参照

**❷**
グループを作成したいコンテナーを右クリックし、[新規作成]、[オブジェクト] の順にクリックする。
➡ [オブジェクトの作成] ダイアログが表示される。

**❸**
[クラスを選択] ボックスで、[group] を選択する。

**❹**
[次へ] をクリックする。

**❺**
[値] ボックスに、グループの名前を入力する。
※本書では、次の値を使用する。
●値：営業

**❻**
[次へ] をクリックする。

**❼**
[完了] をクリックする。

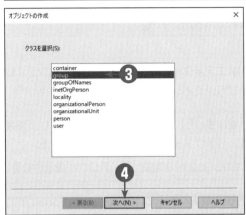

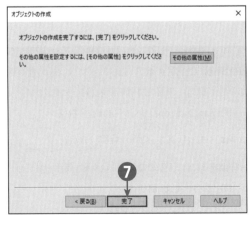

> **ヒント**
>
> **既定で作成されるグループ**
>
> AD LDS でグループを作成すると、既定でACCOUNT_GROUP（AD DSのグローバルグループ）が作成されます。

> **ヒント**
>
> **PowerShellで設定する**
>
> グループを作成するには、下記のコマンドレットを使用します。
>
> ```
> New-ADGroup -Name <グループ名> `
> -GroupCategory Security `
> -GroupScope Global `
> -Path "<OUの識別名>" `
> -Server <サーバー名>:<ポート番号>
> ```

## グループの種類とスコープを変更する

**①** ADSIエディターを開き、アプリケーションディレクトリパーティションを表示する。この章の**3**を参照

**②** グループを右クリックし、[プロパティ] をクリックする。

➡ [CN=＜グループ名＞のプロパティ] ダイアログが表示される。

**③** [属性] ボックスで、[groupType] を選択する。

**④** [編集] をクリックする。

➡ [整数の属性エディター] ダイアログが表示される。

**⑤** [値] ボックスに、グループの種類とスコープに対応する値を入力する。

● 値の一覧は次ページの表を参照。

**⑥** [OK] をクリックする。

**⑦** [CN=＜グループ名＞のプロパティ] ダイアログで、[OK] をクリックする。

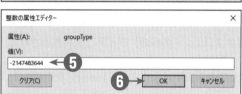

---

**ヒント**

### PowerShellで設定する

グループの種類を変更するには、下記のコマンドレットを使用します。

```
Set-ADGroup `
-Identity "<グループの識別名>" `
-GroupScope DomainLocal `
-Server <サーバー名>:<ポート番号>
```

グループを確認するには、下記のコマンドレットを使用します。

```
Get-ADGroup `
-Identity "<グループの識別名>" `
-Server <サーバー名>:<ポート番号>
```

■グループの種類とスコープ（GUI）

| AD LDSのグループ | 値（16進） | 値 | AD DSでのグループ |
|---|---|---|---|
| ACCOUNT_GROUP \| SECURITY_ENABLED | 0x80000002 | -2147483646 | グローバルセキュリティグループ |
| RESOURCE_GROUP \| SECURITY_ENABLED | 0x80000004 | -2147483644 | ドメインローカルセキュリティグループ |
| UNIVERSAL_GROUP \| SECURITY_ENABLED | 0x80000008 | -2147483640 | ユニバーサルセキュリティグループ |
| ACCOUNT_GROUP | 0x2 | 2 | グローバル配布グループ |
| RESOURCE_GROUP | 0x4 | 4 | ドメインローカル配布グループ |
| UNIVERSAL_GROUP | 0x8 | 8 | ユニバーサル配布グループ |

■グループの種類とスコープ（PowerShell）

| AD LDSのグループ | -GroupCategoryの値 | -GroupScopeの値 |
|---|---|---|
| ドメインローカルセキュリティグループ | Securityまたは1 | DomainLocalまたは0 |
| グローバルセキュリティグループ | Securityまたは1 | Globalまたは1 |
| ユニバーサルセキュリティグループ | Securityまたは1 | Universalまたは2 |
| ドメインローカル配布グループ | Distributionまたは0 | DomainLocalまたは0 |
| グローバル配布グループ | Distributionまたは0 | Globalまたは1 |
| ユニバーサル配布グループ | Distributionまたは0 | Universalまたは2 |

# ユーザーを作成する

**①** ADSIエディターを開き、アプリケーションディレクトリパーティションを表示する。この章の3を参照

**②** ユーザーを作成したいコンテナーを右クリックし、［新規作成］、［オブジェクト］の順にクリックする。
▶［オブジェクトの作成］ダイアログが表示される。

**③** ［クラスを選択］ボックスで、［user］を選択する。

**④** ［次へ］をクリックする。

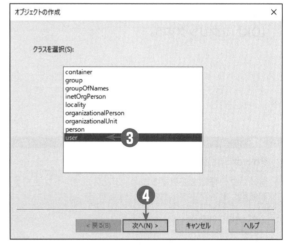

---

**ヒント**

**PowerShellで設定する**

ユーザーを作成するには、下記のコマンドレットを使用します。

```
New-ADUser -Name <ユーザー名> `
-Path "<ユーザーの識別名>" `
-Server <サーバー名>:<ポート番号>
```

ユーザーを確認するには、下記のコマンドレットを使用します。

```
Get-ADUser `
-Identity "<ユーザーの識別名>" `
-Server <サーバー名>:<ポート番号>
```

**⑤** ［値］ボックスに、ユーザーの名前を入力する。
※本書では、次の値を使用する。
● 値：SalesUser1

**⑥** ［次へ］をクリックする。

**⑦** ［完了］をクリックする。

# ユーザーのパスワードを設定する

**❶** ADSIエディターを開き、アプリケーションディレクトリパーティションを表示する。この章の3を参照

**❷** パスワードを設定したいユーザーを右クリックし、［パスワードのリセット］をクリックする。
　▶ ［パスワードのリセット］ダイアログが表示される。

**❸** ［新しいパスワード］および［パスワードの確認入力］ボックスにユーザーのパスワードを入力する。

**❹** ［OK］をクリックする。

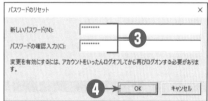

---

**ヒント**

### PowerShellで設定する

ユーザーのパスワードを設定するには、下記のコマンドレットを使用します。

```
Set-ADAccountPassword `
-Identity "<ユーザーの識別名>" `
-Reset `
-NewPassword (ConvertTo-SecureString -AsPlainText "<パスワード>" -Force) `
-Server <サーバー名>:<ポート番号>
```

# ユーザーを有効にする

**①**
ADSIエディターを開き、アプリケーションディレクトリパーティションを表示する。この章の**3**を参照

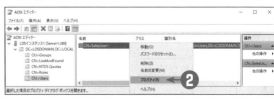

**②**
有効にしたいユーザーを右クリックし、[プロパティ] をクリックする。

▶ [CN=＜ユーザー名＞のプロパティ] が表示される。

**③**
[属性]ボックスで、[msDS-UserAccountDisabled] を選択する。

**④**
[編集] をクリックする。

▶ [ブール値の属性エディター]ダイアログが表示される。

**⑤**
[False] を選択する。

**⑥**
[OK] をクリックする。

**⑦**
[CN=＜ユーザー名＞のプロパティ] ダイアログで、[OK] をクリックする。

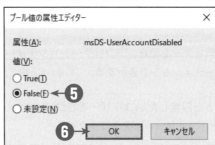

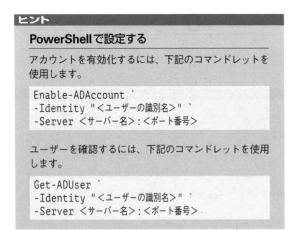

**ヒント**

### PowerShellで設定する

アカウントを有効化するには、下記のコマンドレットを使用します。

```
Enable-ADAccount `
-Identity "＜ユーザーの識別名＞" `
-Server ＜サーバー名＞:＜ポート番号＞
```

ユーザーを確認するには、下記のコマンドレットを使用します。

```
Get-ADUser `
-Identity "＜ユーザーの識別名＞" `
-Server ＜サーバー名＞:＜ポート番号＞
```

# グループにメンバーを追加する

**1** ADSIエディターを開き、アプリケーションディレクトリパーティションを表示する。この章の3を参照

**2** メンバーを追加したいグループを右クリックし、[プロパティ]をクリックする。

　▶[CN=<グループ名>のプロパティ]ダイアログが表示される。

**3** [属性]ボックスで、[member]を選択する。

**4** [編集]をクリックする。

　▶[複数値のセキュリティプリンシパル付識別名エディター]ダイアログが表示される。

**5** [DNの追加]をクリックする。

　▶[識別名(DN)の追加]ダイアログが表示される。

**6** [オブジェクトの識別名(DN)を入力]ボックスに、グループに追加したいユーザーの識別名を入力する。

**7** [OK]をクリックする。

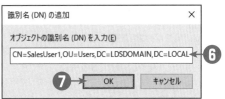

**⑧**
[複数値のセキュリティプリンシパル付識別名エディター] ダイアログで、[OK] をクリックする。

**⑨**
[CN=<グループ名>のプロパティ] ダイアログで、[OK] をクリックする。

---

**PowerShellで設定する**

グループにメンバーを追加するには、下記のコマンドレットを使用します。

```
Add-ADGroupMember `
-Identity "<グループの識別名>" `
-Members "<ユーザーの識別名>","<ユーザーの識別名>" `
-Server <サーバー名>:<ポート番号>
```

グループメンバーを確認するには、下記のコマンドレットを使用します。

```
Get-ADGroupMember `
-Identity "<グループの識別名>" `
-Server <サーバー名>:<ポート番号>
```

# Active Directory証明書サービスについて

Active Directory証明書サービス（AD CS）は、公開キー基盤を構築するためのサービスです。公開キー基盤では、ユーザー、コンピューター、サービスに証明書を発行して、ユーザー名とパスワードよりも信頼できる認証方法を提供したり、ファイルの暗号化や署名を行ったりできます。

## 公開キー基盤の概要

「公開キー基盤」（PKIとも呼ばれます）とは、公開キーと秘密キーを使用した暗号化および署名をできるようにするためのしくみです。公開キー基盤では、公開キーと秘密キーがペアになっており、公開キーで暗号化したデータは、対応する秘密キーでしか復号できません。また、秘密キーで暗号化したデータは、対応する公開キーでしか復号できません。なお、秘密キーは1人の人だけが持つことができ、秘密キーに対応する公開キーは複数の人が持つことができます。

公開キーで暗号化したデータは、1人の人が持つ秘密キーでしか復号できないため、一般にファイルや通信データの暗号化で使われます。また、秘密キーで暗号化したデータは、複数の人が持つことができる公開キーで復号できるため、一般にファイルが正しいことを保証するデジタル署名で使われます。

## 証明書と証明機関

公開キー基盤では、公開キーと秘密キーのキーペアを使用しますが、これらのキーは証明機関（CA）から発行されます。「証明機関」は、公開キーを含む「証明書」を発行するコンピューターで、証明書の発行以外にも、証明書の信頼性の保証や、証明書の有効期限の管理を行います。パスポートにたとえて考えてみると、個人が持つパスポートが証明書で、パスポートを発行する国が証明機関に相当します。

たとえば、日本人が海外旅行に行くときにはパスポートを持っていきますが、そのパスポートは日本国が発行したものです。米国に入国するときにパスポートを提示しますが、米国の入国審査官はその人が正しい本人かどうかをパスポートで判断します。米国が日本国を信用しているため、パスポートの顔写真などを見て、日本国が発行したパスポートに記載されている人物であれば正しい本人だと判断しているわけです。証明書の原理も基本的にはパスポートのしくみと同じで、「信頼している証明機関が発行した証明書であれば正しい」ということです。

## 証明書の失効

証明書が失効する理由には、証明書の有効期限がきれたり、社員が辞職したときに証明書を無効にしたり、不正に発行してしまった証明書を無効化することなどが考えられます。公開キー基盤では、証明書が無効になっていないかどうかを判断するしくみとして、「証明書失効リスト（CRL）」と呼ばれるリストを使っています。証明機関では失効した証明書を証明書失効リストに公開するため、証明書失効リストを確認して、証明書が無効になっていないかどうかを判断できます。

なお、CRLでは、クライアントが失効した証明書のすべてのリストをダウンロードします。Windows Server 2008以降のAD CSでは、「オンラインレスポンダー」と呼ばれる役割サービスをインストールすると、オンライン証明書状態プロトコル（OCSP）を使用して、クライアントがネットワーク経由で証明書の失効状態を調べられるようになります。

## Active Directory証明書サービス（AD CS）

　一般的には、公開Webサーバーなどのインターネットに公開するサーバーでは、VeriSignなどの信頼できる外部のCAから証明書を取得します。ただし、外部のCAから証明書を取得するためには、そのサービスの代金を支払わなければなりません。しかし、組織のユーザーが多くいる場合、ユーザーの証明書に多くの代金を支払うと多くのコストがかかってしまいます。AD CSを使用すると、組織用の公開キー基盤の証明機関を構築して、組織の内部で使用する証明書を発行できます。

　AD CSで構築できる証明機関には、エンタープライズCAとスタンドアロンCAの2種類があります。

- ・エンタープライズCA：組織の公開キー基盤を簡単に構築および管理できるCAで、構築するためにはAD DSが必要になる。
- ・スタンドアロンCA：AD DSのない組織に公開キー基盤を構築できるCAで、証明書登録用のWebインターフェイスを使って証明書を要求する。

## 証明書テンプレート

　ユーザーから証明書の発行要求を受け取った場合、証明書を発行するために証明書の要求を分析して、パラメーターを1つ1つ指定しながら証明書を発行する必要があります。これでは、証明書を発行するための効率が悪く、証明書を発行する管理者に多くの負担がかかってしまいます。AD CSには、これらの管理者の負担を減らすために、証明書テンプレートという機能があります。「証明書テンプレート」とは、どのような証明書を発行するのかを定義してあるひな形（テンプレート）です。ユーザー用の証明書、コンピューター用の証明書、サービス用の証明書など、さまざまな種類の証明書がありますが、証明書テンプレートを使用すると、発行する証明書に対応した設定を事前に定義しておくことができます。

　証明書テンプレートは、あくまでもひな形のため、証明書テンプレートを作成しただけでは、証明書を発行できません。証明書テンプレートを使って証明書を作成できるようにするには、証明機関で証明書テンプレートを発行する必要があります。

### 証明書テンプレートのバージョン

　Windows Server 2022のAD CSの証明書テンプレートは、バージョン1、2、3、4の4種類あります。証明書テンプレートの各バージョンは、証明書を使用するクライアントオペレーティングシステムによって、サポートされるかどうかが異なります。

- ・バージョン1：Windows 2000以降でサポートされている。
- ・バージョン2：Windows Server 2003およびWindows XP以降でサポートされている。
- ・バージョン3：Windows Server 2008およびWindows Vista以降でサポートされている。
- ・バージョン4：Windows Server 2012およびWindows 8以降でサポートされている。

### 証明書の自動登録

　AD CSのエンタープライズCAでは、証明書テンプレートとグループポリシーを使用して、証明書を自動的に発行できます。そのため、組織のユーザー全員に証明書を配布しなければならない場合でも、証明書の発行担当者が手動で証明書を発行する必要はありません。

# AD CSの役割をインストールするには

　組織で独自の証明機関を使用するには、Active Directory証明書サービス（AD CS）を追加する必要があります。ここでは、最も単純な例として、AD DSのドメインコントローラーにAD CSをインストールし、エンタープライズのルートCAを構成します。

## AD CSの役割をインストールする

**1** サーバーマネージャーで、[管理] をクリックする。

**2** [役割と機能の追加] をクリックする。
　➡ 役割と機能の追加ウィザードが表示される。

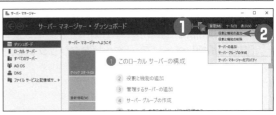

**3** [開始する前に] ページで、[次へ] をクリックする。

**4** [インストールの種類の選択] ページで、[役割または機能ベースのインストール] が選択されていることを確認する。

**5** [次へ] をクリックする。

**6** [対象サーバーの選択] ページで、AD CSをインストールするサーバーを選択する。

**7** [次へ] をクリックする。

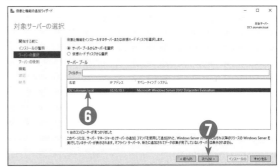

**ヒント**

### サーバーマネージャーが表示されない場合には

サーバーマネージャーは、[管理] → [サーバーマネージャーのプロパティ] で [ログオン時にサーバーマネージャーを自動的に起動しない] チェックボックスをオンにすると、次回ログオン時から自動的に表示されなくなります。サーバーマネージャーを表示するには、スタートボタンをクリックし、[サーバーマネージャー] タイルをクリックします。

**⑧**
[サーバーの役割の選択]ページで、[Active Directory証明書サービス]チェックボックスをオンにする。

➡ [役割と機能の追加ウィザード]ダイアログが表示される。

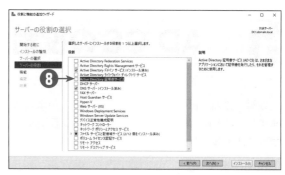

**⑨**
[機能の追加]をクリックする。

**⑩**
[サーバーの役割の選択]ページで、[次へ]をクリックする。

**⑪**
[機能の選択]ページで、[次へ]をクリックする。

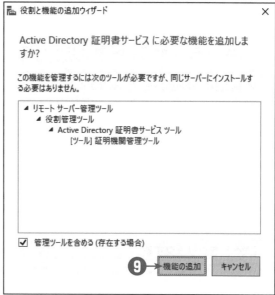

⓬
[Active Directory証明書サービス] ページで、[次
へ] をクリックする。

⓭
[役割サービスの選択] ページで、[証明機関] が選
択されていることを確認する。

⓮
[オンラインレスポンダー] チェックボックスをオン
にする。

▶役割と機能の追加ウィザードが表示される。

⓯
[機能の追加] をクリックする。

⓰
[次へ] をクリックする。

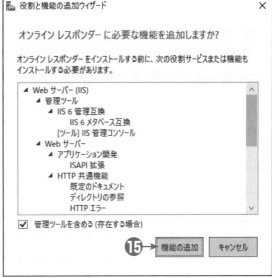

⑰
[Webサーバーの役割（IIS）] ページで、[次へ] を
クリックする。

⑱
[役割サービスの選択] ページで、[次へ] をクリッ
クする。

⑲
[インストールオプションの確認] ページで、[イン
ストール] をクリックする。

　▶ AD CSのインストールが開始される。

⑳
[インストールの進行状況] ページにAD CSのイン
ストールが正常に完了したことを示すメッセージが
表示されたら、[閉じる] をクリックする。

---

**ヒント**

## PowerShellで設定する

AD CSの役割を追加するには、下記のコマンドレットを
使用します。

```
Install-WindowsFeature `
ADCS-Cert-Authority,ADCS-Online-Cert `
-IncludeManagementTools
```

# 6 AD CSを構成するには

Active Directory証明書サービス（AD CS）をインストールした後は、AD CSを構成します。

## AD CSを構成する

**❶** サーバーマネージャーで、［通知］アイコンをクリックし、［対象サーバーにActive Directory証明書サービスを構成する］をクリックする。

▶ ［AD CSの構成］ウィザードが表示される。

**❷** ［資格情報］ページで、［次へ］をクリックする。

**❸** ［役割サービス］ページで、［証明機関］チェックボックスをオンにする。

**❹** ［次へ］をクリックする。

**❺** ［セットアップの種類］ページで、［エンタープライズCA］を選択する。

**❻** ［次へ］をクリックする。

**7** [CAの種類] ページで、[ルートCA] を選択する。

**8** [次へ] をクリックする。

**9** [秘密キー] ページで、[新しい秘密キーを作成する] を選択する。

**10** [次へ] をクリックする。

**11** [CAの暗号化] ページで、[次へ] をクリックする。

**12** [CAの名前] ページで、CAの共通名、識別名のサフィックス、識別名のプレビューを確認する。

**13** [次へ] をクリックする。

⑭ ［有効期間］ページで、CAの証明書の有効期間を確認する。

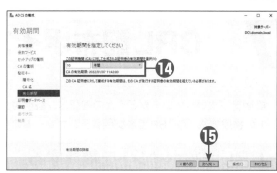

⑮ ［次へ］をクリックする。

⑯ ［CAデータベース］ページで、［次へ］をクリックする。

⑰ ［確認］ページで、［構成］をクリックする。

⑱ ［結果］ページで、［閉じる］をクリックする。

▶［AD CSの構成］ダイアログが表示される。

⑲ ［いいえ］をクリックする。

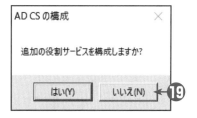

---

**ヒント**

## PowerShellで設定する

AD CSを構成するには、下記のコマンドレットを使用します。

```
Install-AdcsCertificationAuthority `
-CACommonName <CAの共通名> `
-CAType EnterpriseRootCa `
-CryptoProviderName "RSA#Microsoft
 Software Key Storage Provider" `
-KeyLength 2048 `
-HashAlgorithmName SHA1 `
-ValidityPeriod Years `
-ValidityPeriodUnits 5
```

# 7 CRL配布ポイントを構成するには

　証明書が失効しているかどうかの確認は、証明書失効リスト（CRL）で行います。ここでは、CRL配布ポイントの構成方法、OCSP署名証明書テンプレートの有効化方法、CRLの公開方法を紹介します。

## CRL配布ポイントを構成する

**①**
サーバーマネージャーで、[ツール]をクリックする。

**②**
[証明機関]をクリックする。
▶[certsrv-証明機関（ローカル）]ウィンドウが表示される。

**③**
CAの名前を右クリックし、[プロパティ]をクリックする。
▶[＜CA名＞のプロパティ]が表示される。

**④**
[拡張機能]タブをクリックする。

**⑤**
[拡張機能を選択してください]ボックスで、[機関情報アクセス（AIA）]を選択する。

**⑥**
[追加]をクリックする。
▶[場所の追加]ダイアログが表示される。

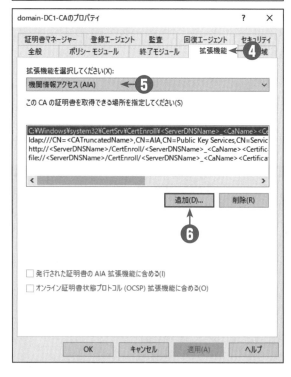

**7**
[場所] ボックスに、`http://`<オンラインレスポンダーのFQDN>`/ocsp`と入力する。

**8**
[OK] をクリックする。

**9**
[<CA名>のプロパティ] ダイアログで、[オンライン証明書状態プロトコル（OCSP）拡張機能に含める] チェックボックスをオンにする。

**10**
[OK] をクリックする。
▶証明書サービスの再起動を要求する [証明機関] ダイアログが表示される。

**11**
[はい] をクリックする。

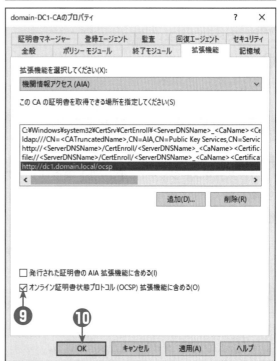

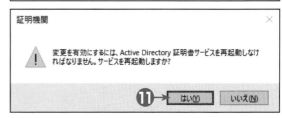

# OCSP署名証明書テンプレートを有効にする

**❶**
サーバーマネージャーで、[ツール]をクリックする。

**❷**
[証明機関]をクリックする。

▶[certsrv-証明機関（ローカル）]ウィンドウが表示される。

**❸**
[証明書テンプレート]を右クリックし、[新規作成]、[発行する証明書テンプレート]の順に選択する。

▶[証明書テンプレートの選択]ダイアログが表示される。

**❹**
[OCSP応答の署名]を選択する。

**❺**
[OK]をクリックする。

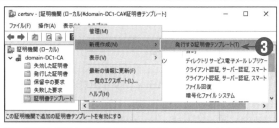

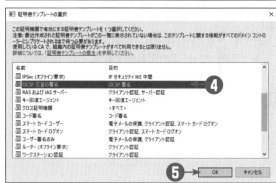

# 証明書失効リストを公開する

**❶**
サーバーマネージャーで、[ツール]をクリックする。

**❷**
[証明機関]をクリックする。

▶[certsrv-証明機関（ローカル）]ウィンドウが表示される。

**❸**
[失効した証明書]を右クリックし、[すべてのタスク]、[公開]の順に選択する。

▶[CRLの公開]ダイアログが表示される。

**❹**
[新しいCRL]を選択する。

**❺**
[OK]をクリックする。

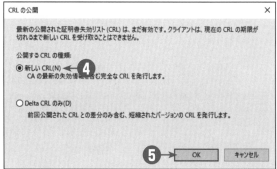

# 8 証明書テンプレートのアクセス許可を設定するには

　エンタープライズCAでは、証明書を登録できるように証明書テンプレートのアクセス許可を設定できます。ここでは、WebサーバーとOCSP応答の署名の証明書を例に、ドメインコントローラーに対して証明書テンプレートのアクセス許可を設定する方法を紹介します。

## 証明書テンプレートのアクセス許可を設定する

**❶**
サーバーマネージャーで、[ツール]をクリックする。

**❷**
[証明機関]をクリックする。

➡[certsrv-証明機関（ローカル）]ウィンドウが表示される。

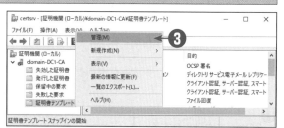

**❸**
[証明書テンプレート]を右クリックし、[管理]をクリックする。

➡[証明書テンプレートコンソール]ウィンドウが表示される。

**❹**
[Webサーバー]を右クリックし、[プロパティ]をクリックする。

➡[Webサーバーのプロパティ]ダイアログが表示される。

**❺**
[セキュリティ]タブをクリックする。

**❻**
[追加]をクリックする。

➡[ユーザー、コンピューター、サービスアカウントまたはグループの選択]ダイアログが表示される。

**❼**

[選択するオブジェクト名を入力してください] ボックスに、この証明書テンプレートを使用するコンピューター名またはグループ名を入力する。

※本書では、次の値を使用する。

●Domain Computers
●Domain Controllers

**❽**

[OK] をクリックする。

▶[Webサーバーのプロパティ]ダイアログに戻る。

**❾**

追加したユーザー名またはグループ名を選択する。

**❿**

[許可] 列の [登録] チェックボックスをオンにする。

**⓫**

[OK] をクリックする。

▶[証明書テンプレートコンソール] に戻る。

**⓬**

[OCSP応答の署名] を右クリックし、[プロパティ] をクリックする。

▶[OCSP応答の署名のプロパティ] ダイアログが 表示される。

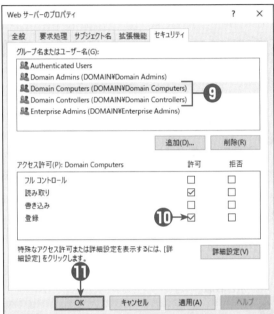

⑬
[セキュリティ] タブをクリックする。

⑭
[追加] をクリックする。

➡ [ユーザー、コンピューター、サービスアカウント
　 またはグループの選択] ダイアログが表示される。

⑮
[選択するオブジェクト名を入力してください] ボッ
クスに、オンラインレスポンダーの名前またはグ
ループ名を入力する。
※本書では、次の値を使用する。
●Domain Controllers

⑯
[OK] をクリックする。

➡ [OCSP応答の署名のプロパティ] ダイアログに
　 戻る。

⑰
追加したユーザー名またはグループ名を選択する。

⑱
[許可] 列の [登録] チェックボックスをオンにす
る。

⑲
[OK] をクリックする。

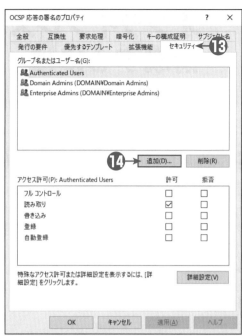

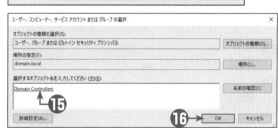

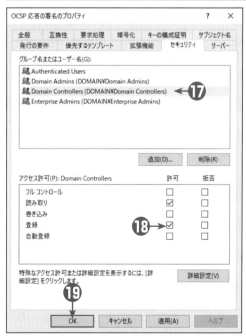

# 9 オンラインレスポンダーを構成するには

オンラインレスポンダーを使用すると、証明書の失効確認をリアルタイムに確認できます。ここでは、オンラインレスポンダーを構成する方法を紹介します。

## オンラインレスポンダーを構成する

**1**
サーバーマネージャーで、[通知] アイコンをクリックし、[対象サーバーにActive Directory証明書サービスを構成する] をクリックする。

▶ [AD CSの構成] ウィザードが表示される。

**2**
[資格情報] ページで、[次へ] をクリックする。

**3**
[役割サービス] ページで、[オンラインレスポンダー] チェックボックスをオンにする。

**4**
[次へ] をクリックする。

**5**
[確認] ページで、[構成] をクリックする。

**6** [結果] ページで、[閉じる] をクリックする。

**7** サーバーマネージャーで、[ツール] をクリックする。

**8** [オンラインレスポンダー管理] をクリックする。

▶ [ocsp- [オンラインレスポンダー：＜オンラインレスポンダー名＞]] ウィンドウが表示される。

**9** [失効構成] を右クリックし、[失効構成の追加] をクリックする。

▶ 失効構成の追加ウィザードが表示される。

**10** [失効構成追加の概要] ページで、[次へ] をクリックする。

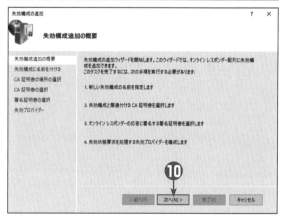

⑪ [失効構成に名前を付ける] ページで、[名前] ボックスに失効構成の名前を入力する。
※本書では、次の値を使用する。
●オンラインレスポンダー失効構成

⑫ [次へ] をクリックする。

⑬ [CA証明書の場所の選択] ページで、[既存のエンタープライズCAの証明書を選択する] を選択する。

⑭ [次へ] をクリックする。

⑮ [Active Directoryで公開されたCA証明書を参照する] を選択する。

⑯ [参照] をクリックする。
▶[証明機関の選択] ダイアログが表示される。

⑰ 使用するCAを選択する。

⑱ [OK] をクリックする。

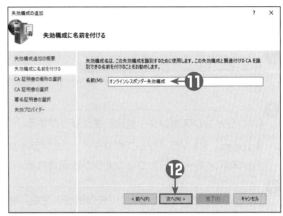

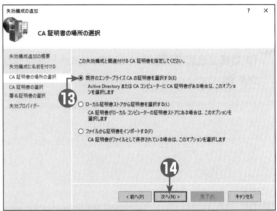

⑲ ［次へ］をクリックする。

⑳ ［署名証明書の選択］ページで、［署名証明書を自動的に選択する］を選択する。

㉑ ［OCSP署名証明書の自動登録］チェックボックスをオンにする。

㉒ ［次へ］をクリックする。

㉓ ［失効プロバイダー］ページで、［完了］をクリックする。

㉔ スタートボタンをクリックし、［Windows PowerShell］タイルをクリックする。

㉕ PowerShellで、次のコマンドレットを入力する。

```
Restart-Service OcspSvc
```

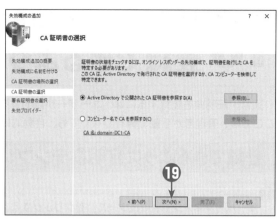

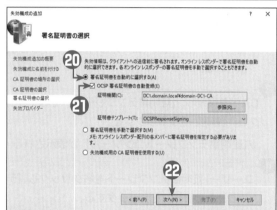

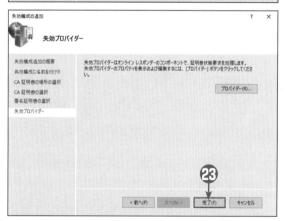

# 10 ユーザーの証明書を 登録できるようにするには

通常、証明書を登録するには、ユーザーが証明書を要求した後、管理者が証明書を発行する必要があります。ここでは、管理者が手動で発行しなくても、自動的に証明書を登録する方法を紹介します。

## 登録できるように証明書テンプレートを設定する

**❶**
サーバーマネージャーで、[ツール] をクリックする。

**❷**
[証明機関] をクリックする。

▶ [certsrv-証明機関（ローカル）] ウィンドウが表示される。

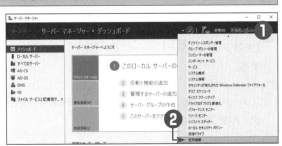

**❸**
CA名を展開し、[証明書テンプレート] を右クリックし、[管理] をクリックする。

▶ [証明書テンプレートコンソール] が表示される。

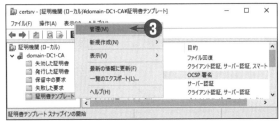

**❹**
[ユーザー] 証明書テンプレートを右クリックし、[テンプレートの複製] をクリックする。

▶ [新しいテンプレートのプロパティ] ダイアログが表示される。

**❺**
［互換性］タブをクリックする。

**❻**
［証明機関］ボックスで、［Windows Server 2016］
を選択する。

➡［結果的な変更］ダイアログが表示される。

**❼**
［OK］をクリックする。

**❽**
［証明書の受信者］ボックスで、［Windows 10/
Windows Server 2016］を選択する。

➡［結果的な変更］ダイアログが表示される。

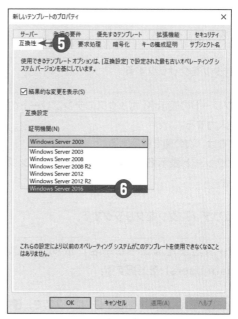

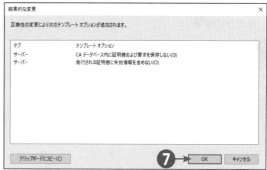

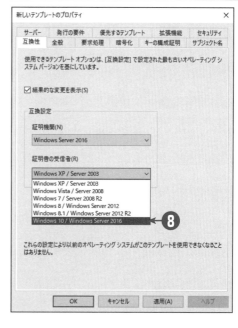

**ヒント**

**証明書テンプレートのバージョン**

Windows XP/Windows Server 2003では、証明書テンプレートバージョン2をサポートしています。Windows Vista/Windows Server 2008およびWindows 7/Windows Server 2008 R2では、証明書テンプレートバージョン3をサポートしています。Windows 8/Windows Server 2012以降では、証明書テンプレートバージョン4をサポートしています。

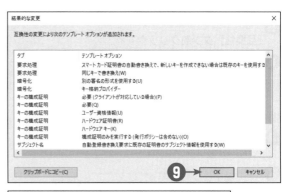

**⑨**
[OK] をクリックする。

**⑩**
[全般] タブをクリックする。

**⑪**
[テンプレートの表示名] ボックスにテンプレートの
名前を入力する。
※本書では、次の値を使用する。
●テンプレート表示名：自動登録ユーザーテンプ
レート

**⑫**
[セキュリティ] タブをクリックする。

**⑬**
[グループ名またはユーザー名] ボックスで、
[Domain Users] を選択する。

**⑭**
[アクセス許可：Domain Users] ボックスで、[許
可] 列の [登録] と [自動登録] チェックボックス
をオンにする。

**⑮**
[OK] をクリックする。

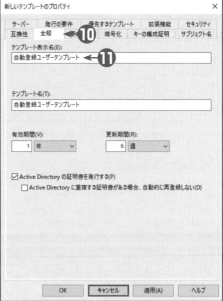

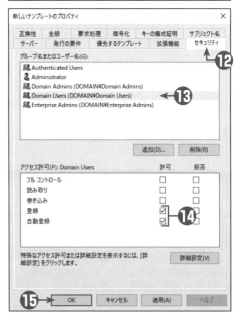

## 証明書テンプレートを発行する

**1**
［certsrv-証明機関（ローカル）］ウィンドウで、
［＜CA名＞］を展開する。

**2**
［証明書テンプレート］を右クリックし、［新規作成］、
［発行する証明書テンプレート］の順にクリック
する。

▶［証明書テンプレートの選択］ダイアログが表示さ
れる。

**3**
発行したい証明書テンプレートを選択する。
※本書では、次の値を使用する。
●証明書テンプレート：自動登録ユーザーテンプ
レート

**4**
［OK］をクリックする。

▶証明書テンプレートが発行される。

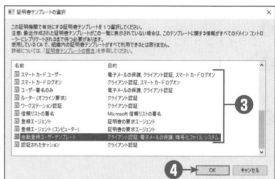

# 11 証明書を登録するには

証明書を登録できるようにした後は、ユーザーが証明書を要求すると、自動的にユーザー証明書が発行されます。ここでは、ユーザー証明書の登録方法と、Webサーバー証明書の登録方法を紹介します。

## ユーザー証明書を登録する

**①** クライアントコンピューターにサインインする。

**②** タスクバーの検索ボックスに certmgr.msc と入力する。

**③** 検索結果の一覧から [certmgr] をクリックする。

▶ [certsrv- [現在のユーザー]] ウィンドウが表示される。

**④** [証明書−現在のユーザー] を展開する。

**⑤** [個人] を右クリックし、[すべてのタスク]、[新しい証明書の要求] の順にクリックする。

▶ [証明書の登録] ウィザードが表示される。

**⑥** [開始する前に] ページで、[次へ] をクリックする。

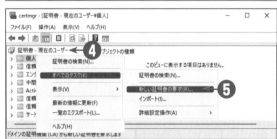

⑦ [証明書の登録ポリシーの選択] ページで、[Active Directory登録ポリシー] を選択する。

⑧ [次へ] をクリックする。

⑨ [証明書の要求] ページで、要求したい証明書の チェックボックスをオンにする。
※本書では、次の値を使用する。
●証明書：自動登録ユーザーテンプレート

⑩ [登録] をクリックする。

⑪ [証明書インストールの結果] ページで、[完了] を クリックする。

⑫ [証明書] スナップインで、[個人] を展開し、[証明 書] をクリックすると、登録された証明書が表示される。

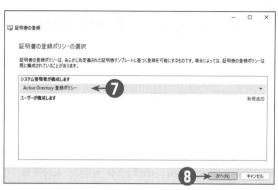

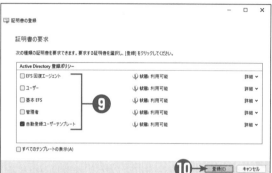

## Webサーバー証明書を登録する

**①** スタートボタンを右クリックし、[ファイル名を指定して実行] をクリックする。

▶ [ファイル名を指定して実行] ダイアログが表示される。

**②** [名前] ボックスに、`certlm.msc`と入力する。

**③** [OK] をクリックする。

▶ [certlm- [証明書-ローカルコンピューター]] ウィンドウが表示される。

**④** [個人] を右クリックし、[すべてのタスク]、[新しい証明書の要求] の順にクリックする。

▶ [証明書の登録] ウィザードが表示される。

**⑤** [開始する前に] ページで、[次へ] をクリックする。

**⑥** [証明書の登録ポリシーの選択] ページで、[次へ] をクリックする。

**⑦** [証明書の要求] ページで、[Webサーバー] チェックボックスをオンにする。

**⑧** [詳細] をクリックする。

**⑨** [プロパティ] をクリックする。

▶ [証明書のプロパティ] ダイアログが表示される。

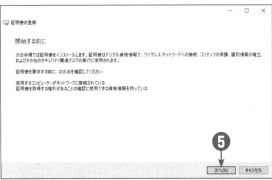

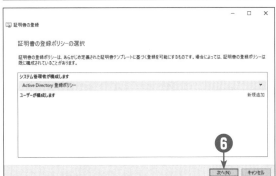

⑩
[サブジェクト名] セクションの [種類] ボックスで、[共通名] を選択する。

⑪
[値] ボックスに、共通名を入力する。
※本書では、次の値を使用する。
●www.domain.local

⑫
[追加] をクリックする。

⑬
[OK] をクリックする。

⑭
[証明書の要求] ページで、[登録] をクリックする。

⑮
[証明書インストールの結果] ページで、[完了] をクリックする。

⑯
[証明書] スナップインで、[個人] を展開し、[証明書] をクリックすると、登録された証明書が表示される。

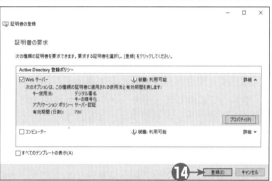

# Active Directory Rights Managementサービスについて

　NTFSファイルシステムのアクセス許可では、ユーザーに対してファイルの「読み取り」や「書き込み」のアクセス許可を設定できます。しかし、NTFSファイルシステムの「読み取り」アクセス許可があるユーザーは、ファイルをコピーしたり、印刷したりできてしまいます。

　情報漏えい対策が注目されている現在において、NTFSファイルシステムのアクセス許可だけでは十分でない状況が考えられます。たとえば、顧客情報に関するデータは、データファイルが持ち出されたりすると個人情報保護法に抵触する可能性があります。とはいえ、顧客の窓口であるコールセンターのユーザーや営業担当者は、顧客情報を参照できなければ仕事になりません。NTFSファイルシステムで顧客情報の格納されたファイルへの「読み取り」アクセス許可を設定した場合、これらのユーザーはファイルをコピーしたり、印刷したりして顧客情報を持ち出せてしまいます。そのため、NTFSファイルシステムよりも詳細なアクセス制限を設定できるシステムが必要になります。

## AD RMS

　Active Directory Rights Managementサービス（AD RMS）を使用すると、NTFSファイルシステムのアクセス許可よりも詳細なアクセス制限をかけられるセキュリティ設定が可能になります。AD RMSでは、ユーザーやグループに対して、ファイルへのアクセス方法をきめ細やかに設定できます。たとえば、特定のグループに対して、ドキュメントファイルを読み取れるようにしつつ、ドキュメントの印刷やドキュメント内の文章のコピーや変更をできないように設定できます。なお、ドキュメントでアクセス制限を設定していない第3者は、ドキュメントを開くことすらできません。

　また、AD RMSで設定されたアクセス制限は、ファイル自体に埋め込まれているため、ファイルを移動した場合でも、アクセス制限は有効なままです。そのため、顧客情報や機密情報を情報漏えいから保護する必要のある現代において、AD RMSは有用なシステムと言えます。

　なお、AD RMSは、Windows Server 2012から導入されたダイナミックアクセス制御と連携することもできます。

## AD RMSの要件

　AD RMSを使用して情報を保護するには、Active Directoryサービスの1つであるAD RMSの役割をインストールする必要があります。また、AD RMSを使用するには、ユーザーを識別するためにAD DSドメインと、情報を格納するためにAD RMS用のデータベースサーバーが必要になります。なお、AD RMSサーバーにはInternet Information Services（IIS）も必要になりますが、インストールされていない場合にはAD RMSのインストール時に同時にインストールできます。

## AD RMSクライアント

　AD RMSを使用して情報を保護するには、Windows Rights Management Servicesクライアントが必要になります。Windows Vista以降にはWindows Rights Management Servicesクライアントが最初から組み込まれています。

　また、AD RMSの機能を使用してアクセスが制限されたドキュメントを作成するには、AD RMS対応のクライアントアプリケーションソフトも必要になります。Microsoft Office製品の場合、Professional PlusやEnterpriseなどのエディションでドキュメントにアクセス制限を設定することができます。

# Active Directory フェデレーションサービスについて

　通常、ユーザーと異なるネットワークでアプリケーションが管理されている場合、ユーザーがアプリケーションにアクセスするには、そのアプリケーション用の資格情報（ID：ユーザー名とパスワード）を入力する必要があります。Web アプリケーションをホストする Web サーバーでは、ユーザーの身元を証明するために、ユーザーの ID を使用してユーザーを認証します。ただし、Web アプリケーションごとに ID が必要な場合、ユーザーにとっても、アプリケーションを提供する組織にとっても ID の管理が大変になります。

　Active Directory フェデレーションサービス（AD FS）は、プラットフォームの境界を越えて ID の管理を簡単にする ID アクセスソリューションを提供します。AD FS では、信頼されたパートナーにユーザーの ID を提示する信頼を構築できるため、Web アプリケーションごとに ID を入力する必要がなくなります。AD FS によりユーザーは、何度も ID を入力することなく、他のプラットフォームのリソースにアクセスできるようになります。これは、シングルサインオン（SSO）と呼ばれています。AD FS では、Web ベースの SSO ソリューションを提供できます。

　AD FS は、単一組織でドメインに参加していないユーザーの Web SSO を実現したり、組織間で Web SSO を展開したりできます。一般的に、多くの組織では、別の組織とパートナーシップを確立しており、通常、別の組織の情報やアプリケーションにアクセスする必要があります。しかし、管理ポリシーやセキュリティポリシーなどにより、各組織間の Active Directory ドメインサービス（AD DS）でフォレスト間の信頼を構築できないのが現実です。AD FS では、このような組織間のアクセスシナリオに関する問題を解決できます。なお、フェデレーション環境のビジネスパートナーは、アプリケーションプロバイダー（証明書利用者）または ID プロバイダー（要求プロバイダー）のいずれかになります。

### アプリケーションプロバイダー

　ユーザーがアクセスする Web リソースを管理している組織です。証明書プロバイダーでは、フェデレーションサーバーと AD FS 対応の Web サーバーが必要になります。外部の組織や同じ組織の別部門などに対して、Web リソースへのアクセスを管理できます。

### ID プロバイダー

　アプリケーションプロバイダーの Web リソースへアクセスするユーザーアカウントを管理している組織です。ID プロバイダーでは、ローカルユーザーの認証とセキュリティトークンの作成のために、AD FS フェデレーションサーバーが必要になります。アプリケーションプロバイダーのフェデレーションサーバーは、ID プロバイダーで作成されたセキュリティトークンを使用してユーザーを認証します。

## AD FS の主なコンポーネント

　AD FS には、複数の組織間での ID アクセスソリューションを提供するために、さまざまなコンポーネントがあります。ここでは、AD FS の主なコンポーネントを紹介します。

### フェデレーションサービス

　フェデレーションサーバーをインストールするための AD FS の役割サービスです。フェデレーションサービスをインストールすると、そのサーバーがフェデレーションサーバーとして、ユーザーのリソースアクセス要求に応じてセキュリティトークンを提供できるようになります。

● **要求プロバイダー**

要求プロバイダーは、IDプロバイダーのネットワークに配置されるフェデレーションサーバーです。要求プロバイダーでは、ユーザーの認証に基づいてユーザーにセキュリティトークンを発行します。

● **証明書利用者**

証明書利用者は、アプリケーションプロバイダーのネットワークに配置されるフェデレーションサーバーです。一般に、証明書利用者では、要求プロバイダーが発行したセキュリティトークンに基づいて、ユーザーにセキュリティトークンを発行します。なお、証明書利用者は英語で「Relying Parties」ですが、証明書は「Certificate」です。そのため、証明書利用者と証明書を混同しないように気を付けてください。

## フェデレーションサービスプロキシ

フェデレーションサービスプロキシは、DMZに配置するAD FSの役割サービスです。フェデレーションサービスプロキシをインストールしたサーバーは、インターネットからのユーザーの要求を受け取り、代理で内部のフェデレーションサーバーへ転送します。

## 要求

AD FSの要求（クレーム）は、ユーザーなどのオブジェクトに関するステートメントです。たとえば、ユーザーの名前、役職、電場番号など、認証で使用される可能性のある要因で要求を作成できます。

● **属性ストア**

AD FSは、要求の値（電子メールアドレスや誕生日など）を取得するために属性ストアを使用します。AD FSでは、属性ストアから取得した属性値に基づいて要求を生成します。AD FSの属性ストアは、AD DSになります。

● **要求規則**

要求規則は、AD FSの要求の処理方法を決定します。たとえば、電子メールアドレスを要求として定義できます。また、誕生日を要求として必要なWebリソースにアクセスする場合、AD DSユーザーのポケットベルの属性を誕生日に変換して提供する要求変換規則も定義できます。

## 証明書

AD FSでは、SSL経由の通信や、トークンの発行および受信、フェデレーションメタデータの公開に証明書を使用します。AD FSでは、次の4つの証明書を使用します。

● **SSL証明書**

SSL証明書は、Webサーバーとの通信を保護するための証明書です。

● **サービス通信証明書**

　サービス通信証明書は、フェデレーションサービスのWebサービストラフィックをSSLで保護します。このWebサービストラフィックには、Webクライアントやフェデレーションサーバープロキシとの間のWebサービストラフィックや、Windows Communication Foundation（WCF）メッセージのWebサービストラフィックがあります。サービス通信証明書は通常、Webサービスを提供するアプリケーションプロバイダーのフェデレーションサーバーが、インターネットインフォメーションサービス（IIS）のSSL証明書として使用する証明書と同じです。

● **トークン署名証明書**

　トークン署名証明書は、フェデレーションサーバーが発行するトークンに署名するために使用します。フェデレーションサーバーは、トークン署名証明書を使用して、セキュリティトークンの改ざんや偽造によるフェデレーションリソースへの不正アクセスを防ぎます。トークン署名証明書で使用される公開/秘密キーペアは、有効なパートナーフェデレーションサーバーによってセキュリティ トークンが発行されたことと、トークンが転送中に変更されなかったことを保証します。

● **トークン暗号化解除証明書**

　トークン暗号化解除証明書は、フェデレーションサーバーで受信したトークンの暗号化解除に使用します。AD FSでは、既定の暗号化解除証明書としてIISのSSL証明書を使用します。

## エンドポイント

　エンドポイントは、トークンの発行やフェデレーションメタデータの公開など、AD FSのフェデレーションサーバーのテクノロジへアクセスする場所です。AD FSには、組み込みのエンドポイントが付属しています。

### AD FSの主なコンポーネント

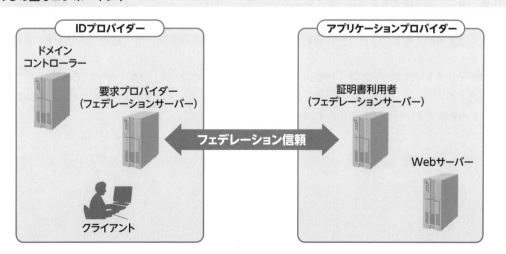

# Azure Active Directoryとは

Azure Active Directory（Azure AD）は、Microsoftがクラウドとして提供するディレクトリとID管理サービス（IDaaS）で、さまざまなクラウドサービスに、クラウドベースの認証基盤を提供します。主に、Microsoftのクラウドサービス（Azure）向けの「認証」と「認可」の機能を提供します。Azure ADを利用すると、ID管理を1箇所にまとめることができます。そのため、異なるクラウドサービスを利用するたびにIDを管理する必要がなくなります。たとえば、Azure ADにより、Office 365（Microsoft 365）やDropboxなどのクラウド型SaaSアプリケーションへのシングルサインオン（SSO）を実現できます。

## Azure ADの認証基盤としての主な機能

Azure ADには、クラウドベースの認証および認可の基盤として、さまざまな機能があります。ここでは、Azure ADの認証基盤としての主な機能を紹介します。

### ユーザーとグループの管理

組織でユーザーを一元管理するために、Active Directoryドメインサービス（AD DS）でユーザーやグループを作成して管理するように、Azure ADでもユーザーやグループの作成や管理が行えます。Azure ADにユーザーを作成すると、さまざまなクラウドベースのサービスやアプリケーションへのサインイン（認証）を一元化したり、ユーザーの情報に基づいてサービスへのアクセスを制御（認可）したりできます。

また、Azure ADの全体管理者は、Azure ADのグループのメンバーシップを管理できますが、一般ユーザーもグループのメンバーシップを管理できるように構成できます。これにより、ユーザー自身が自分で、どのグループのメンバーになるかを選択できるようになります。

### 組織内のActive Directoryドメインサービスとの統合

Azure ADのユーザーやグループは、AzureポータルサイトやWindows PowerShellを使用して作成できますが、ディレクトリ同期ツールを利用すると、組織内のAD DSに登録されたユーザーやグループを同期して作成することも可能です。また、ディレクトリ同期ツールでは、ユーザーのパスワードを同期することもできます。そのため、組織内にAD DSドメインが既にある場合、ディレクトリ同期ツールを使用してユーザーやグループを同期すると、ユーザーは組織内で使用しているのと同じユーザー名とパスワードでAzure ADにサインインできます。

このディレクトリ同期ツールは、「Azure Active Directory Connect」（Azure AD Connect）という名前で提供されています。なお、Azure AD Connectは、AzureポータルサイトやMicrosoftダウンロードセンターから無償でダウンロードできます。

## Azure AD Connectの概要

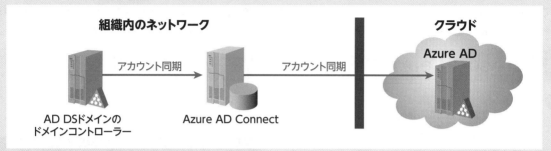

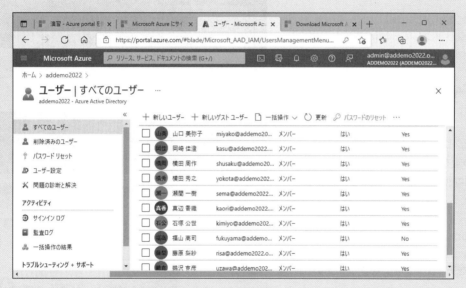

## 多要素認証

　Azure ADの多要素認証では、ユーザー名とパスワードの認証以外に、電話による音声確認、携帯電話のSMSによる確認、モバイルアプリによる確認など、物理的なデバイスを使用した追加の認証を選択できます。多要素認証により、不正にユーザー名とパスワードが利用される可能性のある場合でも、物理的なデバイスを使用する追加の認証方法が要求されるため、安全なAzure ADへのサインイン認証を実現できます。

## セルフサービスパスワードリセット

　Azure ADでは、ユーザーがパスワードを忘れたときに、ユーザー自身でパスワードをリセットできます。この機能は「セルフサービスパスワードリセット」と呼ばれています。セルフサービスパスワードリセットでは、ユーザーがパスワードを忘れた場合、多要素認証（たとえば、携帯電話にSMSを送信するなど）で本人確認した後、新しいパスワードを設定できます。

# 12 Microsoft Learnのサンドボックスをアクティブ化するには

ここでは、Microsoft Learnのサンドボックスをアクティブ化して、Azure Active Directory（Azure AD）を利用する方法を紹介します。なお、ここで紹介する手順は、本書執筆時点（2022年1月時点）のものです。

## Microsoft Learnのサンドボックスをアクティブ化する

**❶** Webブラウザーで、Microsoft Learnのサイト（https://docs.microsoft.com/ja-jp/learn/）にアクセスする。

**❷** ［サインイン］をクリックして、Microsoftアカウントでサインインする。

**❸** 検索ボックスに「Azure Portal」と入力して、検索する。

**❹** 検索結果の1つをクリックする。
※本書では、次の値を使用する。
●Azure portalを使用してサービスを管理する - Learn

**❺** ［演習 - Azure portal を使用する]をクリックする。

**❻** ［サンドボックスをアクティブ化］をクリックする。

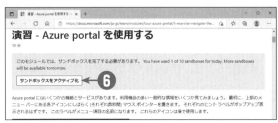

---

**ヒント**

### Microsoft Learnとは

Microsoft Learn は Microsoft の学習サイトで、Microsoft製品の学習や操作が簡単に行えます。Microsoft Learnでは、サンドボックス環境を利用できます。サンドボックスを使用すると、Azureアカウントを使用せずに、特定のAzureタスクを無料で実行できます。
Microsoft Learnは、次のURLからアクセスできます。
https://docs.microsoft.com/ja-jp/learn/

**7**
［別のサンドボックスが既にアクティブになってい
ます］と表示された場合、［はい、新しいサンドボッ
クスをアクティブにします］をクリックしてサンド
ボックスをアクティブ化する。

**8**
［前へ］をクリックする。

**9**
［Azureサンドボックスのアクティブ化］で、［Azure
portal］リンクをクリックする。

**10**
MicrosoftアカウントでAzureポータルにサイン
インする。

　▶Azureポータルが表示される。

**11**
［リソースの作成］をクリックする。

⓬
[サービスとマーケットプレースを検索してください] ボックスに「Azure Active Directory」と入力して、検索する。

⓭
[作成] をクリックする。

⓮
[テナントの作成] ページの [テナントの種類を選択する] で、[Azure Active Directory] を選択する。

⓯
[次: 構成 >] をクリックする。

⓰
[新しいディレクトリの構成] で、[組織名]、[初期ドメイン名]、[国/地域] を設定する。

⓱
[次: 確認および作成 >] をクリックする。

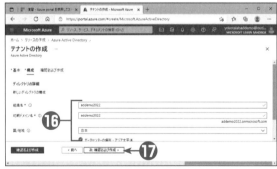

⑱ ［作成］をクリックする。

⑲ 指 定 し た 初 期 ド メ イ ン 名 で、Azure Active Directoryが作成される。テナントの作成後、組織名をクリックする。

➡［<組織名> | 概要］画面が表示される。

# Azure ADに管理者のユーザーアカウントを追加する

❶ ［管理］セクションで、［ユーザー］をクリックする。

❷ ［新しいユーザー］をクリックする。

**③**

[ユーザー名] と [名前] を入力する。

**④**

[自分でパスワードを作成する] を選択する。

**⑤**

[初期パスワード] ボックスに、初期パスワードを入力する。

**⑥**

[グループとロール] セクションの [役割] で、[ユーザー] をクリックする。

**⑦**

[ディレクトリロール] ブレードで、[グローバル管理者] チェックボックスをオンにする。

**⑧**

[選択] をクリックする。

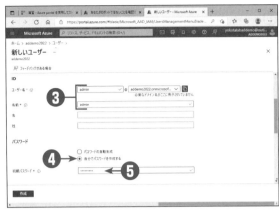

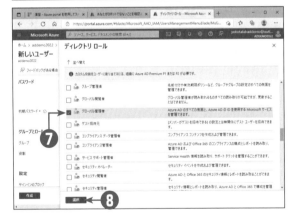

⑨
[作成] をクリックする。

⑩
Azureポータルからサインアウトする。

⑪
作成した管理者のユーザーアカウントで、Azure
ポータルにサインインする。

**ヒント**

**Azureポータルへのサインイン**

作成したユーザーでAzureポータルへ初めてサインイン
するときには、パスワードの変更が要求されます。

# 13 Azure AD Connectを使用してオンプレミスの AD DSとAzure ADを同期するには

組織のActive Directoryドメインサービス（AD DS）とAzure ADのユーザーアカウントを同期するには、Azure AD Connectを使用します。Azure ADでは、組織で使用しているドメインを登録することもできますが、ここでは、Azure ADで既定の「＜Azure AD登録時のドメイン名＞.onmicrosoft.com」を使用して、AD DSのユーザーアカウントをAzure ADに同期する方法を紹介します。

## Active DirectoryドメインサービスにUPNサフィックスを追加する

**❶**
[Active Directoryドメインと信頼関係]で、[Active Directoryドメインと信頼関係]を右クリックし、[プロパティ]をクリックする。

➡[Active Directoryドメインと信頼関係[＜ドメイン名＞]のプロパティ]ダイアログが表示される。

**❷**
[代わりのUPNサフィックス]ボックスにUPNサフィックスを入力する。
※本書では、次の値を使用する。
●addemo2022.onmicrosoft.com

**❸**
[追加]をクリックする。

**❹**
[OK]をクリックする。

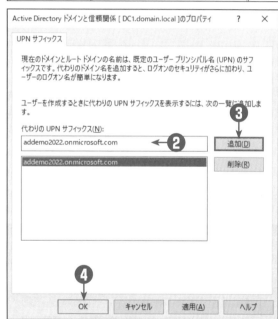

**ヒント**

**UPNサフィックスの追加**

UPNサフィックスを追加する詳細な手順については、第3章の13を参照してください。

# ユーザーにUPNサフィックスを割り当てる

**❶** [Active Directoryユーザーとコンピューター]で、UPNサフィックスを割り当てたいユーザーを選択して右クリックし、[プロパティ]をクリックする。

**❷** ユーザーアカウントのプロパティダイアログで、[アカウント]タブをクリックする。

**❸** [UPNサフィックス]チェックボックスをオンにする。

**❹** ドロップダウンリストから、ユーザーに割り当てたいUPNサフィックスを選択する。

**❺** [OK]をクリックする。

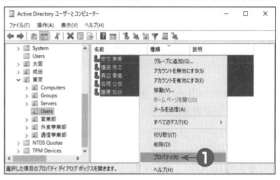

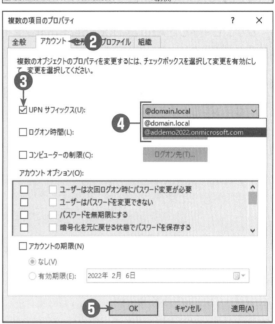

> **ヒント**
>
> **UPNサフィックスの割り当て**
> UPNサフィックスの割り当てに関する詳細な手順については、第3章の14を参照してください。

# Azure AD Connectをダウンロードおよびインストールする

**❶** Azureポータルで、[Azure Active Directory]をクリックする。

❷
[管理] セクションで、[Azure AD Connect] を
クリックする。

❸
[Azure AD Connectのダウンロード] をクリック
する。

▶ [Microsoft Azure Active Directory Connect]
ページが表示される。

❹
[Download] をクリックする。

▶ Azure AD Connectがダウンロードされる。

❺
ダウンロードしたAzureADConnect.msiファイ
ルをダブルクリックして実行する。

▶ Azure AD Connectがインストールされ、
[Microsoft Azure Active Directory Connect]
ウィンドウが表示される。

---

**ヒント**

**Azure AD Connectのダウンロード**

Azure AD Connectは、Microsoftダウンロードセン
ター（https://www.microsoft.com/ja-jp/download）
からダウンロードすることもできます。

# Azure AD Connectを使用してAD DSとAzure ADを同期する

**①** [Microsoft Azure Active Directory Connect]
の［Azure AD Connectへようそこ］ページで、
［ライセンス条項およびプライバシーに関する声明
に同意します。］チェックボックスをオンにする。

**②** ［続行］をクリックする。

**③** ［簡易設定］ページで、［簡易設定を使う］をクリッ
クする。
※本書では、Azure AD Connectの簡易設定を使
用して、AD DSドメインのすべてのユーザーアカウ
ントをAzure ADと同期する。

**④** ［Azure ADに接続］ページで、Azure ADの管理
者のユーザー名とパスワードを入力する。

**⑤** ［次へ］をクリックする。

**⑥** ［AD DSに接続］ページで、組織のAD DSの管理
者のユーザー名とパスワードを入力する。

**⑦** ［次へ］をクリックする。

---

**ヒント**

### Azure AD Connectの表示

Azure AD Connectは、スタートボタンをクリックし、
[Azure AD Connect]を展開して、[Azure AD Connect]
をクリックしても開始できます。

---

**ヒント**

### Azure AD Connectのカスタマイズオプション

Azure AD Connectで［カスタマイズ］をクリックする
と、同期するOUを指定したり、パスワードを同期した
り、Azure ADからAD DSに書き戻したりするオプショ
ンを指定できます。

**⑧**
[Azure ADサインインの構成] ページで、[次へ] をクリックする。

※本書では、ローカルAD DSドメイン名として domain.localを使用しているため、[一部の UPNサフィックスが確認済みドメインに一致していなくても続行する] チェックボックスをオンにする。

**⑨**
[構成の準備完了] ページで、[構成が完了したら、同期プロセスを開始する。] チェックボックスをオンにする。

**⑩**
[インストール] をクリックする。

▶AD DSとAzure ADの同期プロセスが開始される。

**⑪**
[構成が完了しました] ページで、[終了] をクリックする。

**⑫**
Azureポータルで、[Azure Active Directory] をクリックする。

**⑬**
[Azure Active Directory] ブレードで、[すべてのユーザー] をクリックする。

▶Azure AD Connectを使用して同期されたAD DSのユーザーアカウントが表示される。

■会社紹介

**Yokota Lab, Inc.**

2003年に米国にて設立。現在は東京を拠点として ICT関連の教育、翻訳、執筆関連のサービスを提供。書籍の執筆においては、教育も実施する書籍の執筆およびローカライズ経験の豊富な技術者が担当することで、わかりやすい書籍を提供している。このほかにITコンサルティングサービスも提供している。

■著者紹介

**横田 秀之（よこた ひでゆき）**

1996年よりマイクロソフト認定トレーナー（MCT）として活動。また、各種書籍の著者および翻訳者としても活躍。現在は、より身近な教育および出版物の提供のため、SIerとしても活動している。著作のわかりやすさでは定評がある。MCT資格を保持。

● 本書についての最新情報、訂正情報、重要なお知らせについては、下記Webページを開き、書名もしくはISBNで検索してください。ISBNで検索する際はハイフン (-) を抜いて入力してください。

　　　https://bookplus.nikkei.com/catalog/

● 本書に掲載した内容についてのお問い合わせは、下記Webページのお問い合わせフォームからお送りください。郵便、電話およびファクシミリによるご質問には一切応じておりません。なお、本書の範囲を超えるご質問にはお答えできませんので、あらかじめご了承ください。ご質問の内容によっては、回答に日数を要する場合があります。

　　　https://nkbp.jp/booksQA

● ソフトウェアの機能や操作方法に関するご質問は、製品パッケージに同梱の資料をご確認のうえ、日本マイクロソフト株式会社またはソフトウェア発売元の製品サポート窓口へお問い合わせください。

## ひと目でわかる Active Directory Windows Server 2022版

2022年3月22日　　初版第1刷発行
2023年8月21日　　初版第2刷発行

| | | |
|---|---|---|
| 著　　　者 | Yokota Lab, Inc. | |
| 発 行 者 | 中川 ヒロミ | |
| 編　　　集 | 生田目 千恵 | |
| 発　　　行 | 日経BP | |
| | 東京都港区虎ノ門4-3-12　〒105-8308 | |
| 発　　　売 | 日経BPマーケティング | |
| | 東京都港区虎ノ門4-3-12　〒105-8308 | |
| 装　　　丁 | コミュニケーションアーツ株式会社 | |
| DTP制作 | 株式会社シンクス | |
| 印刷・製本 | 図書印刷株式会社 | |